バッチリポスター

自由研究にチャレンジ

「自由研究はやりたい，でもテーマが決まらない…。」
そんなときは，この付録を参考に，自由研究を進めてみよう。
この付録では，『植物の葉のつき方』というテーマを例に，説明していきます。

①研究のテーマを決める

「植物の葉に日光が当たると，でんぷんがつくられることを学習した。植物は日光を受けるために，どのように葉を広げているのか，葉のつき方や広がり方を調べたいと思った。」など，身近な疑問（ぎもん）からテーマを決めよう。

②予想・計画を立てる

「身近な植物を観察して，葉のつき方や広がり方がどうなっているのかを記録する。」など，テーマに合わせて調べる方法と準備するものを考え，計画を立てよう。わからないことは，本やコンピュータで調べよう。

③調べたりつくったりする

計画をもとに，調べたりつくったりしよう。結果だけでなく，気づいたことや考えたことも記録しておこう。

④まとめよう

植物の葉のつき方は，図のようなものがあります。このようなものは図にするとわかりやすいです。観察したことは文や表でまとめよう。

右は自由研究を
まとめた例だよ。
自分なりに
まとめてみよう。

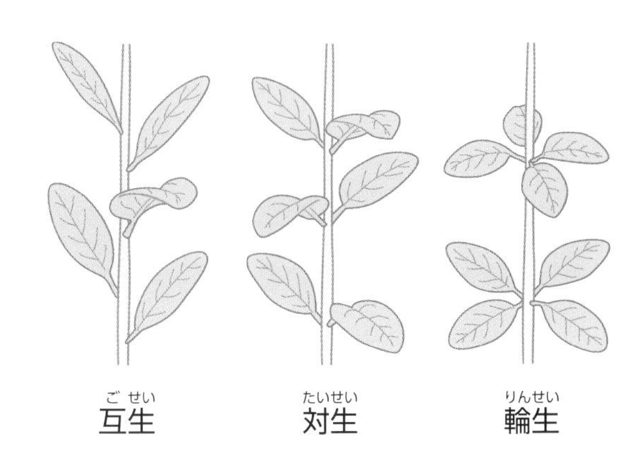

植物を真上から
観察すると，葉の
かさなり方は…。

【1
小
それ
方や
【2
①
る
②葉
観
【3
・調
・と
【4
植
でき

植物の葉のつき方

年　　組

研究のきっかけ

学校で，植物の葉に日光が当たると，でんぷんがつくられることを学習した。
で，植物は日光を受けるために，どのように葉を広げているのか，葉のつき
広がり方を調べたいと思った。

調べ方

園や川原に育っている植物の葉を観察して，葉のつき方や広がり方を記録す
。また，植物を真上から観察して，葉のかさなり方を記録する。
のつき方を図鑑で調べると，３つに分けられることがわかった。
察した植物は，どれにあてはまるのかを調べる。

結果

べた植物の葉のつき方を，３つに分けた。
互生…
対生…
輪生…
の植物も，真上から見ると，葉と葉がかさならないように生えていた。

わかったこと

物は多くの葉をしげらせていても，かさならないように葉を広げていた。
るだけたくさんの日光を受けて，でんぷんをつくっていると思った。

興味を広げる・深める!

6年

観察・実験カード

化石

何の化石かな?

化石

何の化石かな?

化石

何の化石かな?

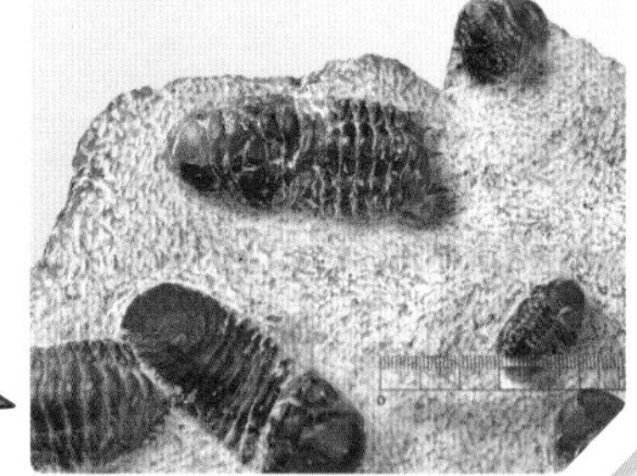

化石

何の化石かな?

水中の小さな生物

何という生物かな?

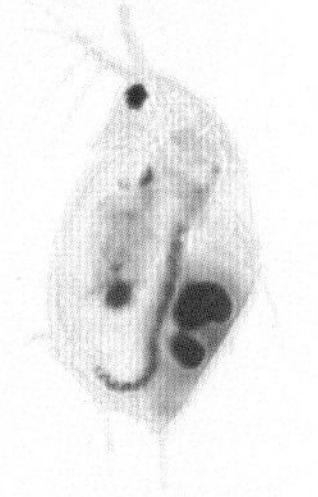

水中の小さな生物

何という生物かな?

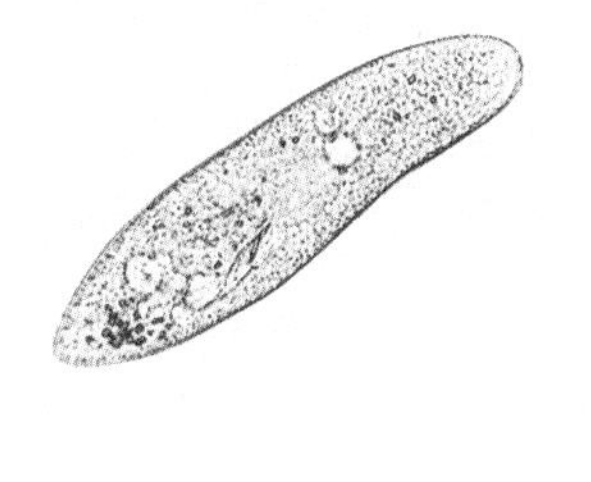

水中の小さな生物

何という生物かな?

水中の小さな生物

何という生物かな?

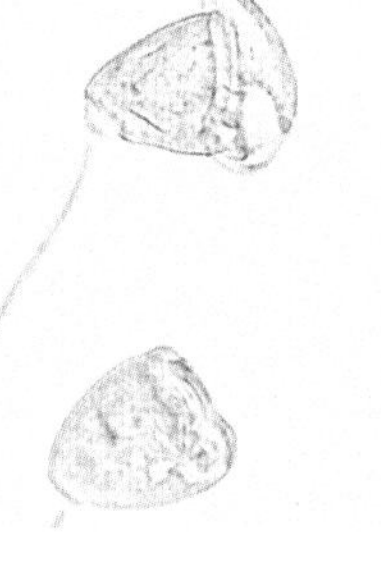

器具等

何という器具かな?

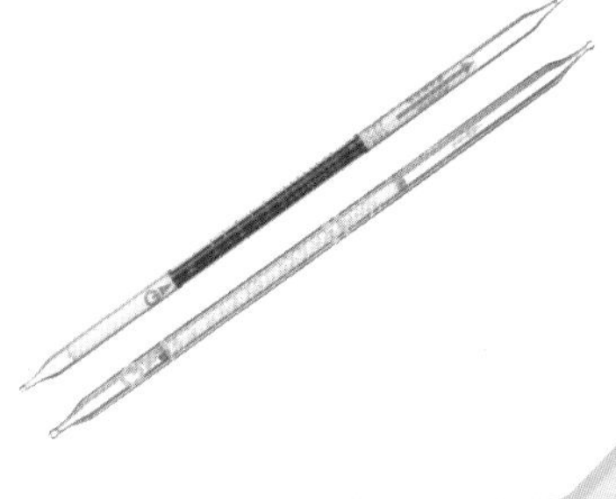

器具等

何という器具かな?

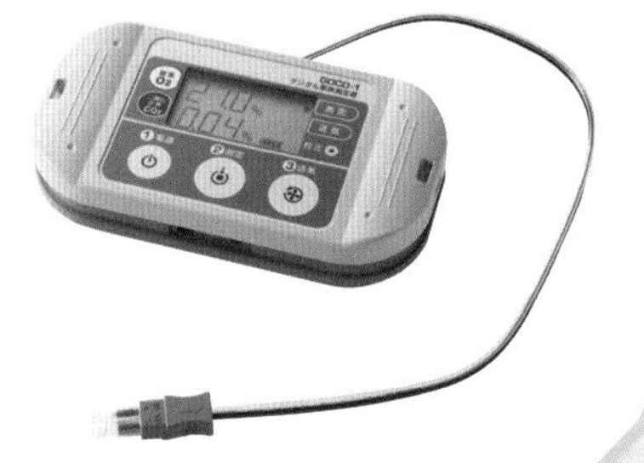

器具等

図の液体をはかり取る器具を何というかな?

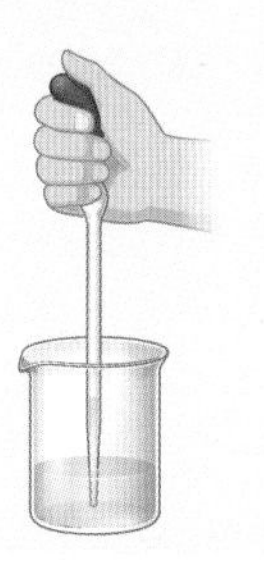

アンモナイトの化石

大昔の海に生きていた、からをもつ動物。
約４億～6600万年前の地層から化石が見つかる。

使い方

●切り取り線にそって切りはなしましょう。

説　明

●「化石」「水中の小さな生物」「器具等」の答えはうら面に書いてあります。

サンヨウチュウの化石

大昔の海に生きていた、あしに節がある動物。
海底で生活していたと考えられている。
約５億4200万～２億5100万年前の地層から化石が見つかる。

木の葉(ブナ)の化石

ブナはすずしい地域(ちいき)に広く生育する植物なので、ブナの化石が見つかると、その地層(ちそう)ができた当時、その場所はすずしい地域だったことがわかる。

ミジンコ

水中にすむ小さな生物。
体がすき通っていて、大きなしょっ角を使って水中を動く。

サンゴの化石

サンゴの化石が見つかると、その地層(ちそう)ができた当時、そこはあたたかい気候で浅い海だったことがわかる。

アオミドロ

水中にすむ小さな生物。
緑色をしたらせん状のもように見える部分は、光を受けて、養分をつくることができる。

ゾウリムシ

水中にすむ小さな生物。
体のまわりにせん毛(もう)という小さな毛があり、これを動かして水中を動く。

気体検知管

気体の体積の割合(わりあい)を調べるときに使う。酸素用気体検知管と二酸化炭素用気体検知管があり、調べたい気体や測定する割合のはんいに適した気体検知管を選ぶ。

ツリガネムシ

水中にすむ小さな生物。
名前のとおり、つりがねのような形をしている。
細いひものような部分は、のびたり、ちぢんだりする。

(こまごめ)ピペット

液体をはかり取るときに使う。水(すい)よう液(えき)の種類を変えるときは、水よう液が混ざらないように、１回ごとに水で洗(あら)ってから使う。

気体測定器

気体の体積の割合(わりあい)を調べるときに使う。吸引(きゅういん)式のものは酸素と二酸化炭素の割合を同時に測定することができる。センサー式のものは酸素の割合を測定することができる。

教科書ぴったりトレーニング

理科6年 がんばり表

いつも見えるところに、この「がんばり表」をはっておこう。
この「ぴたトレ」を学習したら、シールをはろう！
どこまでがんばったかわかるよ。

2. 人や他の動物の体

❶ 体の中に取り入れた空気
❷ 体の中に取り入れた食べ物
❸ 血液中に取り入れられたもののゆくえ
他の動物の体

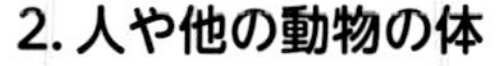

20〜21ページ	18〜19ページ	16〜17ページ	14〜15ページ	12〜13ページ	10〜11ページ
ぴったり3	ぴったり1 2	ぴったり1 2	ぴったり1 2	ぴったり1 2	ぴったり1 2
できたらシールをはろう	できたらシールをはろう	できたらシールをはろう	できたらシールをはろう	できたらシールをはろう	できたらシールをはろう

3. 植物の体

❶ 水の通り道
❷ 植物とでんぷん
❸ 植物と気体

22〜23ページ	24〜25ページ	26〜27ページ	28〜29ページ	30〜31ページ
ぴったり1 2	ぴったり1 2	ぴったり1 2	ぴったり1 2	ぴったり3
できたらシールをはろう	できたらシールをはろう	できたらシールをはろう	できたらシールをはろう	できたらシールをはろう

4. 生き物と

❶ 生き物と食べ
❷ 生き物と空気

32〜33ページ
ぴったり1 2
できたらシールをはろう

7. 月の見え方と太陽

64〜65ページ	62〜63ページ
ぴったり3	ぴったり1 2
できたらシールをはろう	できたらシールをはろう

8. 水溶液

❶ 水溶液の性質
❷ 水溶液のはたらき

74〜75ページ	72〜73ページ	70〜71ページ	68〜69ページ	66〜67ページ
ぴったり3	ぴったり1 2	ぴったり1 2	ぴったり1 2	ぴったり1 2
できたらシールをはろう	できたらシールをはろう	できたらシールをはろう	できたらシールをはろう	できたらシールをはろう

9. 電気の利用

❶ 電気をつくる
❷ 電気をためて使う
❸ 身のまわりの電気

76〜77ページ	78〜79ページ	80〜81ページ	82〜83ページ	84〜85ページ
ぴったり1 2	ぴったり1 2	ぴったり1 2	ぴったり1 2	ぴったり3
できたらシールをはろう	できたらシールをはろう	できたらシールをはろう	できたらシールをはろう	できたらシールをはろう

★ 人の生活

86〜87ページ
ぴったり1 2
できたらシールをはろう

（キリトリ線）

教科書ぴったりトレーニング　理科　6年　教育出版版　折込①（オモテ）

好きななまえをつけてね！

なまえ

ぴた犬（おとも犬）シールをはろう

シールの中から好きなぴた犬を選ぼう。

おうちのかたへ

がんばり表のデジタル版「デジタルがんばり表」では、デジタル端末でも学習の進捗記録をつけることができます。1冊やり終えると、抽選でプレゼントが当たります。「ぴたサポシステム」にご登録いただき、「デジタルがんばり表」をお使いください。LINE または PC・ブラウザを利用する方法があります。

ぴたサポシステムご利用ガイドはこちら
https://www.shinko-keirin.co.jp/shinko/news/pittari-support-system

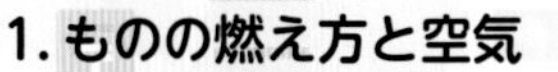

スタート

1. ものの燃え方と空気

❶ ものを燃やしたとき
❷ ものを燃やすはたらき

2〜3ページ	4〜5ページ	6〜7ページ	8〜9ページ
ぴったり12	ぴったり12	ぴったり12	ぴったり3
できたらシールをはろう	できたらシールをはろう	できたらシールをはろう	できたらシールをはろう

食べ物・空気・水

物
水

34〜35ページ	36〜37ページ	38〜39ページ
ぴったり12	ぴったり12	ぴったり3
できたらシールをはろう	できたらシールをはろう	できたらシールをはろう

5. てこ

❶ てこのはたらき
❷ 身のまわりのてこ

40〜41ページ	42〜43ページ	44〜45ページ	46〜47ページ
ぴったり12	ぴったり12	ぴったり12	ぴったり3
できたらシールをはろう	できたらシールをはろう	できたらシールをはろう	できたらシールをはろう

6. 土地のつくり

❶ 地層のつくり
❷ 地層のでき方
❸ 火山や地震と土地の変化

48〜49ページ	50〜51ページ	52〜53ページ	54〜55ページ	56〜57ページ	58〜59ページ
ぴったり12	ぴったり12	ぴったり12	ぴったり12	ぴったり12	ぴったり3
できたらシールをはろう	できたらシールをはろう	できたらシールをはろう	できたらシールをはろう	できたらシールをはろう	できたらシールをはろう

60〜61ページ
ぴったり12
できたらシールをはろう

と自然環境

88ページ
ぴったり3
できたらシールをはろう

ゴール

最後までがんばったキミは「ごほうびシール」をはろう！

ごほうびシールをはろう

（キリトリ線）

器具等

水(すい)よう液(えき)を仲間
分けするために、
何を使う
かな?

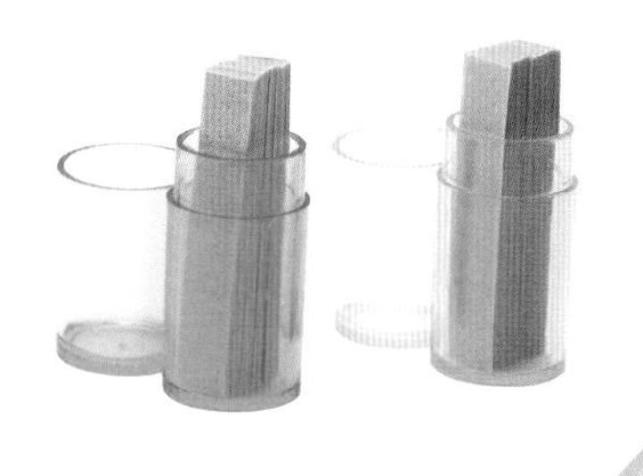

器具等

水(すい)よう液(えき)を仲間
分けするために、
何のしるを
使うかな?

器具等

水(すい)よう液(えき)を仲間
分けするために、
何を使う
かな?

器具等

水(すい)よう液(えき)を仲間
分けするために、
何を使う
かな?

器具等

何という
器具かな?

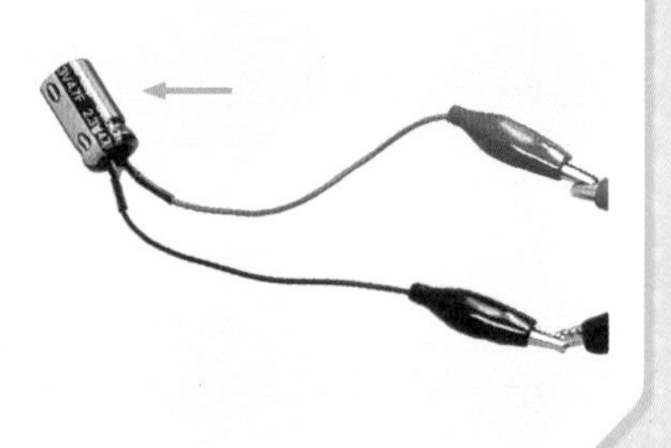

器具等

何という
器具かな?

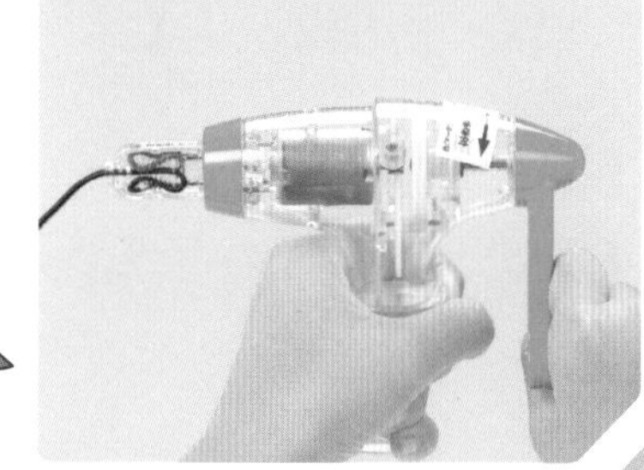

器具等

二酸化炭素が
あるか調べる
ために、何を
使うかな?

器具等

でんぷんがあるか
調べるために、
何を使う
かな?

器具等

薬品などが目に
入るのをふせぐ
ために、何を
使うかな?

器具等

図のような棒(ぼう)と
支えでものを動かすこと
ができるものを
何というかな?

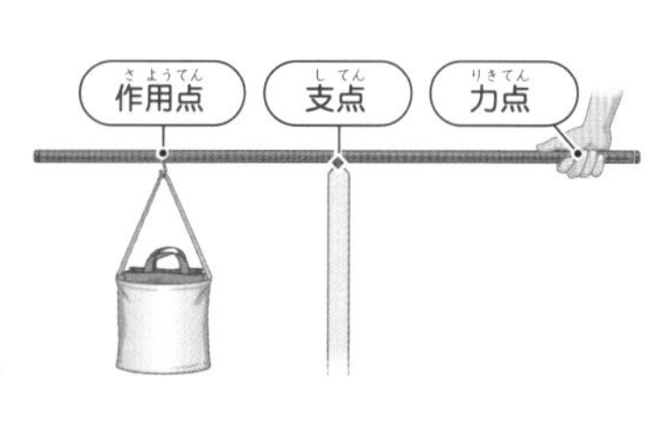

器具等

何という
器具かな?

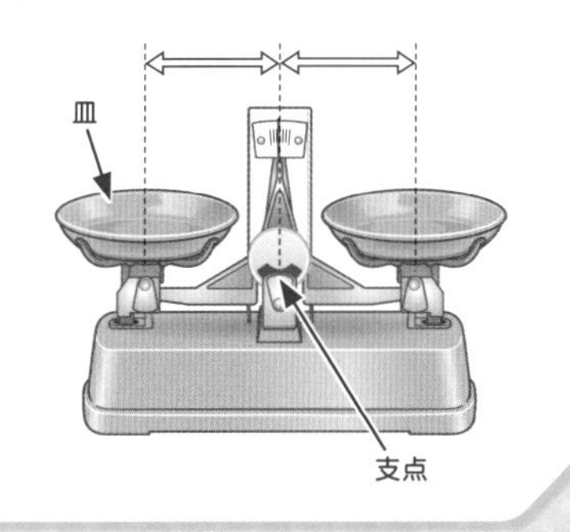

器具等

写真のように
分銅の位置によって
ものの重さを調べる器具を
何というかな?

ムラサキキャベツの葉のしる

ムラサキキャベツの葉のしるを調べたい水よう液に加えて、色の変化を観察する。

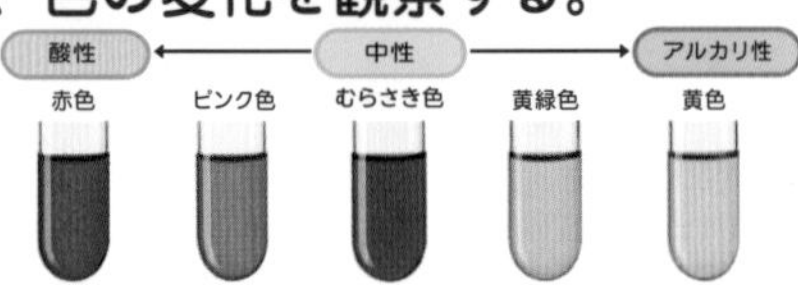

リトマス紙

青色と赤色の２種類のリトマス紙がある。
色の変化によって、水よう液を酸性、中性、アルカリ性に分けられる。

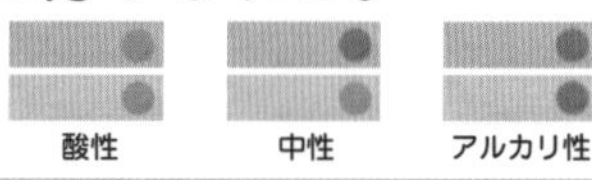

万能試験紙

短く切って、ピンセットで持ち、リトマス紙と同じように使う。
酸性の場合は赤色（だいだい色）に、アルカリ性の場合はこい青色に変化する。

BTB（よう）液

BTB（よう）液を調べたい水溶液に１～２てき加えて、色の変化を観察する。

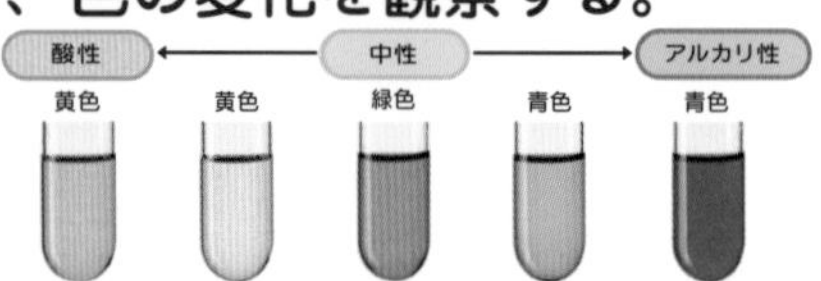

手回し発電機

手回し発電機の中にはモーターが入っていて、モーターを回転させることで発電している。

コンデンサー

電気をたくわえることができる。コンデンサーを直接コンセントにつなぐと危ないので、絶対にしてはいけない。

ヨウ素液

でんぷんがあるかどうかを調べるときに使う。
でんぷんにうすめたヨウ素液をつけると、（こい）青むらさき色になる。

石灰水

石灰水は、二酸化炭素にふれると白くにごる性質があるので、二酸化炭素があるか調べるときに使う。

てこ

棒の１点を支えにして、棒の一部に力を加えることで、ものを動かすことができるものを、てこという。
棒を支えるところを支点、棒に力を加えるところを力点、棒からものに力がはたらくところを作用点という。

保護眼鏡（安全眼鏡）

目を保護するために使う。
薬品を使うときは必ず保護眼鏡をかけて実験する。保護眼鏡をかけていても、熱している蒸発皿などをのぞきこんではいけない。

さおばかり

てこのつり合いを利用して重さをはかる道具。支点の近くに皿をつるし、重さをはかりたいものをのせ、反対側につるした分銅の位置を動かして、棒を水平につり合わせる。棒には目もりがつけてあり、分銅の位置によって、ものの重さがわかる。

上皿てんびん

てこのつり合いを利用して重さをはかる道具。支点からのきょりが等しいところに皿があるため、一方に重さをはかりたいものを、もう一方に分銅をのせ、左右の重さが等しくなれば、てんびんが水平につり合って、はかりたいものの重さがわかる。

理科6年

教育出版版
未来をひらく 小学理科

教科書ぴったりトレーニング

3分でまとめ動画

【写真提供】
アフロ／NNP／コーベット・フォトエージェンシー／時事通信フォト／七彩工房／ナリカ／PIXTA／富士山火山防災対策協議会／三笠市立博物館

ぴったり1 準備

1. ものの燃え方と空気

①ものを燃やしたとき

3分でまとめ

学習日　　月　　日

めあて
ものが燃えるときには、空気の性質が変わることを確認しよう。

教科書 8～12ページ　答え 2ページ

次の（　）にあてはまる言葉をかくか、あてはまるものを○で囲もう。

1 集気びんの中でろうそくを燃やして、燃え方を比べよう。

教科書 8～9ページ

- 底のある集気びんの中の火は、（① 燃え続(つづ)ける ・ 消える ）。
- 底のない集気びんの中の火は、（② 燃え続ける ・ 消える ）。
- 底のある集気びんの中でろうそくを燃やしても、中の（③　　　　）はなくならない。
- 底のない集気びんでは、燃えたあとの空気が新しい（④　　　　）と入れかわることで、ろうそくは燃え続けることができる。

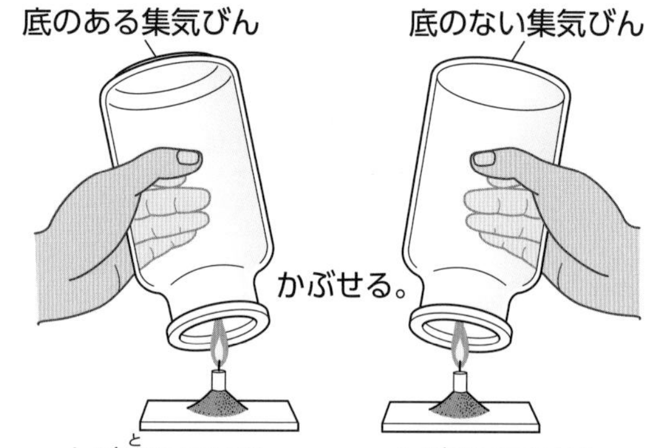

2 底のある集気びんの中でものを燃やすと火が消えてしまうのは、どうしてだろうか。

教科書 10～12ページ

- 底のある集気びんの中でろうそくを燃やして、火が消えたあと、もう一度火のついたろうそくを集気びんの中に入れて調べる。

集気びんの中でろうそくを燃やした回数と火が消えるまでの時間（例）

集気びんの中でろうそくを燃やした回数	火が消えるまでの時間
1回め	16秒
2回め	0秒

- 調べた結果、2回めは火が（① 燃え続けた ・ すぐに消えた ）。
- 底のある集気びんの中でものを燃やすと、集気びんの中の空気の性質が変わって、空気にものを（②　　　　）はたらきがなくなるからだと考えられる。

集気びんの中の空気はなくなっていないよ。

ここが、だいじ！

①ものを燃やすことで、空気の性質が変わって、ものを燃やすはたらきがなくなる。

ぴたトリビア　ものが燃えるためには、酸素、燃えるもの、温度が必要です。どれか1つでも取りのぞけば、火を消すことができます。

学習日　月　日

1. ものの燃え方と空気

①ものを燃やしたとき

教科書 8〜12ページ　答え 2ページ

1 2つのろうそくに火をつけて、一方には底のある集気びんを、もう一方には底のない集気びんをかぶせました。

(1) しばらく様子を見ていると、それぞれの集気びんの中のろうそくの火はどうなりますか。正しいものに○をつけましょう。

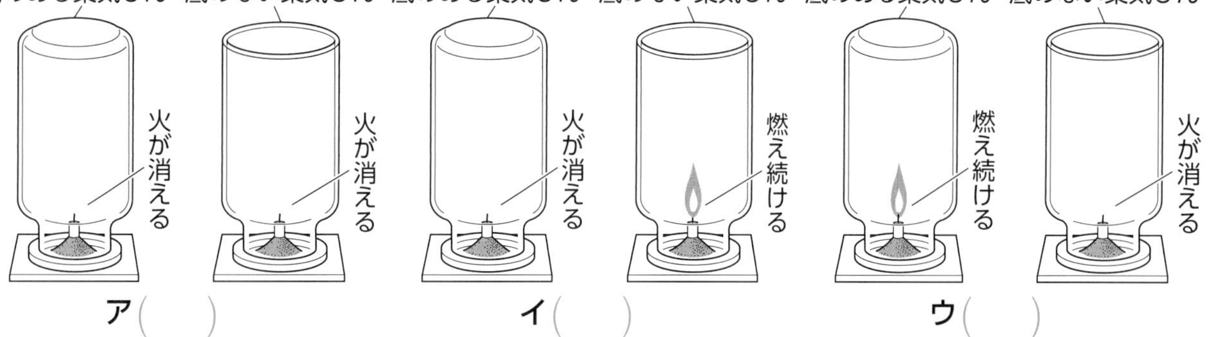

ア(　　)　イ(　　)　ウ(　　)

(2) (1)の実験で使った底のある集気びんを、図のように水の入った水そうの中にしずめると、あわが出てきました。このことから、集気びんの中から空気はなくなったといえますか、いえませんか。

(　　　　　　)

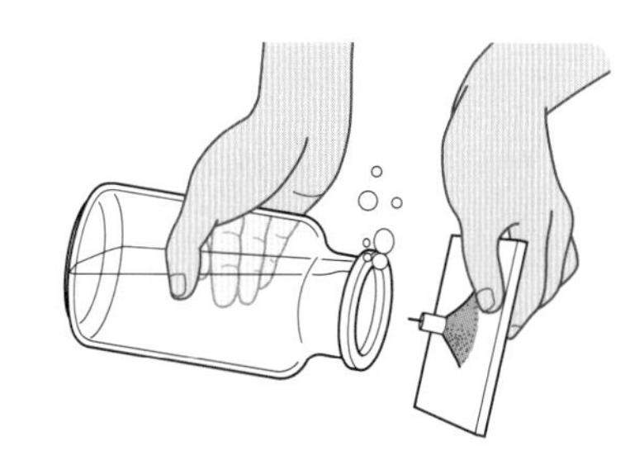

2 底のある集気びんの中でろうそくを燃やしたあと、図のように、その集気びんを火のついたろうそくにかぶせました。

(1) 1回めに集気びんの中でろうそくを燃やしてそのままにしておくと、ろうそくの火はどうなりますか。正しいものに○をつけましょう。

ア(　　)燃え続ける。
イ(　　)しばらくしてから消える。
ウ(　　)すぐに消える。

(2) 2回めに集気びんの中でろうそくを燃やしたとき、ろうそくの火はどうなりますか。正しいものに○をつけましょう。

ア(　　)燃え続ける。
イ(　　)しばらくしてから消える。
ウ(　　)すぐに消える。

(3) (1)、(2)のようになったのは、集気びんの中の空気のあるはたらきがなくなったからだと考えられます。どのようなはたらきですか。

(　　　　　　)

ヒント **2** (2)2回めなので、集気びんの中の空気の性質は変わっています。

1. ものの燃え方と空気

②ものを燃やすはたらき(1)

学習日　月　日

めあて
ものを燃やすはたらきがある気体・ない気体を確認しよう。

教科書 13〜16ページ　答え 3ページ

次の(　)にあてはまる言葉をかくか、あてはまるものを○で囲もう。

1 ちっ素、酸素、二酸化炭素のうち、どの気体にものを燃やすはたらきがあるだろうか。

教科書 13〜16ページ

▶図は、空気中にふくまれる気体の割合(わりあい)をグラフで表したものである。①〜③にあてはまる言葉を〔　〕から選んで□にかきましょう。

〔　ちっ素　　酸素　　二酸化炭素　〕

▶空気は、ちっ素、酸素、二酸化炭素などの気体が混じり合ったものである。

▶空気は、全体の体積の約(④ 21%・78%)がちっ素、約(⑤ 21%・78%)が酸素である。

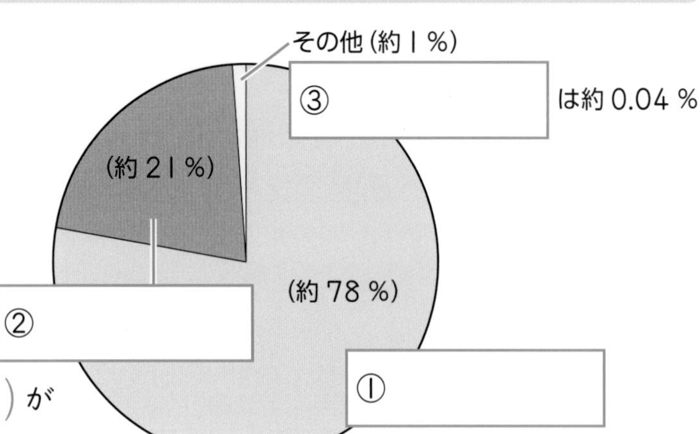

▶ちっ素中、酸素中、二酸化炭素中でのものの燃え方を比べる。

- 集気びんの中に気体を入れる。その集気びんの中に火のついたろうそくを入れ、燃え方を調べる。

集気びんの中の空気を全て出して、集気びんを水で満たす。

少しずつ気体を送りこんで、必要な分だけ気体を集める。

集気びんにふたをして、水から取り出す。

熱いろうが落ちて集気びんが割(わ)れないように、少量の水を入れる。

- 図は酸素の場合。ちっ素、二酸化炭素を入れた集気びんでも、燃え方を調べる。

▶アの集気びんの中は(⑥　　　)であり、(⑥)にはものを燃やすはたらきがない。

▶イの中は(⑦　　　)であり、(⑦)にはものを燃やすはたらきがある。

▶ウの中は二酸化炭素であり、二酸化炭素にはものを燃やすはたらきがない。

ア

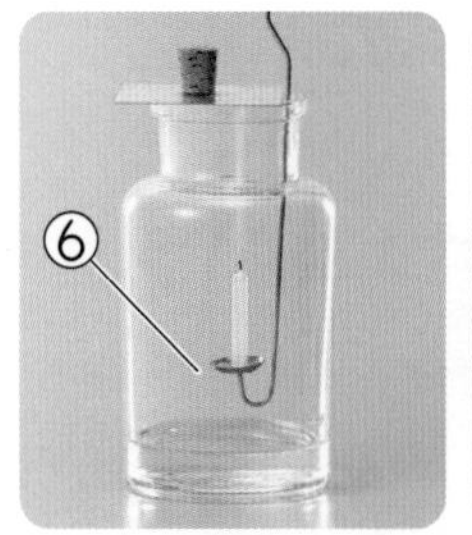

すぐに火が消える。

イ

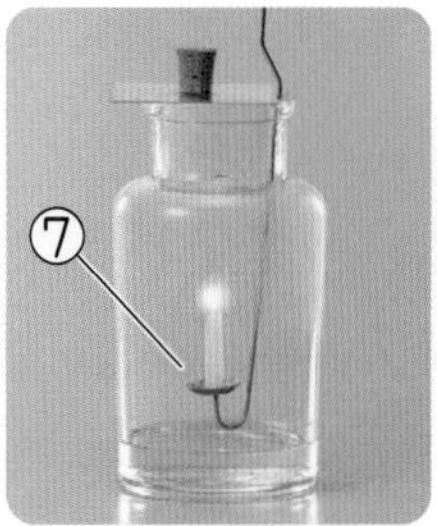

激(はげ)しく燃える。

ウ

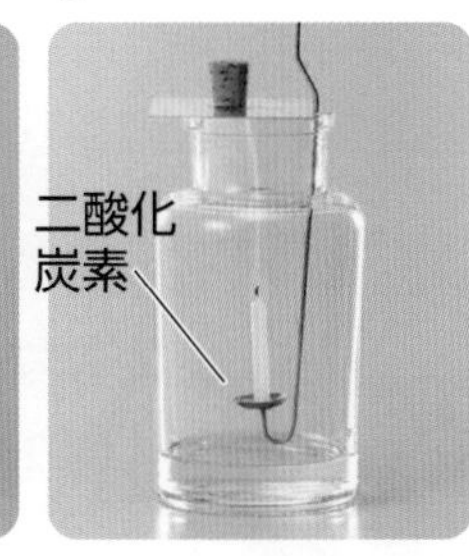

すぐに火が消える。

ここがだいじ!

①空気は、ちっ素、酸素、二酸化炭素などの気体が混じり合ったものである。

②酸素には、ものを燃やすはたらきがあり、ちっ素や二酸化炭素にはものを燃やすはたらきがない。

ぴたトリビア　空気の成分で、ちっ素、酸素の次に多いのは、アルゴンという気体です。

1. ものの燃え方と空気

②ものを燃やすはたらき(1)

1 図は、空気中にふくまれる気体の体積の割合(わりあい)を表したグラフです。

(1) 図の㋐は、空気中にもっとも多くふくまれる気体です。何という気体ですか。　(　　　)

(2) 図の㋑は、体積の割合が約21%の気体です。何という気体ですか。　(　　　)

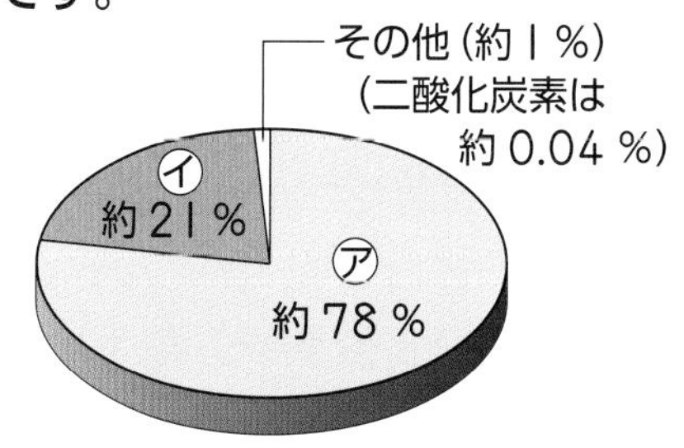

空気中にふくまれる
気体の体積の割合

2 図のように、気体を水中で集めるときの手順はどのようになりますか。次の㋐〜㋒を正しく並(なら)べましょう。

㋐集気びんを水中にしずめて、中の空気を全て出し、水で満たす。

㋑集めた気体がにげないように、集気びんにふたをして、水中から取り出す。

㋒集気びんを水中に入れたまま、少しずつ気体を送りこみ、必要な量の気体を集める。

(　　→　　→　　)

3 ㋐〜㋓の集気びんには、ちっ素、酸素、二酸化炭素、空気のどれかが入っています。

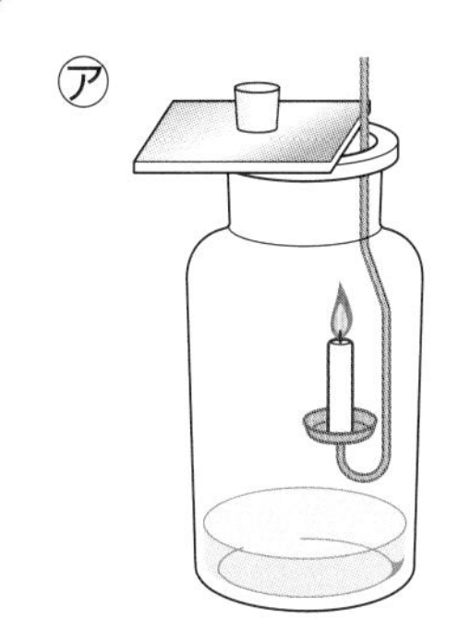

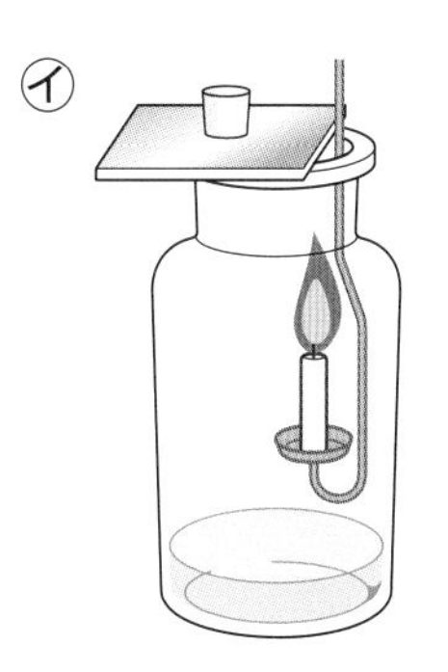

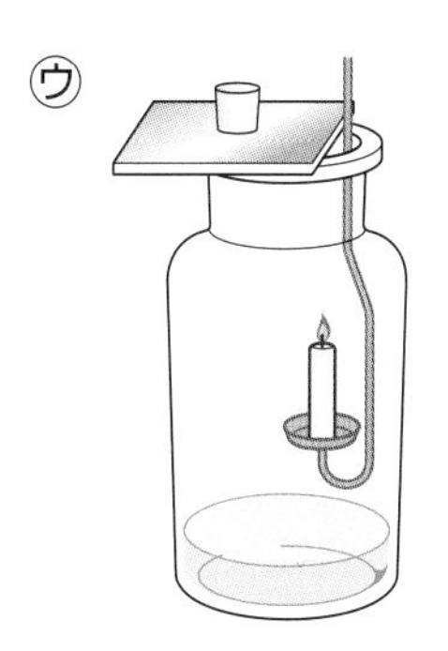

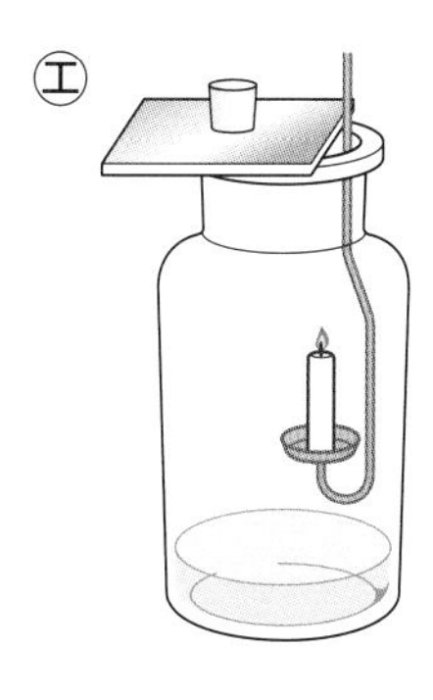

(1) ㋐、㋑の集気びんにそれぞれ火のついたろうそくを入れたところ、㋐ではろうそくの燃え方が集気びんに入れる前とほとんど変わらず、しばらくして火は消えました。㋑ではろうそくの燃え方が激(はげ)しく、やがて火は消えました。㋐、㋑に入っていた気体はそれぞれ何ですか。

㋐(　　　)　㋑(　　　)

(2) ㋒、㋓のびんに火のついたろうそくを入れたところ、どちらもすぐに消えました。㋒、㋓に入っていた気体は何ですか。

(　　　)と(　　　)

(3) この実験から、㋑のびんに入っていた気体に、どのようなはたらきがあるといえますか。

(　　　)

1. ものの燃え方と空気

②ものを燃やすはたらき(2)

学習日　月　日

めあて
ものを燃やした前後の空気中の気体の変化を確認しよう。

教科書 17〜21、211ページ　答え 4ページ

次の(　)にあてはまる言葉をかこう。

1 ものを燃やす前と燃やしたあとでは、空気の成分はどのように変わるだろうか。

教科書 17〜21、211ページ

▶(①　　　　　　)を使うと、空気にふくまれる酸素や二酸化炭素の量(体積の割合(わりあい))を調べることができる。

- 検知管の両はしをチップホルダで折り、矢印のついている側を採取器に差しこむ。
- 調べたい気体の入った容器に検知管の先を入れてハンドルを強く引く。
- 色が変わったところの目盛(も)りを読む。

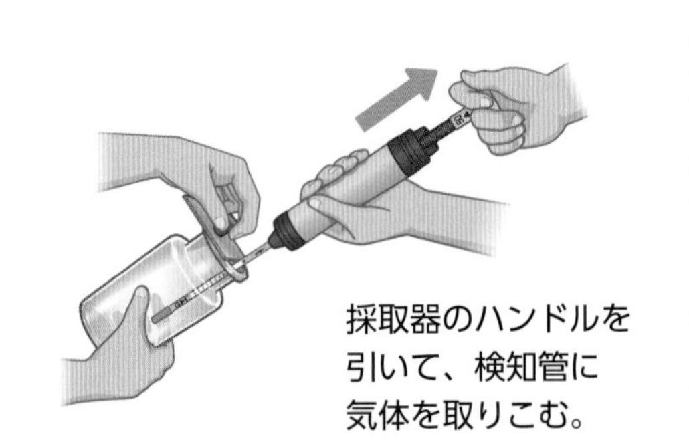

採取器のハンドルを引いて、検知管に気体を取りこむ。

集気びんの中でろうそくを燃やした結果(例)

	酸素の体積の割合(%)	二酸化炭素の体積の割合(%)
燃やす前	約21%	ほとんどなし
燃やしたあと	約17%	約4%

集気びんの中でろうそくを燃やしたときの空気の変化(例)

	ちっ素	酸素	二酸化炭素	その他
燃やす前	約78%	約21%		約1%
燃やしたあと	約78%	約17%	約4%	

▶ろうそくを燃やしたあとの空気は、燃やす前と比べて、(②　　　)が減り、(③　　　　)が増えている。

▶ろうそくのほか、木や紙、布など、植物からつくられたものを燃やしても、空気中の(④　　　)の一部が使われて減り、(⑤　　　　)ができて増える。

▶木や紙、布などは、燃やしたあと、(⑥　　　)や(⑦　　　)に変わる。

▶紙や布を燃やしたあと、石灰水(せっかいすい)の入ったびんにふたをしてふると(⑧　　　)にごるので、二酸化炭素ができていることがわかる。

石灰水を使うと、二酸化炭素があるかどうか、調べることができるよ。

①ものが燃えるとき、空気中の酸素の一部が使われて減り、二酸化炭素ができて増える。
②植物からつくられたものは、燃やすと炭や灰(はい)に変わる。

底のある集気びんの中では火のついたろうそくの火はやがて消えますが、酸素のすべてが使われるわけではありません。

ぴったり2 **練習**

1. ものの燃え方と空気

②ものを燃やすはたらき(2)

学習日　　月　　日

教科書 17〜21、211ページ　答え 4ページ

1 **図1の器具を使って、ものを燃やす前後の空気にふくまれる気体の体積の割合（わりあい）を調べました。図2はその結果を表しています。**

図1

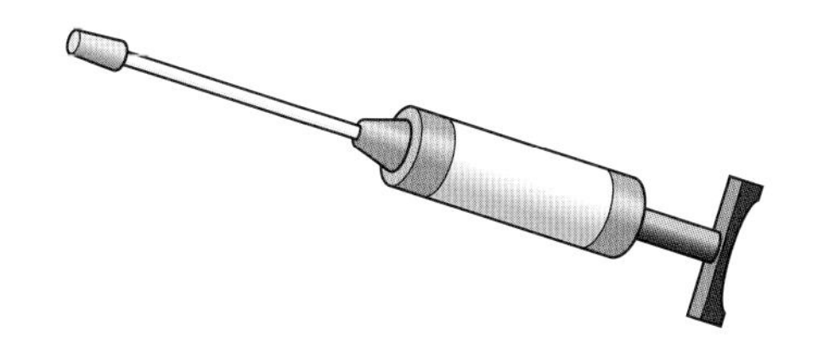

(1) 図1は、酸素や二酸化炭素の量を調べるものです。これを何といいますか。

（　　　　　　）

(2) 図2の気体㋐〜㋒はそれぞれ何という気体ですか。

㋐（　　　　　　）

㋑（　　　　　　）

㋒（　　　　　　）

図2　空気にふくまれる気体の体積の割合

その他 約1％

気体㋐ 約78％　気体㋑ 約21％

燃やす前

気体㋐ 約78％　気体㋑ 約17％

燃やしたあと　気体㋒ 約4％

(3) ものを燃やしたあとの空気で、ものを燃やす前の空気より増えた気体と減った気体は、それぞれ何ですか。正しいものに○をつけましょう。

①増えた気体　ア（　）酸素　イ（　）二酸化炭素

②減った気体　ア（　）酸素　イ（　）二酸化炭素

2 **集気びんの中に火のついた木を入れて、燃え方を調べました。**

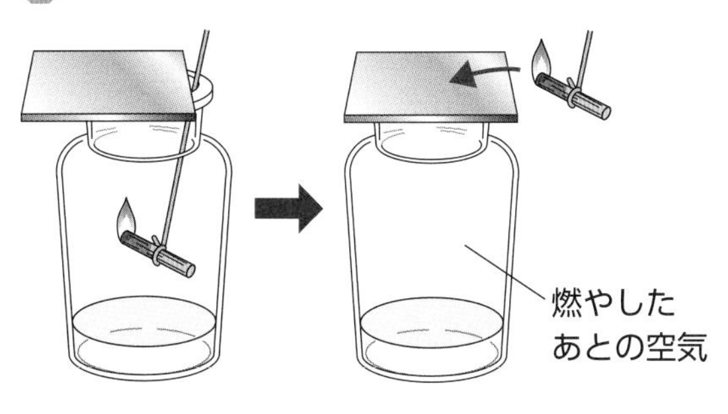

(1) 初めに火が消えたとき、木の燃やした部分は何に変わっていましたか。（　　　　　　）

(2) 燃やしたあとの空気の中に、再び火のついた木を入れると、どのようになりますか。次の㋐〜㋒から選びましょう。（　　）

㋐燃やす前の空気中よりも激（はげ）しく燃える。

㋑燃やす前の空気中と同じくらい燃える。

㋒火はすぐに消える。

(3) (2)のようになるのはなぜですか。その理由として、正しいものに○をつけましょう。

ア（　）木を燃やすのに、空気中の酸素が使われたから。

イ（　）木を燃やすのに、空気中のちっ素が使われたから。

ウ（　）木を燃やすのに、空気中の二酸化炭素が使われたから。

(4) 初めに入れるものとして、火のついた新聞紙を使い、同じような実験をします。新聞紙の火が消えてから、火のついた木を入れると、どのようになりますか。(2)の㋐〜㋒から選びましょう。

（　　）

ヒント **1** (2)ものを燃やしたあと、気体㋑は減って、気体㋒は増えています。

1. ものの燃え方と空気

教科書 8～23ページ　答え 5ページ

1 集気びんの中でろうそくの火が消えるまでの時間をはかり、そのあと、もう一度火のついたろうそくに集気びんをかぶせて、火が消えるまでの時間をはかりました。 各5点(25点)

(1) 下の図は、火が消えるまでの時間を記録したメモですが、何回めかをかくのをわすれてしまいました。このメモをもとに、表の①、②にあてはまる時間をかきましょう。

火が消えるまでの時間

18秒	0秒

集気びんの中でろうそくを燃やした回数と火が消えるまでの時間

集気びんの中でろうそくを燃やした回数	火が消えるまでの時間
1回め	(①)
2回め	(②)

(2) 空気にふくまれる気体の量を調べるために使われる、右の図の器具を何といいますか。 (　　　　)

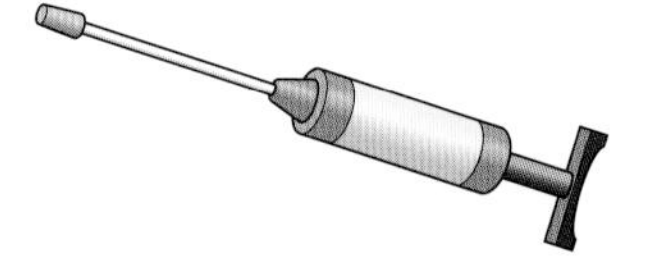

(3) (2)の器具を用いて、1回めのあとの酸素と二酸化炭素の量を調べました。このときの結果は、㋐、㋑のどちらですか。酸素、二酸化炭素それぞれについて答えましょう。

酸素 ㋐ % 6 8 10 12 14 16 17 18 19 20 21　　㋑ % 6 8 10 12 14 16 17 18 19 20 21

二酸化炭素 ㋐ 0.5 1 2 3 4 5 6 7 8 %　　㋑ 0.5 1 2 3 4 5 6 7 8 %

酸素(　　　)　二酸化炭素(　　　)

よく出る

2 集気びんの中で木を燃やす前と燃やしたあとで、それぞれの空気にふくまれる気体の体積の割合(わりあい)を調べました。 各5点(30点)

燃やす前：ちっ素 約78％　酸素 約21％　その他 約1％

燃やしたあと：ちっ素 約78％　酸素 約17％　二酸化炭素 約4％

(1) 木を燃やしたあとの空気で、増えている気体は何ですか。(　　　　)

(2) 木を燃やしたあとの空気で、減っている気体は何ですか。(　　　　)

(3) 木を燃やす前と燃やしたあとの空気で、割合が変わらない気体は何ですか。

(　　　　)

(4) ものを燃やすはたらきがある気体は何ですか。 (　　　　)

(5) 木のように、植物からつくられたものが燃えると、何に変わりますか。2つ答えましょう。

(　　　　)(　　　　)

❸ 集気びんに酸素と二酸化炭素を集めました。

技能　各7点(21点)

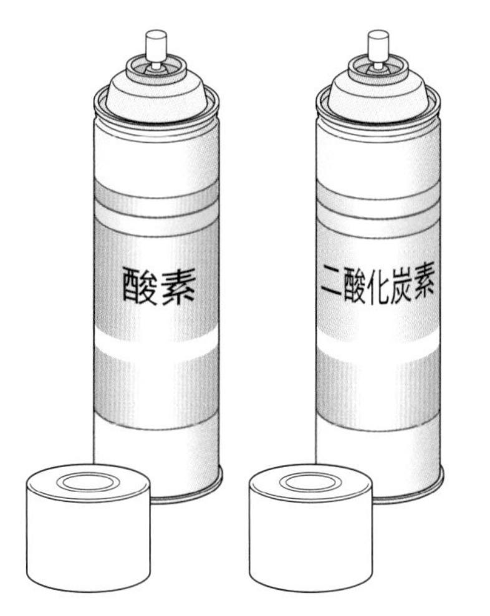

(1) 気体を集めるにはどの方法がよいですか。㋐～㋒から選びましょう。　(　　)

㋐
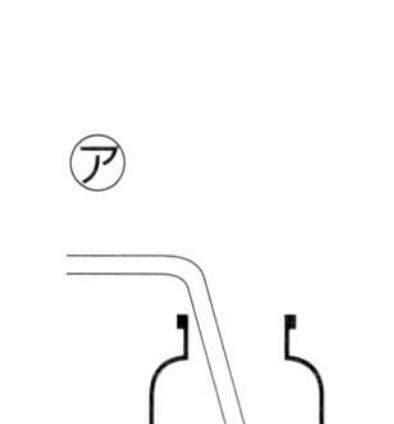

㋑
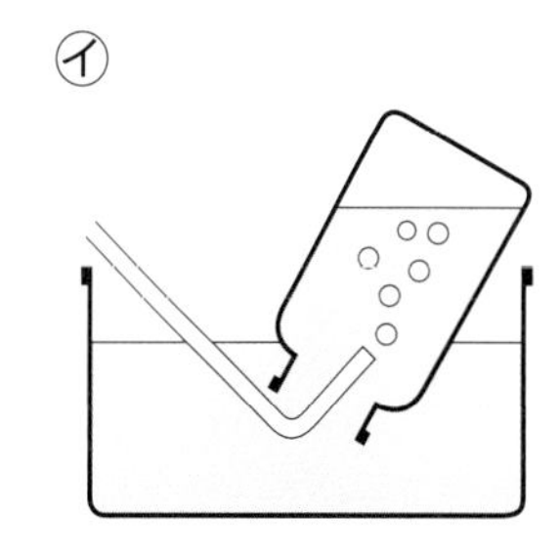

㋒
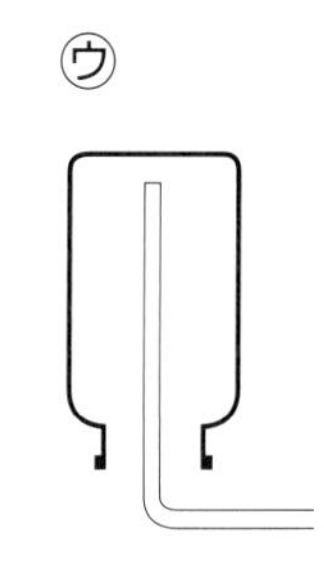

(2) 二酸化炭素があるかどうかを調べる水溶液(すいようえき)を何といいますか。

(　　　　　　)

(3) (2)と二酸化炭素が入ったびんにふたをしてふると、どのような変化が見られますか。

(　　　　　　　　　　　　)

できたらスゴイ!

❹ あきかんに入れた割(わ)りばしを、㋐～㋒の方法で燃やします。

思考・表現　各8点(24点)

㋐

かんの下に穴をあけ、割りばしをできるだけ多く入れる。

㋑
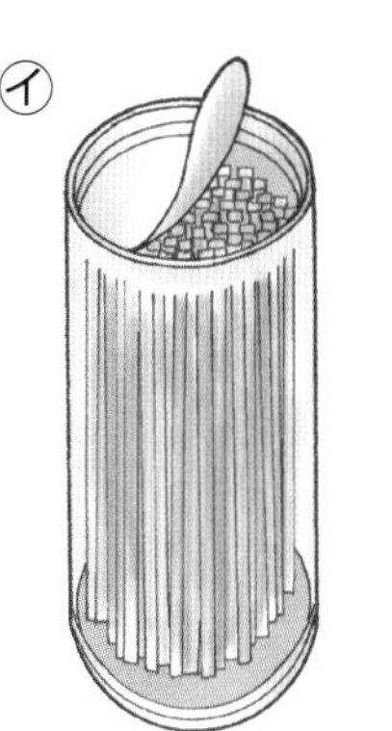

ふたを半分だけあけ、割りばしをできるだけ多く入れる。

㋒
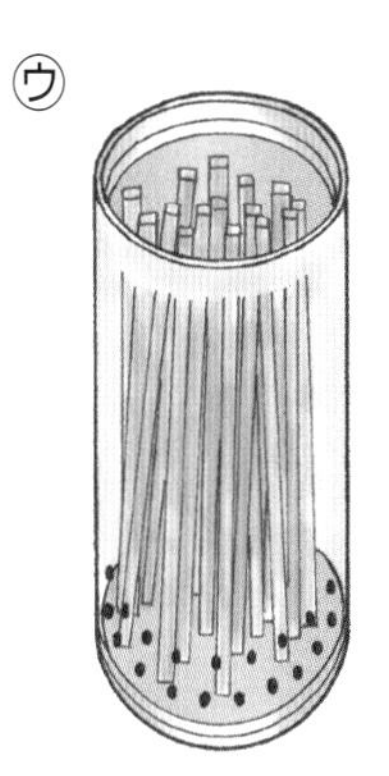

かんの下に穴をあけ、割りばしどうしのすきまができるように入れる。

(1) いちばんよく燃えるのは、㋐～㋒のどれですか。　(　　)

(2) 記述 (1)がいちばんよく燃える理由を説明しましょう。

(　　　　　　　　　　　　)

(3) 割りばしを燃やしたあとにできる黒っぽい部分を何といいますか。　(　　　　)

ふりかえり
❷がわからないときは、6ページの1にもどって確認(かくにん)しましょう。
❹がわからないときは、2ページの1にもどって確認しましょう。

ぴったり1 準備

3分でまとめ

2. 人や他の動物の体

①体の中に取り入れた空気

学習日　月　日

めあて
肺で酸素と二酸化炭素の交かんをしていることを確認しよう。

教科書 26～31ページ　答え 6ページ

次の(　)にあてはまる言葉をかくか、あてはまるものを○で囲もう。

1 人は、息をすることによって、体の中で、空気中の何を取り入れ、何を出しているのだろうか。　教科書 26～31ページ

▶気体検知管や石灰水(せっかいすい)を使って、吸(す)いこむ空気とはき出した息を調べた。

	用意	気体検知管で調べた結果	石灰水の様子
吸いこむ空気	空気をふくろに集める。	ちっ素　約78％／酸素 約21％／二酸化炭素　ほとんどなし／その他　約1％	(① 変化しない・白くにごる)。
はき出した息	息をふくろにはき出す。	ちっ素　約78％／酸素 約18％／二酸化炭素　約3％／その他　約1％	(② 変化しない・白くにごる)。

・はき出した息では、吸いこむ空気よりも、(③　　　　)が多く、(④　　　　)が少なくなっている。

・体の中に酸素を取り入れ、外に二酸化炭素を出すことを(⑤　　　　)という。

〈吸いこむ空気〉

鼻や口

↓

(⑥　　　　)

↓

(⑦　　　　)

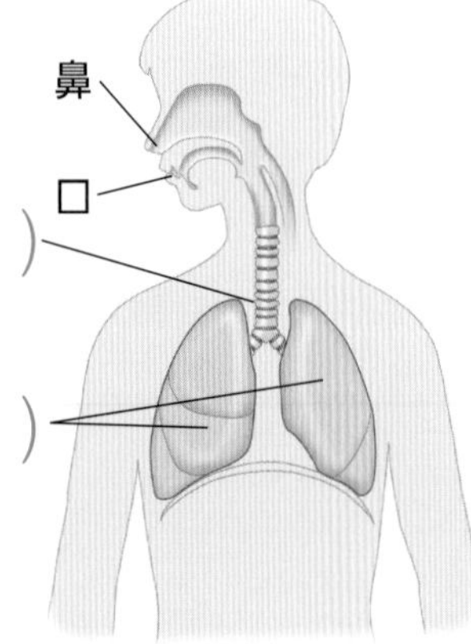

▶吸いこんだ空気は、(⑦)に送られ、その中の(⑧　　　　)の一部が、肺(はい)で血液中に取り入れられて、体じゅうに送り出される。

▶体の中でできた不要な(⑨　　　　)は、肺で血液中から出され、息としてはき出される。

▶はき出したあとの息には、吸いこむ空気よりも、(⑩　　　　)や(⑪　　　　)が多くふくまれる。

①人は呼吸(こきゅう)によって、空気中の酸素の一部を血液中に取り入れて、血液中から出された二酸化炭素をふくむ息を出している。

②人が鼻や口から吸いこんだ空気は、気管を通って、胸(むね)にある肺に送られる。

多くのこん虫の胸や腹(はら)には「気門」という穴(あな)があります。こん虫はこの気門から空気をとり入れて呼吸しています。

学習日 月 日

2. 人や他の動物の体

①体の中に取り入れた空気

教科書 26〜31ページ 答え 6ページ

1 気体検知管と石灰水（せっかいすい）を使って、吸（す）いこむ空気とはき出した息のちがいを調べました。㋐、㋑は「吸いこむ空気」と「はき出した息」のいずれかを表しています。

	気体検知管①	気体検知管②	石灰水
㋐	約21％	(ほとんどなし)	ア
㋑	約18％	約3％	イ

(1) 気体検知管①、②は何という気体を調べた結果ですか。それぞれ答えましょう。

①(　　　　) ②(　　　　)

(2) 「はき出した息」の結果を示しているのは、㋐、㋑のどちらですか。 (　　)

(3) ㋑の空気が入ったふくろに、石灰水を入れてよくふります。石灰水はどうなりますか。

(　　　　)

(4) この結果から、呼吸（こきゅう）によって体に取り入れられた気体は何とわかりますか。

(　　　　)

2 人が空気を吸いこんだりはき出したりするしくみを調べました。

(1) ㋐、㋑をそれぞれ何といいますか。

㋐(　　　　) ㋑(　　　　)

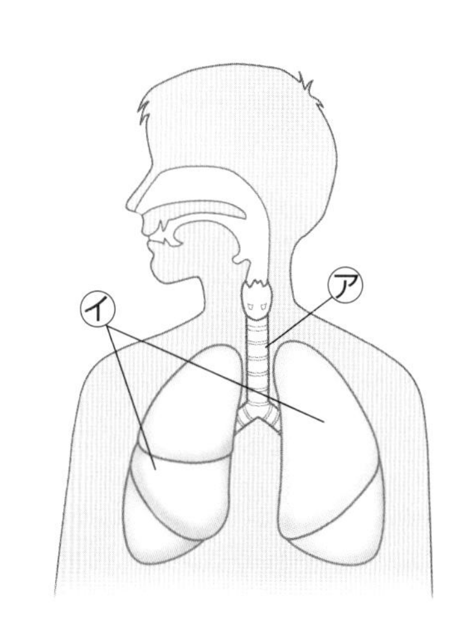

(2) ㋑は、どのようなはたらきをしていますか。正しいものに○をつけましょう。

ア(　　)新しい血液をつくっている。

イ(　　)酸素の少ない空気を二酸化炭素の多い空気に取りかえている。

ウ(　　)酸素を出し、吸いこんだ空気から二酸化炭素を取り入れている。

エ(　　)二酸化炭素を出し、吸いこんだ空気から酸素を取り入れている。

(3) (2)のはたらきを何といいますか。 (　　　　)

ヒント ❶ (3)石灰水は、二酸化炭素にふれると、白くにごる性質があります。

2. 人や他の動物の体

②体の中に取り入れた食べ物(1)

学習日　月　日

めあて
でんぷんは、だ液のはたらきで、別のものに変わることを確認しよう。

教科書 32～35ページ　答え 7ページ

次の(　)にあてはまる言葉をかくか、あてはまるものを○で囲もう。

1 食べ物は、だ液のはたらきによって、別のものに変化するのだろうか。 教科書 32～35ページ

▶ご飯を口の中でよくかむと、だ液が出て、しだいに(①　　　　)感じられるようになる。

▶ご飯にヨウ素液をかけると、ヨウ素液がかかった部分の色が変化する。これは、ご飯に(②　　　　)が多くふくまれているためである。

(③　　　　)

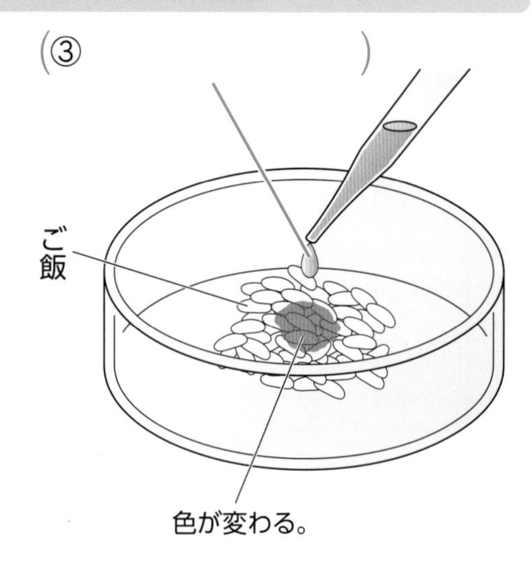

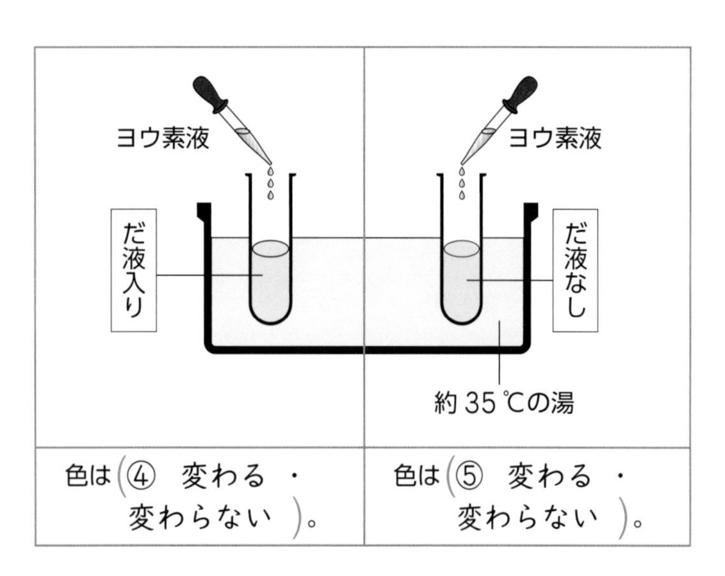

色は(④　変わる ・ 変わらない)。	色は(⑤　変わる ・ 変わらない)。

▶すりつぶしたご飯の上ずみ液を使って、だ液のはたらきを調べる。
- 2本の試験管にヨウ素液を加えたとき、ヨウ素液の色が変化したりしなかったりする様子のちがいから、でんぷんは、(⑥　　　　)のはたらきによって、別のものに変化することがわかる。
- このとき、でんぷんは、水にとけやすい(⑦　　　　)に変化し、あまく感じられるようになる。

▶食べ物を歯で細かくくだいたり、だ液などで体に吸収(きゅうしゅう)されやすい養分に変えたりすることを、(⑧　　　　)という。

▶だ液のように、消化に関わっている液体を、(⑨　　　　)という。

口の中でよくかむのと同じように、ご飯をすりつぶしたり、試験管を温めたりしておくんだね。

ここが だいじ!

①でんぷんは、だ液のはたらきによって、水にとけやすい養分に変化し、あまく感じられるようになる。
②食べ物をくだいたり、体に吸収されやすい養分に変えたりすることを消化という。
③だ液のように、消化に関わっている液体を消化液という。

養分は体をつくる材料となったり、体を動かすエネルギーとして使われたりします。

学習日　　月　　日

2. 人や他の動物の体

②体の中に取り入れた食べ物(1)

教科書 32〜35ページ　答え 7ページ

1 ご飯にふくまれている養分を調べました。

(1) 口の中に入れる前のご飯に、ヨウ素液を加えると、どうなりますか。次の㋐〜㋒から選びましょう。（　　）

㋐　白くにごる。

㋑　色が変わる。

㋒　変化しない。

(2) (1)から、ご飯にふくまれている養分は何であると考えられますか。

（　　　　）

(3) ご飯を口の中でかみ続けると、どのようになりますか。正しいものに○をつけましょう。

ア（　　）ご飯は細かくなり、しだいにあまく感じる。

イ（　　）ご飯はかたくなり、しだいに苦く感じる。

ウ（　　）ご飯は冷たくなり、しだいにすっぱく感じる。

(4) (3)のご飯に、ヨウ素液を加えると、どうなりますか。(1)の㋐〜㋒から選びましょう。

（　　）

2 図のような手順で、ご飯が消化されるしくみを調べました。

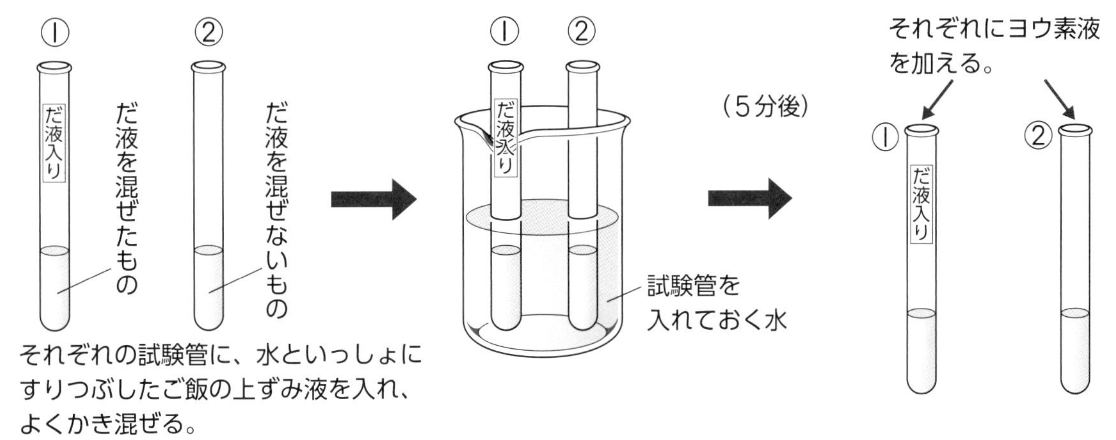

(1) 試験管を入れておく水の温度は、どれぐらいにしますか。正しいものに○をつけましょう。

ア（　　）実験をする部屋の温度　　イ（　　）試験管に入れる前のご飯の温度

ウ（　　）水がふっとうする温度　　エ（　　）口の中と同じくらいの温度

(2) 5分後にヨウ素液を加えたとき、変化が見られたのは①、②のどちらですか。

（　　）

(3) (2)で変化が見られないものがあるのは、何のはたらきによるためと考えられますか。正しいものに○をつけましょう。

ア（　　）ご飯といっしょにすりつぶした水　　イ（　　）だ液　　ウ（　　）ヨウ素液

ぴったり1 準備

2. 人や他の動物の体

②体の中に取り入れた食べ物(2)

学習日　月　日

めあて
食べ物が体の中で消化され、養分が吸収されることを確認しよう。

教科書 35～38ページ　答え 8ページ

次の（　）にあてはまる言葉をかこう。

1 食べ物は体の中のどこを通っていくのだろうか。

教科書 35～38ページ

▶図は、体における食べ物の通り道を表したものです。①～⑤にあてはまる言葉を〔　〕から選んで、□にかきましょう。

〔 胃（い）　小腸（しょうちょう）　食道　肝臓（かんぞう）　大腸 〕

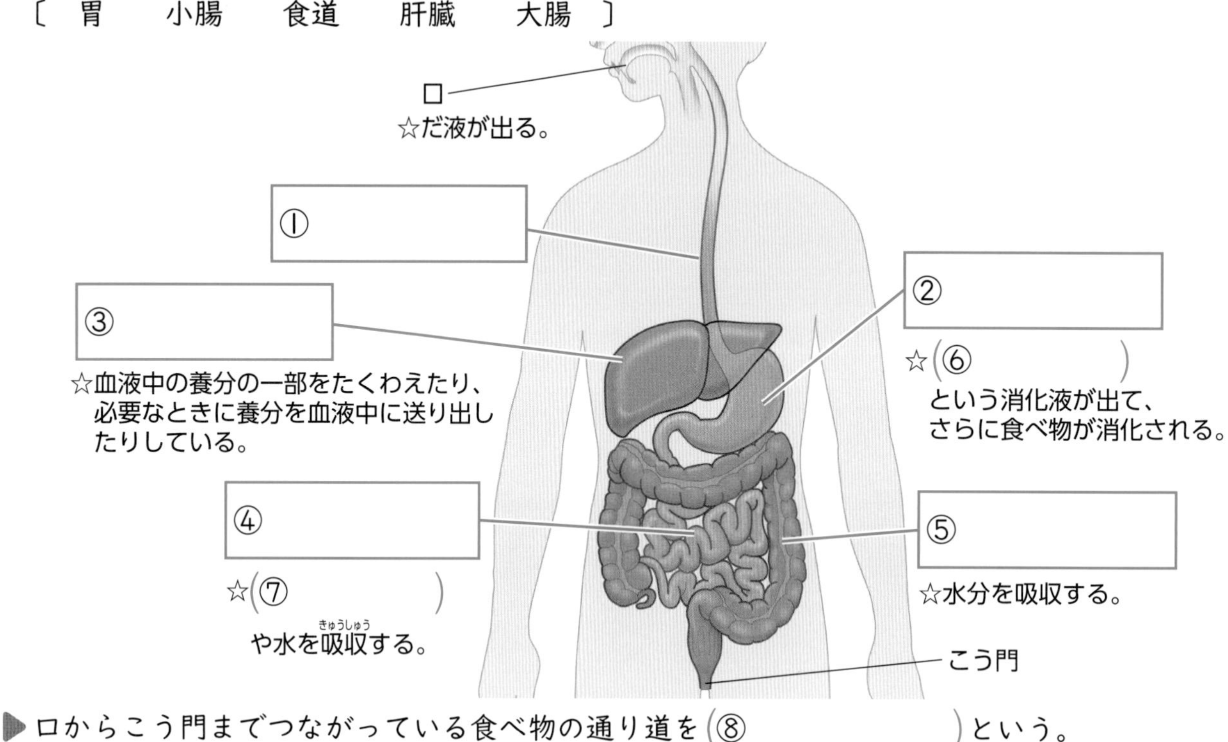

▶口からこう門までつながっている食べ物の通り道を（⑧　　　）という。

▶人の体の中の様子を調べます。⑨～⑫にあてはまる言葉を〔　〕から選んで（　）にかきましょう。

〔 臓器（ぞうき）　肝臓　養分　小腸 〕

- 肺（はい）や胃、小腸、大腸のように、体の中で、ある決まったはたらきをするものを（⑨　　　）という。
- （⑩　　　）は、主に（⑪　　　）で吸収された（⑫　　　）の一部をたくわえるなどの大切なはたらきをしています。

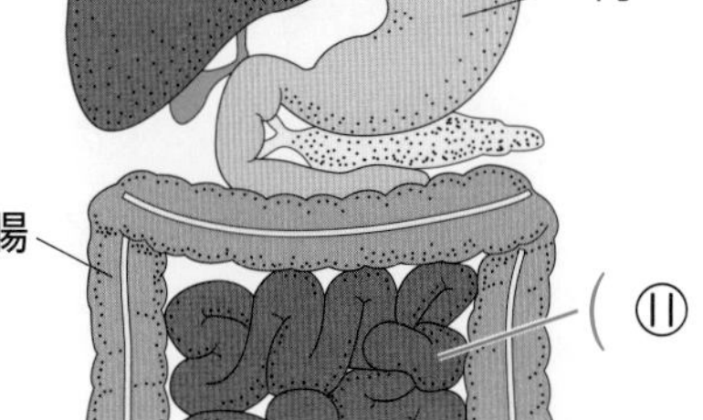

ここがだいじ！

①口→食道→胃→小腸→大腸→こう門とつながっている食べ物の通り道を消化管という。

②肝臓では、血液中の養分の一部をたくわえたり、必要なときに養分を血液中に送り出したりしている。

昔の日本では、ヒトの内臓には体調や心の状態を変化させる虫がすみついているという考えがありました。「虫の知らせ」などの慣用句はその考え方の名残という説があります。

2. 人や他の動物の体
②体の中に取り入れた食べ物(2)

教科書 35～38ページ 答え 8ページ

1 人の体の中の食べ物の通り道を調べました。

(1) 図の㋐～㋕などのように、体の中にあり、それぞれ決まったはたらきをするものを何といいますか。

( )

(2) ㋐～㋕をそれぞれ何といいますか。

㋐( ) ㋑( )
㋒( ) ㋓( )
㋔( ) ㋕( )

(3) ㋐からこう門までつながっている、食べ物の通り道を何といいますか。

( )

(4) 食べ物を消化するために、㋐、㋒でそれぞれ出される消化液を何といいますか。

㋐( ) ㋒( )

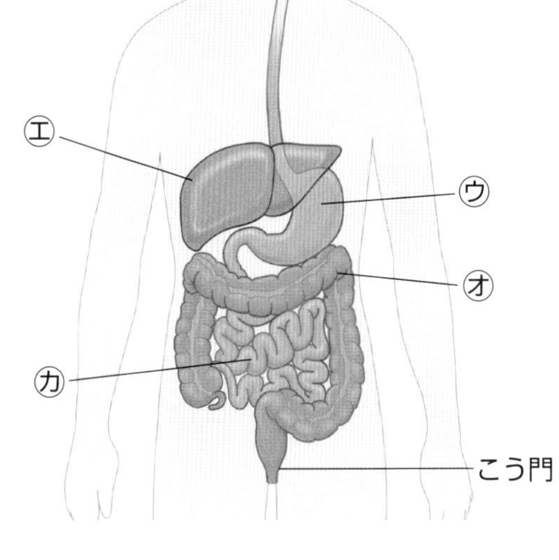

2 人の体のつくりを調べます。

(1) 主に、養分を吸収(きゅうしゅう)する臓器(ぞうき)はどれですか。㋐～㋔から選びましょう。

( )

(2) 血液中に吸収された養分の一部をたくわえる臓器はどれですか。㋐～㋔から選びましょう。

( )

(3) (2)の臓器の様子やはたらきを説明した文として、正しいものに○をつけましょう。

ア( )養分や酸素を取り入れた血液を、体じゅうに行きわたらせる。

イ( )胃(い)の横にあって、消化や吸収に関係している。

ウ( )吸(す)いこんだ空気の通り道で、とちゅうで大きく2つに枝分かれしている。

エ( )酸素を血液中に取り入れ、二酸化炭素を血液中から出す。

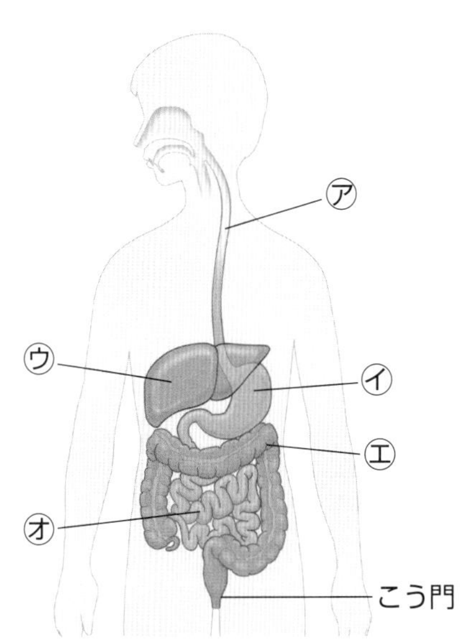

3分でまとめ

学習日　　月　　日

2. 人や他の動物の体

③血液中に取り入れられたもののゆくえ

めあて
血液が体の中をどのように流れて、何を運んでいるかを確認しよう。

教科書 39〜45ページ　答え 9ページ

次の(　　)にあてはまる言葉をかこう。

1 血液は、体の中をどのように流れて、酸素や養分を運んでいるだろうか。 教科書 39〜45ページ

▶血液の流れる向きを→や→で表します。①〜⑥にあてはまる言葉を〔　〕から選んで、(　　)にかきましょう。

〔　心臓　肺　血管　血液　酸素　二酸化炭素　〕

- 心臓は、(①　　　　　)を全身に送り出すポンプの役割をしている。
- (②　　　　　)は全身に張りめぐらされていて、血液を体中に送っている。
- 血液は、体の各部分に(③　　　　　)や養分をわたして、かわりに、(④　　　　　　　　)などを取り入れる。
- 血液は、体の各部分で(③)や養分をわたしたあと、別の血管を流れて(⑤　　　　　)にもどる。
- (⑤)にもどった血液は(⑥　　　　　)に送られて、(④)を出し、再び(③)を取り入れる。

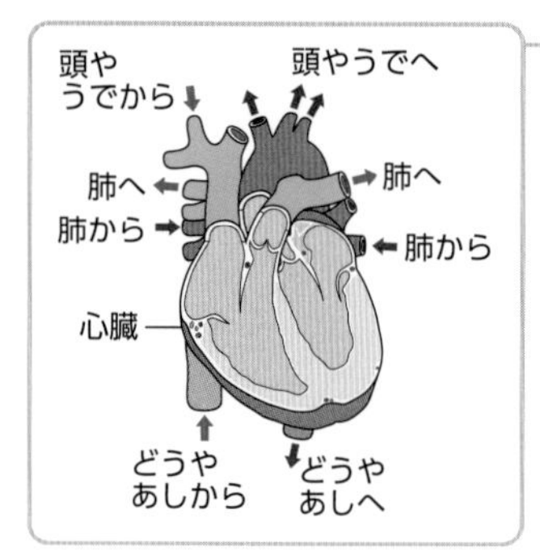

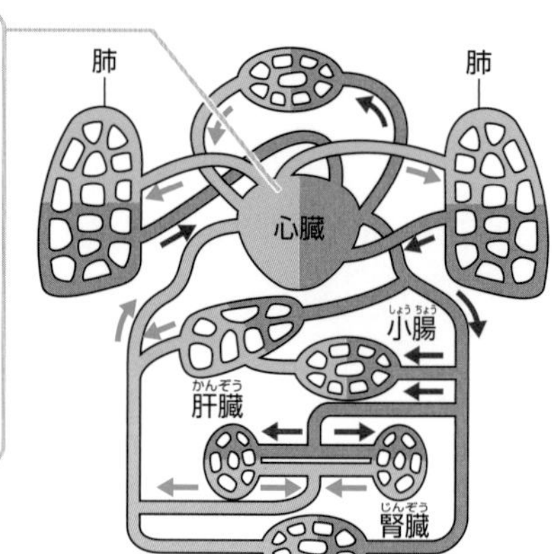

2 腎臓はどのようなはたらきをしているのだろうか。 教科書 41ページ

▶(①　　　　　)は、背中側に左右1つずつある。

▶(①)では、血液中から体に不要なものが取り除かれて、(②　　　　　)がつくられる。

▶(②)は(③　　　　　　　　)にためられる。

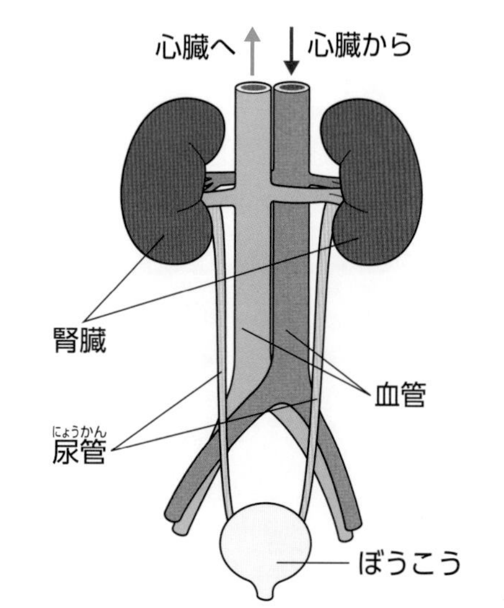

ここがだいじ！

①心臓は血液を全身に送り出し、血液は血管を流れて、体の各部分に酸素や養分をわたして、かわりに二酸化炭素などを取り入れる。

②腎臓では、血液中から体に不要なものが取り除かれ、尿がつくられる。

血液は液体のようですが、赤血球などの固形成分もふくまれます。赤血球は酸素を運ぶはたらきがあります。

ぴったり2 練習

学習日　月　日

2. 人や他の動物の体

③血液中に取り入れられたもののゆくえ

教科書 39〜45ページ　答え 9ページ

1 血液が体中を流れる様子を調べました。

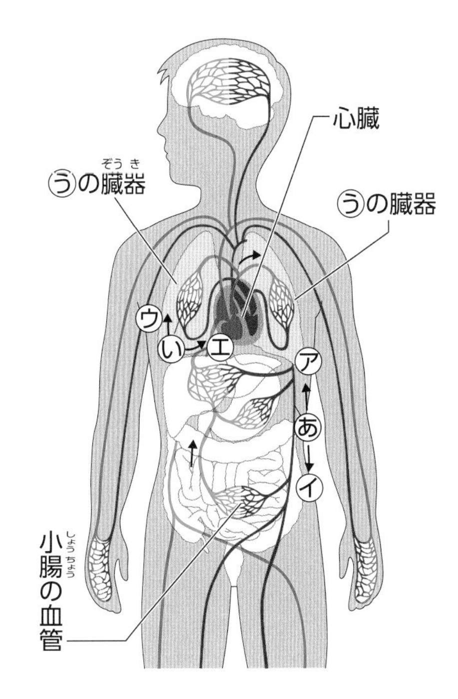

(1) 心臓は、血液に対してどのようなはたらきをしていますか。
正しいものに○をつけましょう。

ア(　　)全身に送り出す。

イ(　　)一時的にたくわえる。

ウ(　　)不要なものを取り除く。

(2) ㋐の血管を流れる血液の向きは、㋐、㋑のどちらですか。
(　　　)

(3) ㋑の血管を流れる血液の向きは、㋒、㋓のどちらですか。
(　　　)

(4) 図で、酸素を多くふくんでいる血液が流れる血管は、赤色、青色のどちらで表されていますか。
(　　　)

(5) ㋒の臓器を何といいますか。
(　　　)

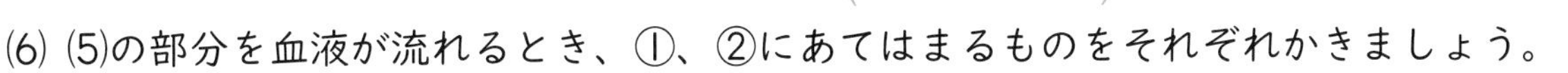

(6) (5)の部分を血液が流れるとき、①、②にあてはまるものをそれぞれかきましょう。

①血液に取り入れられるもの　(　　　)

②血液から出されるもの　(　　　)

2 図は、血液中に取り入れたもののやり取りに関わる、人の体のある臓器を表しています。

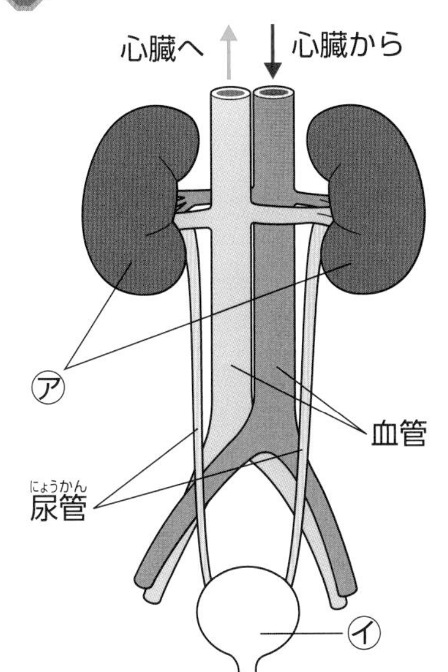

(1) ㋐、㋑の臓器をそれぞれ何といいますか。

㋐(　　　)

㋑(　　　)

(2) 次の文は、㋐の様子やはたらきを説明したものです。(　　)にあてはまる言葉として、正しいほうを○で囲みましょう。

体の(① 腹 ・ 背中)側にある臓器で、体に不要なものを血液中(② から取り除く ・ に取り入れる)。

(3) (2)から、体に不要なものが少ない血液が流れる血管は、図で、赤色、青色のどちらで表されていると考えられますか。ただし、体に不要なものとして、二酸化炭素は考えないこととします。
(　　　)

2. 人や他の動物の体

他の動物の体

学習日　月　日

めあて
他の動物も人と同じような仕組みで生命を保っていることを確認しよう。

教科書 46ページ　答え 10ページ

次の(　)にあてはまる言葉をかこう。

1 他の動物の呼吸や消化・吸収、血液が流れる仕組みは、どうなっているのだろうか。　教科書 46ページ

▶イヌやフナの呼吸、消化・吸収、血液の流れる仕組みの人とのちがいを調べる。

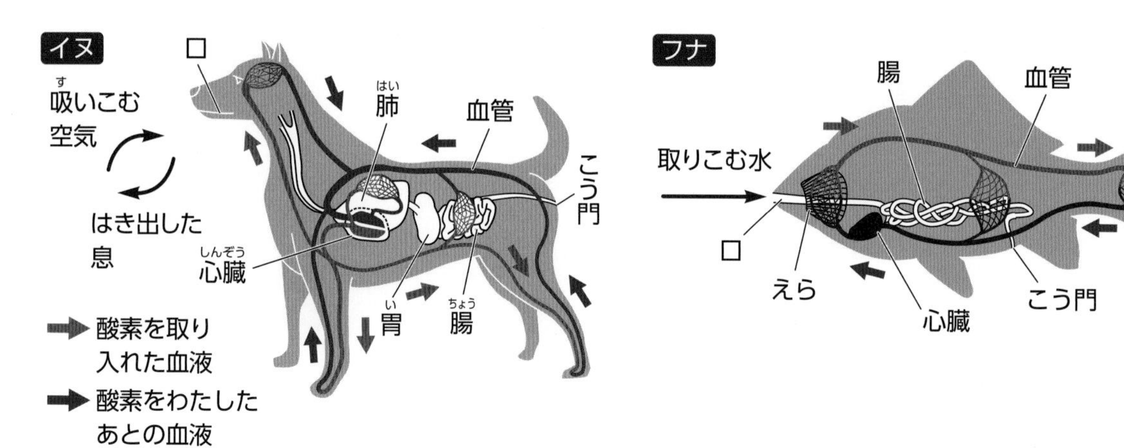

○イヌ

- 人と同じように、(①　　　　)で空気中の酸素を血液中に取り入れている。
- 人と同じように、消化管で食べ物を消化し、養分を吸収している。
- 人と同じように、(②　　　　)のはたらきによって、血液が酸素、二酸化炭素、養分を運んでいる。

○フナ

- 人とちがって、(③　　　　)で水中の酸素を血液中に取り入れている。
- 人と同じように、消化管で食べ物を消化し、養分を吸収している。
- 人と同じように、(④　　　　)のはたらきによって、血液が酸素、二酸化炭素、養分を運んでいる。

フナは、人やイヌとは呼吸のしかたがちがうんだね。

ここがだいじ！
①体の中のさまざまな仕組みがたくみに関わり合って、他の動物も人と同じように、生命を保っている。

ぴたトリビア　人とイヌは同じほ乳類のなかまです。一方、フナは魚類のなかまです。

1 イヌとフナについて、呼吸(こきゅう)や消化・吸収(きゅうしゅう)、血液が流れる仕組みを調べました。

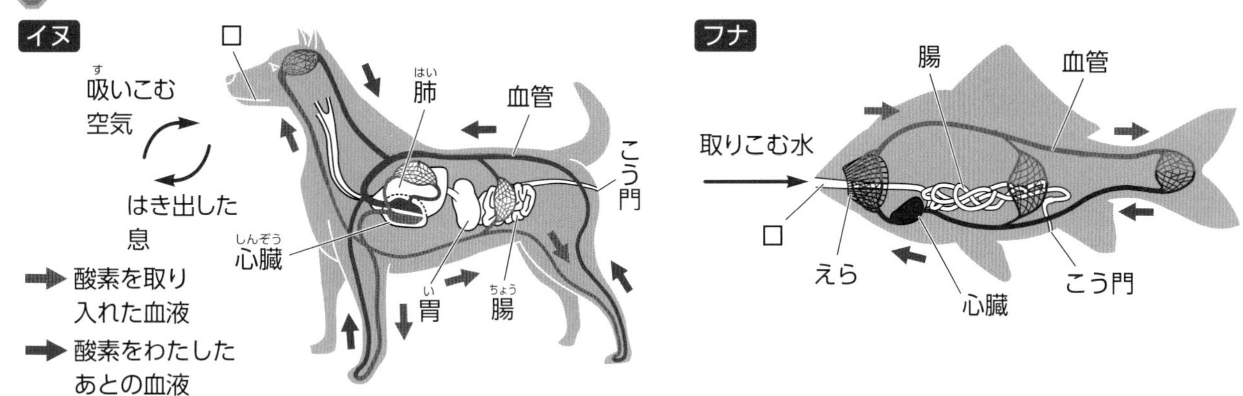

(1) 次の文は、イヌとフナの呼吸の仕組みを説明したものです。(　　)にあてはまる言葉をかきましょう。

> イヌは吸いこんだ空気中の(① 　　　　)を(② 　　　　)で血液中に取り入れている。
> フナは取りこんだ水の中の(③ 　　　　)を(④ 　　　　)で血液中に取り入れている。

(2) 呼吸の仕組みが人と同じであるのはイヌとフナのどちらですか。

(　　　　)

(3) イヌもフナも人と同じように、口からこう門までつながっている食べ物の通り道で食べ物を消化し、養分を吸収しています。この食べ物の通り道を何といいますか。

(　　　　)

(4) イヌとフナの血液が流れる仕組みについて説明した文として、正しいものに○をつけましょう。

ア(　　)人と同じように、心臓のはたらきによって、血液が酸素、二酸化炭素、養分を運んでいる。

イ(　　)人と同じように、えらのはたらきによって、血液が酸素、二酸化炭素、養分を運んでいる。

ウ(　　)人とちがって、心臓のはたらきによって、血液が酸素、二酸化炭素、養分を運んでいる。

エ(　　)人とちがって、えらのはたらきによって、血液が酸素、二酸化炭素、養分を運んでいる。

ヒント **1** (2)人は吸いこんだ空気を肺に送り、酸素を血液中に取り入れています。

よく出る

1 吸いこむ空気とはき出した息のちがいを調べました。

技能 各4点(20点)

図1

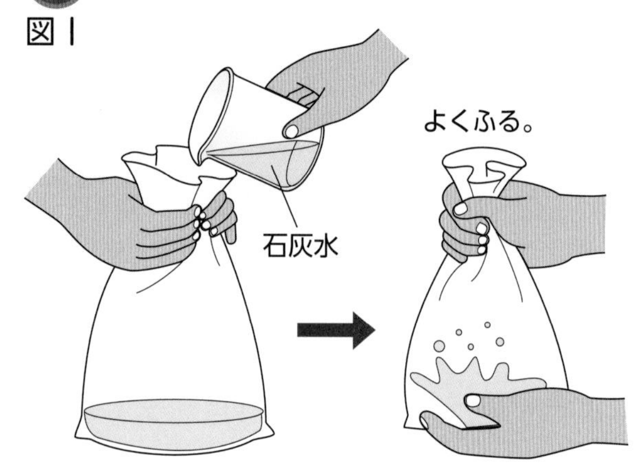

(1) ①吸いこむ空気、②はき出した息をふくろに集めて、図1のように、石灰水を入れてよくふると、石灰水は、それぞれどのようになりますか。

①(　　　　　　　　　　　　)

②(　　　　　　　　　　　　)

(2) (1)から、はき出した息には、吸いこむ空気よりも何が多くふくまれているといえますか。

(　　　　　　　　　　　　)

(3) 図2で、はき出した息の割合を表しているのは㋐、㋑のどちらですか。(　　　)

(4) (3)のように考えられる理由は何ですか。正しいものに○をつけましょう。

ア(　　)ちっ素の割合が変わっていないから。

イ(　　)酸素が多く、二酸化炭素が少ないから。

ウ(　　)酸素が少なく、二酸化炭素が多いから。

図2

㋐ その他 約1%
酸素 約21%
ちっ素 約78%

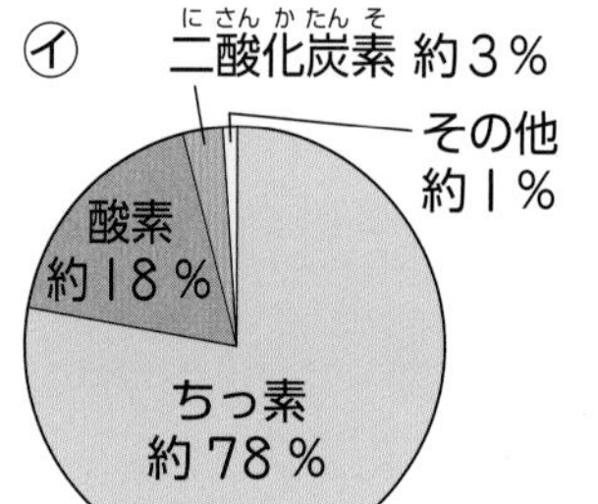

よく出る

2 ご飯と水を乳ばちに入れて、乳棒ですりつぶし、上ずみ液を2本の試験管㋐、㋑に入れました。㋐には水、㋑にはだ液を加え、それぞれ約35℃の湯で温め、5分後にヨウ素液を数てき加えました。

各6点(24点)

㋐水　㋑だ液　約35℃の湯

(1) ご飯をすりつぶした理由とよく関係する体の部分はどこですか。正しいものに○をつけましょう。

ア(　　)のど　イ(　　)気管

ウ(　　)食道　エ(　　)歯

(2) ヨウ素液を加えたとき、色が変化したのは㋐、㋑のどちらですか。(　　)

(3) (2)で答えた試験管には何があるといえますか。(　　　　　　　　)

(4) 記述 この実験から、だ液にはどのようなはたらきがあると考えられますか。思考・表現

(　　　　　　　　　　　　　　　　　　　　　　)

3 全身の血液の流れを調べます。

各4点(28点)

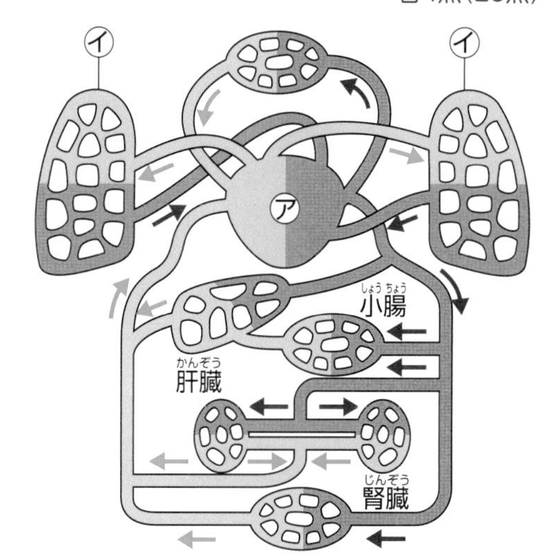

(1) 血液を体中に送り出すはたらきをする、㋐の臓器(ぞうき)を何といいますか。（　　　　）

(2) 次の文は、㋐から送り出された血液が体の各部分で行うはたらきを説明したものです。（　　）にあてはまる言葉をかきましょう。

体の各部分に（①　　　　）や（②　　　　）をわたして、かわりに（③　　　　）を取り入れるはたらき。

(3) 呼吸(こきゅう)によって、気体をやりとりする㋑の臓器を何といいますか。（　　　　）

(4) ㋐〜㋒のうち、①肝臓、②腎臓のはたらきを説明したものはどれですか。１つずつ選びましょう。　①肝臓（　　）　②腎臓（　　）

㋐血液中から体に不要なものを取り除(のぞ)き、尿(にょう)をつくる。

㋑消化された養分や水分を吸収(きゅうしゅう)する。

㋒血液中の養分の一部をたくわえ、必要なときに養分を血液中に送り出す。

できたらスゴイ！

4 人とフナの臓器のつくりやはたらきを調べました。

各4点(28点)

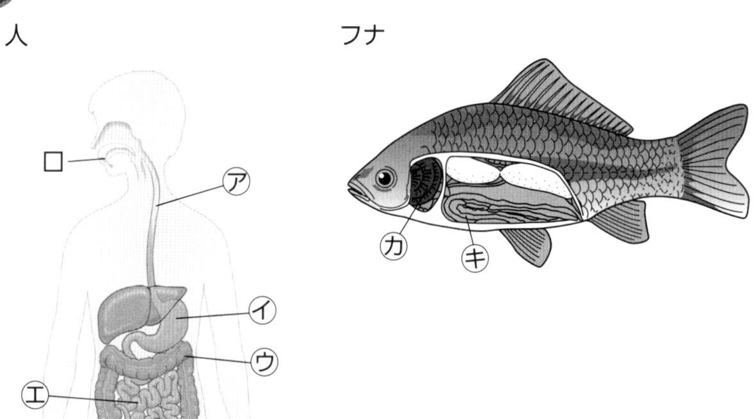

(1) ㋐〜㋒、㋕、㋖の臓器をそれぞれ何といいますか。

㋐（　　　　）

㋑（　　　　）

㋒（　　　　）

㋕（　　　　）

㋖（　　　　）

(2) 人の口の中で出る消化液を何といいますか。

（　　　　）

(3) 記述 人では㋑〜㋓などが、フナでは㋖などが、それぞれ行うはたらきについて、どのようなところが同じといえますか。「消化」という言葉を使って説明しましょう。　思考・表現

（　　　　）

ふりかえり
2の問題がわからないときは、12ページの1にもどって確認(かくにん)しましょう。
4の問題がわからないときは、14ページの1、18ページの1にもどって確認しましょう。

3. 植物の体

①水の通り道(Ⅰ)

学習日　　月　　日

めあて
水は植物の体の中のどこを通っているのかについて確認しよう。

教科書 50～55ページ　答え 12ページ

次の(　　)にあてはまる言葉をかこう。

1 植物が根から取り入れた水は、体の中のどこを通って、くきや葉に運ばれるのだろうか。 教科書 50～55ページ

- 植物の体は、(①　　　　　)、(②　　　　　)、(③　　　　　)からできている。
- しおれた植物に(④　　　　　)をあたえると、くきや葉が元どおりになる。

- 植物の根を、染色液(せんしょくえき)にひたして、体の中に水が行きわたる様子を調べる。

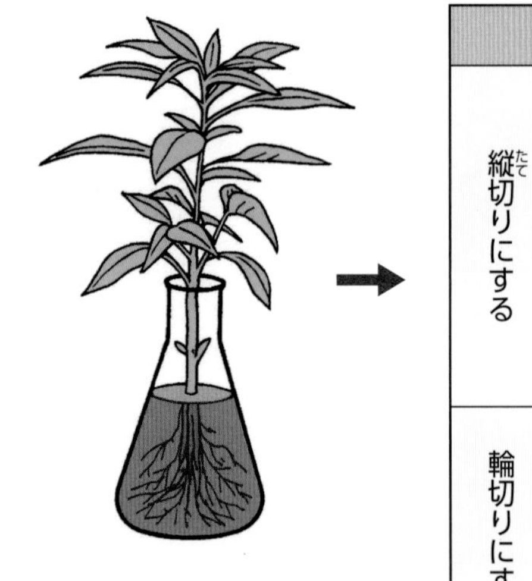

	根	くき	葉
縦(たて)切りにする			
輪切りにする			

- 植物は、(⑤　　　　　)から水を取り入れている。
- 根、くき、葉のいずれにも水が通ったあとがある。このことから、(⑤)から取り入れられた水は、(⑥　　　　　)を通って、(⑦　　　　　)まで運ばれたことがわかる。

①植物が根から取り入れた水は、根、くき、葉の中にある細い管を通って、くきや葉に運ばれる。

植物には根から取り入れた水が通る管のほか、葉でつくられたでんぷんなどの栄養分が通る管もあります。

3. 植物の体

①水の通り道(1)

教科書 50～55ページ　答え 12ページ

1 しおれたホウセンカをまっすぐにする方法を考えます。

(1) 図のように、ホウセンカがしおれてしまったのは、何が不足しているからですか。正しいものに○をつけましょう。

ア(　　)水
イ(　　)風
ウ(　　)食塩

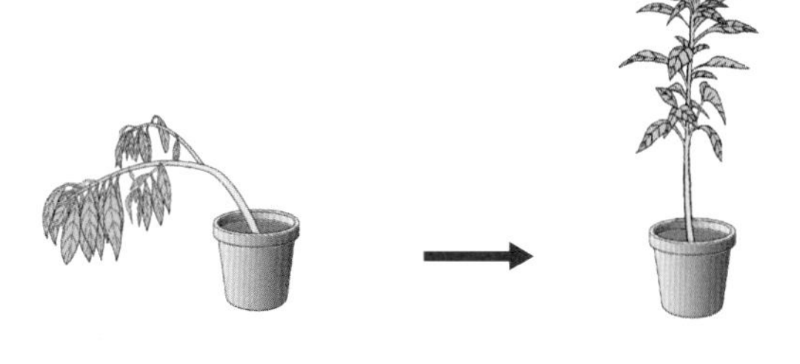

(2) (1)で答えたものは、ホウセンカの体のどこから取り入れられますか。　(　　　　)

2 植物を染色液(せんしょくえき)にひたして、水の通り道を調べました。

(1) ただの水ではなく、染色液にひたすのはなぜですか。その理由として、正しいほうに○をつけましょう。

水の通り道に色をつけて、わかりやすくするためだよ。

ア(　　)

植物が育つのに必要な養分が、たくさんふくまれているからだよ。

イ(　　)

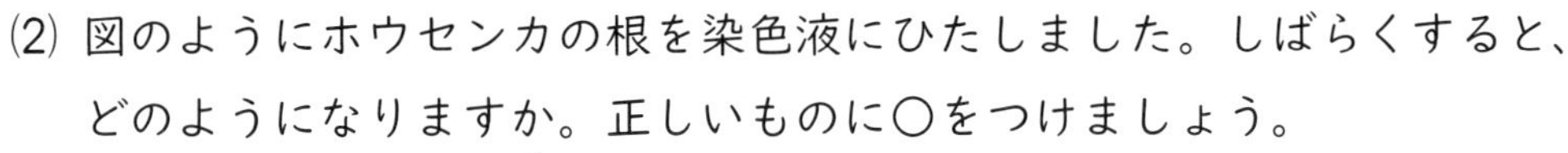

(2) 図のようにホウセンカの根を染色液にひたしました。しばらくすると、どのようになりますか。正しいものに○をつけましょう。

ア(　　)根、くきは染(そ)まるが、葉は染まらない。
イ(　　)根は染まらないが、くき、葉は染まる。
ウ(　　)根、くき、葉それぞれの全体が染まる。
エ(　　)根は全体的に、くき、葉はそれぞれ筋(すじ)のように染まる。

(3) 右の図は、ホウセンカのくきを縦(たて)切りにしたときの切り口です。図の、染色液で染まった部分を、えんぴつでぬりましょう。

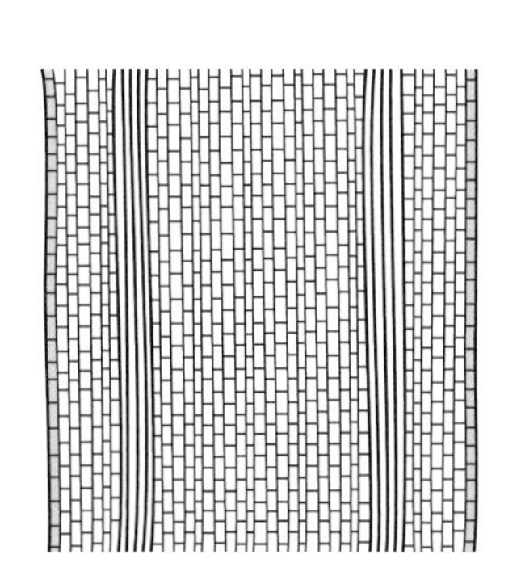

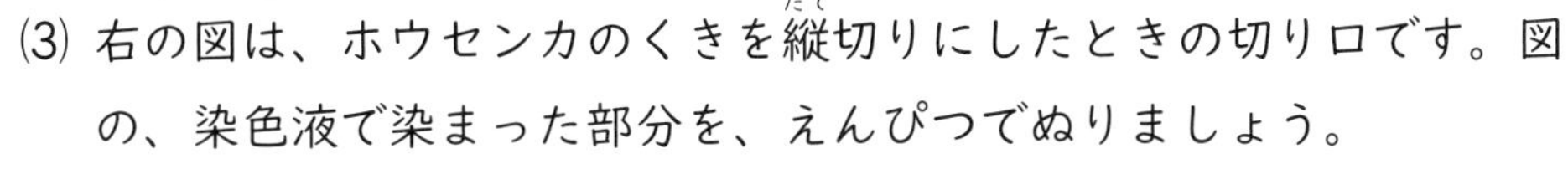

(4) 根を染色液にひたす植物をヒメジョオンにしても、同じような結果になりました。次の文は、この実験からわかることをまとめたものです。(　　)にあてはまる言葉をかきましょう。ただし②には根、くき、葉のどれかを入れましょう。

根から取り入れた(①　　　　　　)は植物の体の中の決まった通り道の管を通って、(②　　　　　　)まで運ばれる。

ヒント 2 (3)くきの全体を水が通っているのではありません。

3. 植物の体

①水の通り道(2)

学習日　　月　　日

めあて
葉まで運ばれたあとの水のゆくえについて確認しよう。

教科書 56～58ページ　答え 13ページ

次の（　）にあてはまる言葉をかくか、あてはまるものを○で囲もう。

1 葉まで運ばれた水は、そのあと、どのようになるのだろうか。

教科書 56～58ページ

▶ホウセンカの2つの枝のうち、そのまま葉を残した枝㋐と、葉を取り除いた枝㋑に、ふくろをかぶせる。

・しばらくして、ふくろの中の様子を調べると、㋐のほうには水てきが（① ついた ・ ほとんどつかなかった ）が、㋑のほうには水てきが（② ついた ・ ほとんどつかなかった ）。

・実験の結果から、根から取り入れられて葉まで運ばれた水は、（③　　　　）になって、葉から出ていくことがわかる。

㋐葉がついたままの枝

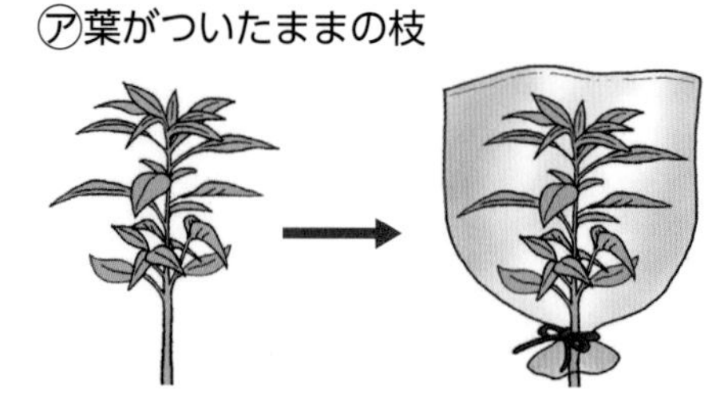

㋑葉を取り除いた枝

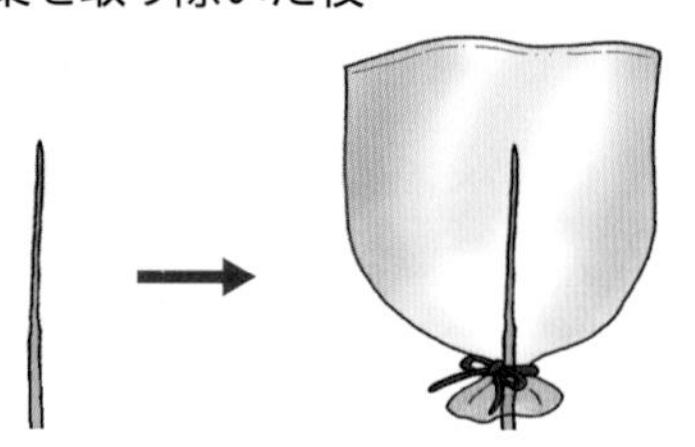

この実験では、葉があるかないかで比べているから、それ以外の条件は同じにしないといけないね。

▶葉の裏側のうすい皮をけんび鏡で観察する。

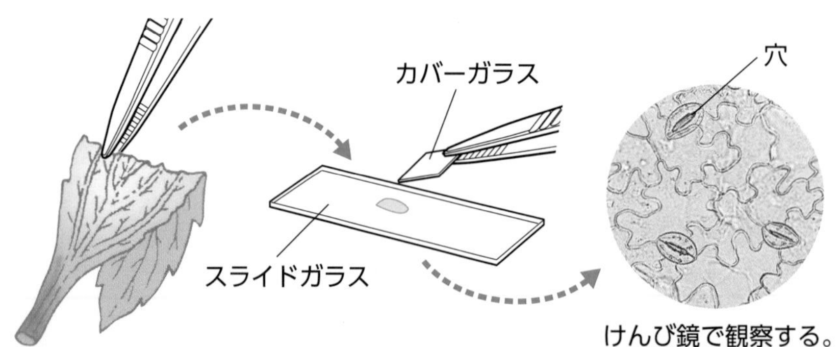

葉の裏側のうすい皮をはがす。　けんび鏡で観察する。

・葉まで運ばれた水は、（④　　　　）となって、主に葉にある小さい穴から、体の外に出ていく。

・植物の体から（ ④ ）が出ていく現象を（⑤　　　　）という。

ここが、だいじ！
①葉まで運ばれた水は、そのあと水蒸気になって、主に葉から出ていく。
②植物の体から、水蒸気が出ていく現象を、蒸散という。

ぴたトリビア　動物の体に吸収された水は、尿以外にも、皮ふから出たり、息をはき出すときに水蒸気として体外に出たりもしています。

3. 植物の体

①水の通り道(2)

教科書 56~58ページ　答え 13ページ

1 **葉まで行きわたった水が、どのようになるかを調べました。**

(1) 図のように、1つのホウセンカで葉を残した枝と、葉を全て取り除(のぞ)いた枝それぞれにポリエチレンのふくろをかぶせます。しばらくして、ふくろの中に水てきが多くついていたのは、㋐、㋑のどちらですか。（　　）

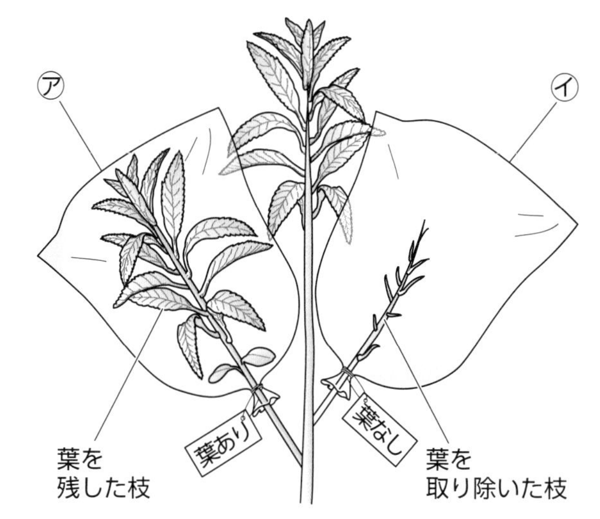

(2) この実験から、植物に取り入れられた水について、どのようなことがわかりますか。正しいものに○をつけましょう。

ア（　　）主に、葉から水が出ていく。
イ（　　）主に、くきから水が出ていく。
ウ（　　）葉とくきから、同じくらいの量の水が出ていく。

2 **植物の体のある部分のうす皮をはがして、けんび鏡で観察しました。**

(1) 図は、ホウセンカのある部分をけんび鏡で観察したもので、この部分には、㋐のような小さな穴(あな)がたくさんあることがわかりました。観察したのは、ホウセンカのどの部分ですか。根、くき、葉のどれかを答えましょう。

（　　　　）

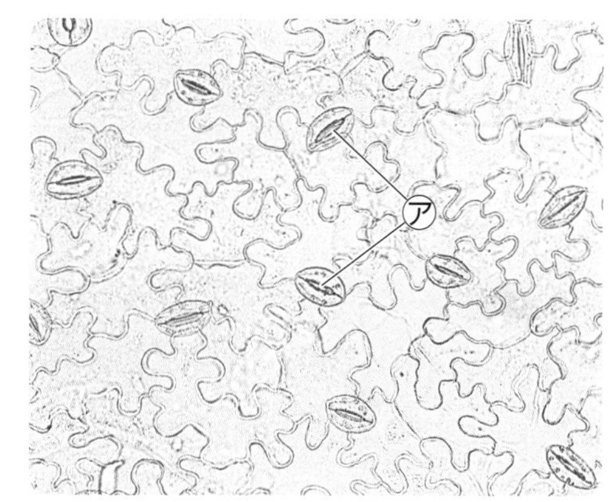

(2) 次の文は、主に㋐の部分で起こる現象を説明したものです。（　）にあてはまる言葉をかきましょう。

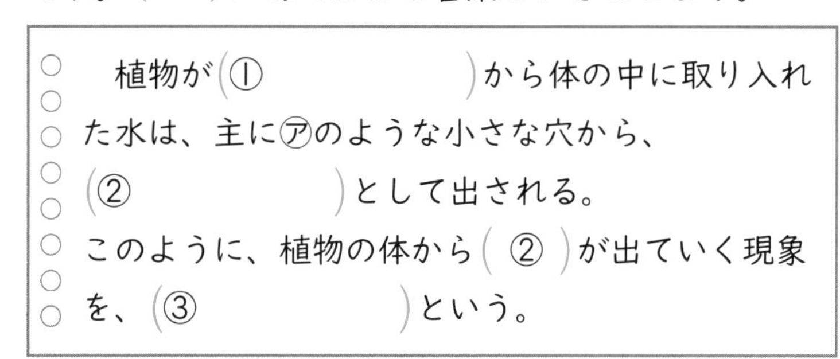
植物が（①　　　　）から体の中に取り入れた水は、主に㋐のような小さな穴から、（②　　　　）として出される。
このように、植物の体から（②）が出ていく現象を、（③　　　　）という。

(3) ヒメジョオンやツユクサについて、同じ部分を観察すると、㋐のような小さな穴は見られますか、見られませんか。

（　　　　）

ヒント **1** (2)葉がある、ない以外の条件は同じです。

ぴったり1 準備

3. 植物の体

②植物とでんぷん

学習日　　月　　日

めあて
葉のでんぷんは、どのような条件のときにつくられるかについて確認しよう。

教科書 59〜63ページ　答え 14ページ

次の(　)にあてはまる言葉をかくか、正しいほうを○で囲もう。

1 葉のでんぷんは、どのようなときにつくられるのだろうか。　教科書 59〜63ページ

▶葉にでんぷんがあるかを調べます。

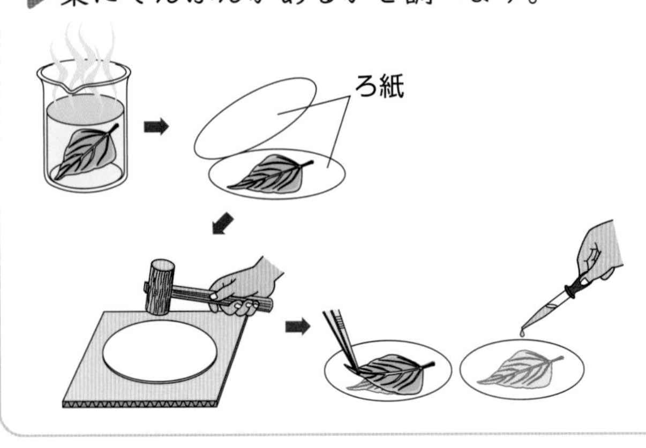

・葉を湯の中に入れてやわらかくする。
・葉をろ紙にはさむ。
・上から木づちでたたいたあと、ろ紙から葉をはがして、ろ紙に(①　　　　)をかける。

▶日光を当てた葉と当てない葉で、でんぷんがあるかどうかを調べる。

調べる前日の午後	調べる日の朝	(日光)	調べる日の午後
㋐ 葉におおいをしておく。	アルミニウムはくを外し、でんぷんがあるかどうかを調べる。		
㋑	アルミニウムはくをはずす。	日光を当てる。	でんぷんがあるかどうかを調べる。
㋒	そのまま。	日光を当てない。	アルミニウムはくをはずし、でんぷんがあるかどうかを調べる。

・ヨウ素液を使って、葉にでんぷんがあるかどうかを調べる。
(② ある ・ ない)　(③ ある ・ ない)　(④ ある ・ ない)

㋐
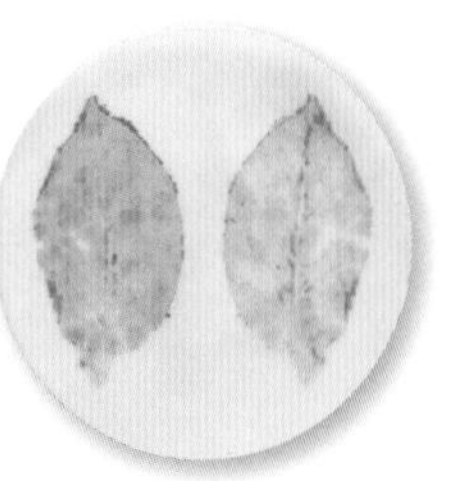
㋑
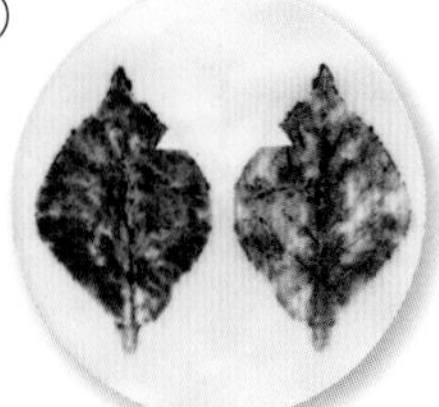
㋒
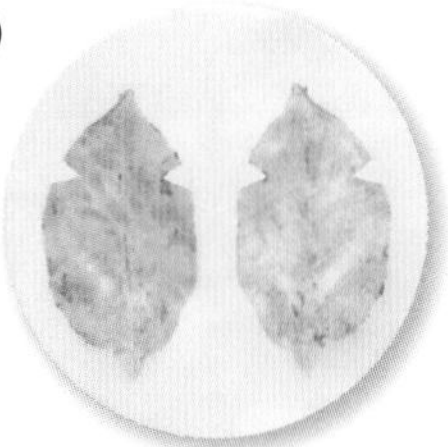

▶葉の(⑤　　　　)は、(⑥　　　　)が当たっているときにつくられる。

ここがだいじ!
①葉のでんぷんは、日光が当たっているときにつくられる。

ぴたトリビア　植物の葉に日光が当たるとでんぷんができるはたらきを光合成(こうごうせい)といいます。

3. 植物の体

②植物とでんぷん

教科書 59～63ページ　答え 14ページ

1 天気のよい日の朝、前の夜からアルミニウムはくで包んでおいた葉を3枚(まい)用意し、図のような実験をしました。

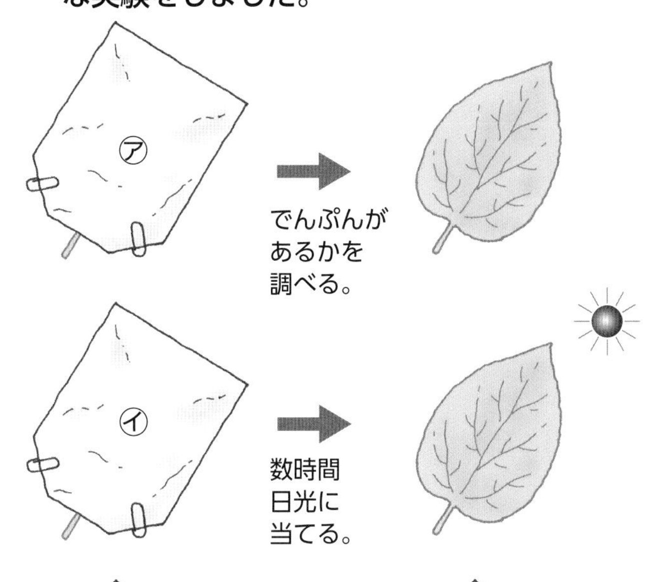

㋐	アルミニウムはくをとって、でんぷんがあるかどうかを調べる。
㋑	アルミニウムはくをとって、数時間日光に当ててからでんぷんがあるかどうかを調べる。
㋒	アルミニウムはくをしたまま日光に当てず、数時間後にでんぷんがあるかどうかを調べる。

(1) 葉にでんぷんがあるかどうかを調べるために使う薬品は何ですか。
( )

(2) でんぷんに(1)の薬品をつけるとどうなりますか。
( )

(3) 湯の中に入れてやわらかくした葉をろ紙ではさみ、それを段(だん)ボール紙などをしいて木づちでたたきました。そのあと、葉をはがしたろ紙にヨウ素液をかけると、下の写真のようになりました。この中で㋐は色が変わりませんでした。残る2つのうち㋑、㋒はそれぞれどちらですか。( )に記号をかきましょう。

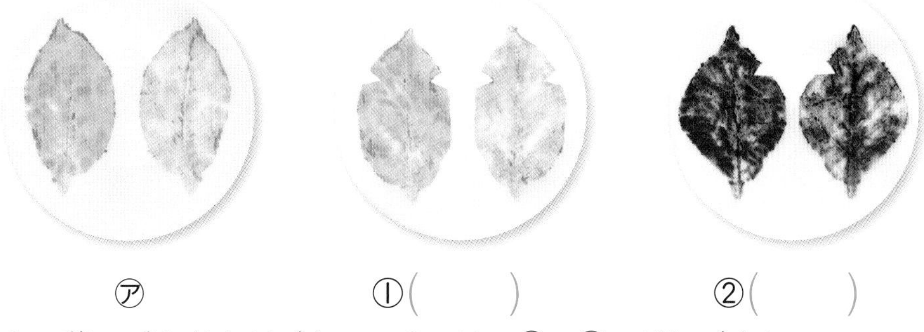

㋐　①( )　②( )

(4) この実験から、葉にでんぷんができているのは、㋐～㋒のどれですか。 ( )

(5) この実験からどんなことがわかりますか。正しいもの1つに○をつけましょう。

ア( )植物の葉に日光が当たると、でんぷんがつくられる。
イ( )植物は日光に関係なく、でんぷんをつくることができる。
ウ( )植物はでんぷんをつくることができない。

ぴったり1 準備

3. 植物の体

③植物と気体

学習日　　月　　日

めあて
日光が当たっている植物の気体の出入りについて確認しよう。

教科書 64～67ページ　答え 15ページ

次の(　)にあてはまる言葉をかこう。

1 日光が当たっている植物は、何の気体を取り入れて、何の気体を出しているのだろうか。

教科書 64～67ページ

▶植物に日光を当てる前後で、酸素と二酸化炭素の体積の割合を調べる。

植物にふくろをかぶせて息をふきこみ、気体検知管で気体の量を調べる。 → 穴をふさいで、1時間日光に当てる。 → 気体検知管で再び調べる。

(③　　　) 約3%など

(②　　　)

初め

(①　　　) 約78%	約18%	

1時間後

約78%	約20%	

(③) 約1%など

・実験の結果から、日光が当たっている植物は、(④　　　)を取り入れて、(⑤　　　)を出していることがわかる。

2 日光と植物の気体のやりとりに関係はあるのだろうか。

教科書 66ページ

▶植物も(①　　　)をしているので、空気中の(②　　　)を取り入れて、(③　　　)を出している。

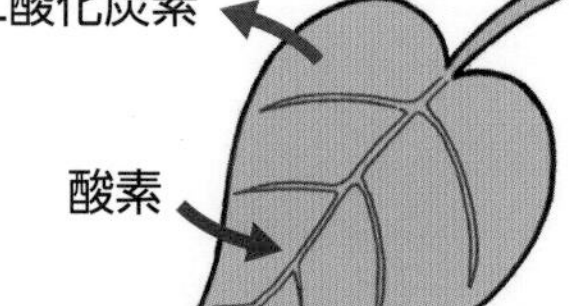

▶日光が当たっているときは、植物がつくり出す酸素の量のほうが、呼吸で取り入れる酸素の量より多いので、全体としてみると(④　　　)を出していることになる。

ここがだいじ!
①日光が当たっている植物は、二酸化炭素を取り入れて、酸素を出している。
②植物も呼吸をしていて、酸素を取り入れ、二酸化炭素を出している。

約46億年前に地球ができたときには酸素がほとんどありませんでしたが、植物の二酸化炭素を取り入れて酸素を出すはたらきによって、今のような酸素の多い空気になりました。

3. 植物の体

③植物と気体

教科書 64～67ページ　答え 15ページ

1 植物をふくろに入れて、日光を当てる前後で、ふくろの中の空気を調べました。

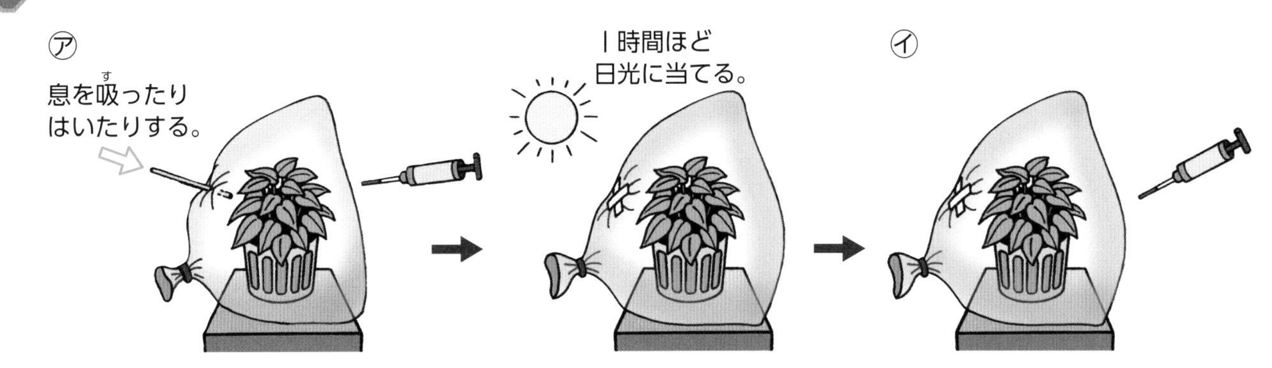

(1) 図のように、植物を入れたふくろに息をふきこみ、㋐、㋑のように、ふくろの中にふくまれる気体の体積の割合を調べます。このときに何という器具を使えばよいですか。

（　　　　　）

(2) ①～④は、(1)の器具を使って、㋐、㋑のふくろの中にふくまれる酸素、二酸化炭素の割合を調べた結果を表しています。それぞれ何について調べたものですか。記号の（　）には、㋐、㋑のどちらかを、名前の（　）には、酸素、二酸化炭素のどちらかをかきましょう。

① 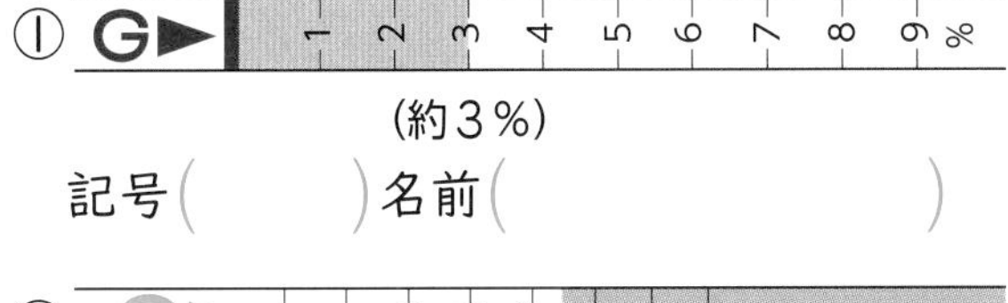

（約3％）
記号（　　）名前（　　　　）

② 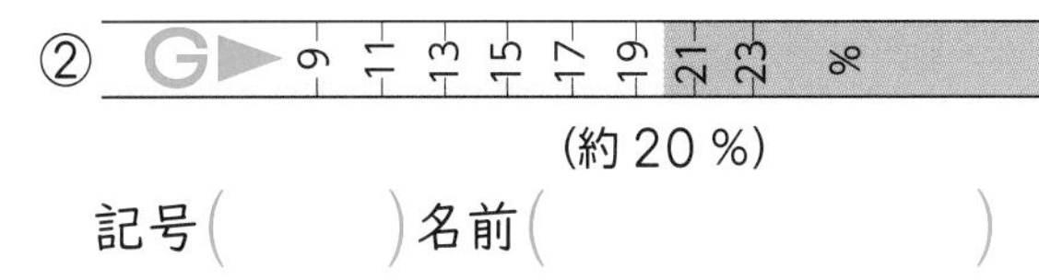

（約20％）
記号（　　）名前（　　　　）

③ 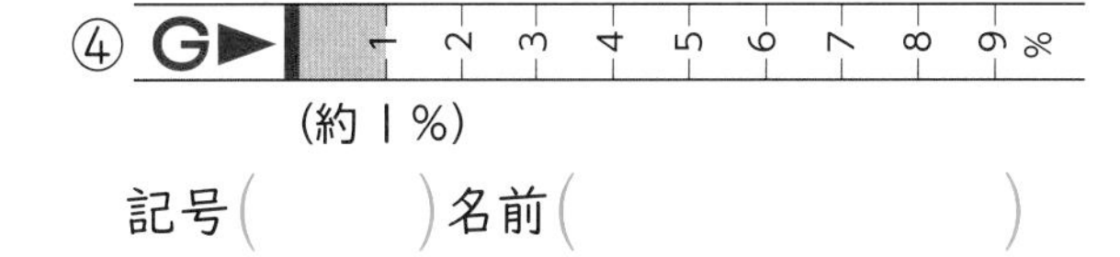

（約18％）
記号（　　）名前（　　　　）

④ G 1 2 3 4 5 6 7 8 9 %
（約1％）
記号（　　）名前（　　　　）

2 図は、植物が夜間または昼間に行う気体のやりとりを表したものです。

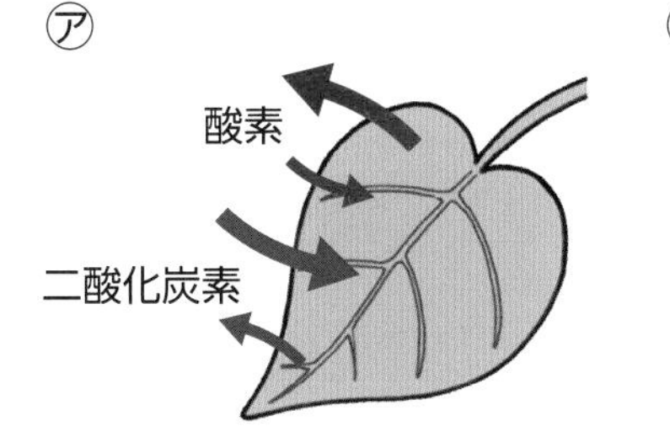

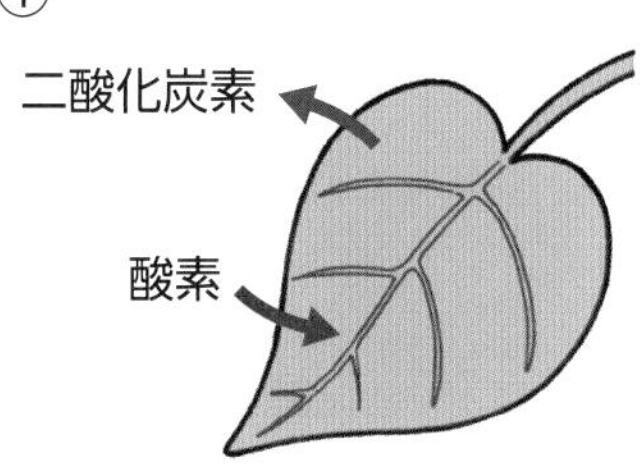

(1) 夜間の気体のやりとりを表しているのは、㋐、㋑のどちらですか。

（　　）

(2) 次の文は、植物が行う気体のやりとりについてまとめたものです。（　）にあてはまる言葉として、正しいほうに○をつけましょう。

植物も（① 消化 ・ 呼吸）をしているので、日光が当たっていないとき、（② 酸素・二酸化炭素）を取り入れて、（③ 酸素・二酸化炭素）を出している。しかし、日光が当たっているとき、（④ 酸素・二酸化炭素）については、取り入れる量よりも出す量のほうが多くなるので、全体としての気体のやりとりは、日光が当たっていないときの逆になる。

3. 植物の体

教科書 50〜69ページ　答え 16ページ

よく出る

1 図１のように、体全体をほり取ったホウセンカの根を、染色液（せんしょくえき）にひたして、水の通り道を調べます。

各5点(30点)

図１

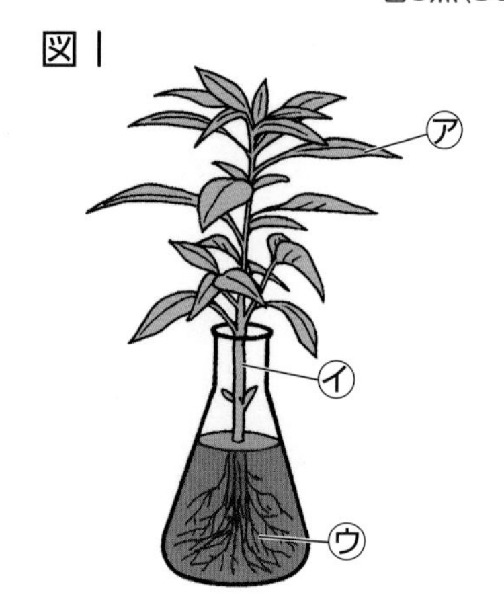

(1) ホウセンカが水を取り入れるところはどこですか。㋐〜㋒から選びましょう。（　　）

(2) 記述 図２は、くきを輪切りにした断面を表しています。水の通り道は、㋓、㋔のどちらですか。また、そのように考えた理由をかきましょう。　思考・表現

記号（　　）

理由（　　　　　　　　　　）

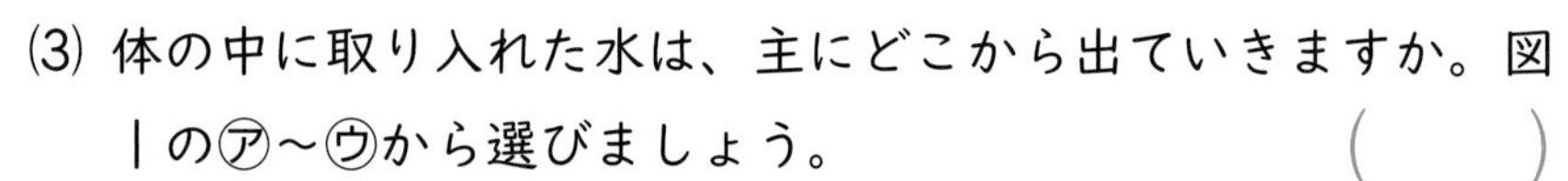

(3) 体の中に取り入れた水は、主にどこから出ていきますか。図１の㋐〜㋒から選びましょう。（　　）

図２

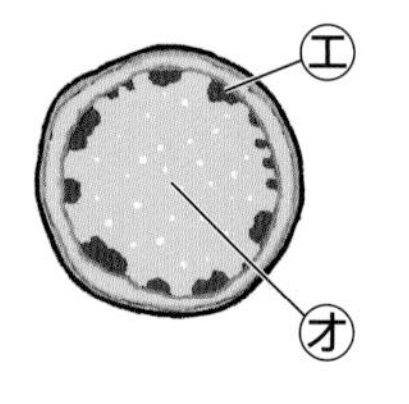

図３

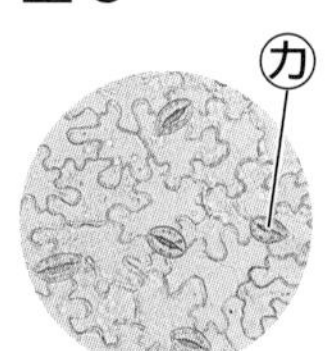

(4) 図３は、(3)の部分をけんび鏡で観察したものです。体の中に取り入れた水は、図３の㋕から何になって外に出ていきますか。（　　）

(5) 植物の体から(4)のようになって水が出ていく現象を何といいますか。（　　）

2 日光を当てた葉と当てなかった葉で、でんぷんのでき方のちがいを調べました。　技能

各5点、(1)は全部できて5点(15点)

㋐ ろ紙の間にはさむ。

㋑ 葉を湯に入れる。

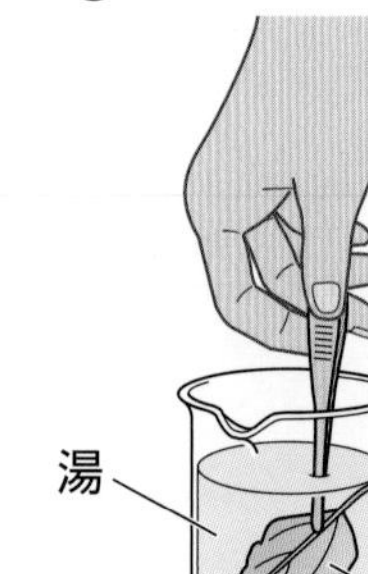

㋒ 葉をはがしたろ紙にヨウ素液をかける。

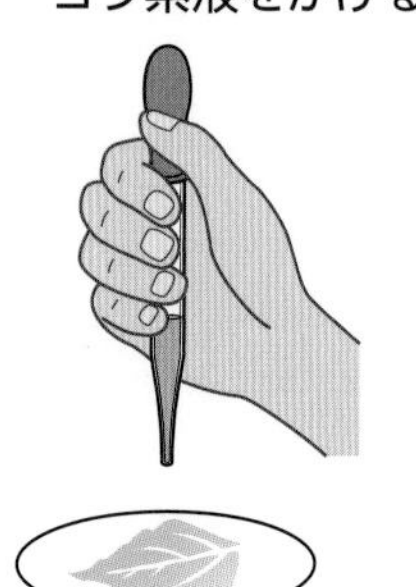

㋓ 木づちで上からたたく。

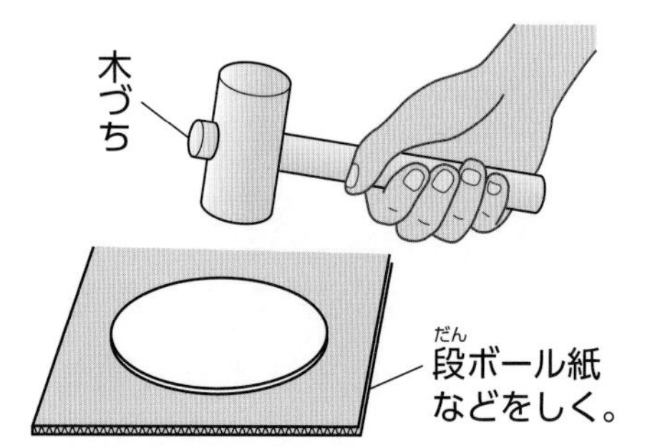

(1) どのような順で実験をしますか。図の㋐〜㋓を正しく並（なら）べましょう。

（　　→　　→　　→　　）

(2) ㋑のようにするのはなぜですか。（　　　　）

(3) 日光を当てた葉と当てなかった葉で、㋒のようにしたとき、ヨウ素液の色が変わったのはどちらですか。（　　　　）

よく出る

3 日光を当てた植物が行う気体のやりとりを調べました。

技能 各5点(15点)

(1) 図の㋐、㋑で、いろいろな気体の体積の割合を調べるために使う器具㋒を何といいますか。

(　　　　　)

(2) ㋐で、ふくろの中に息をふきこむのはなぜですか。その理由として、正しいものに○をつけましょう。

ア(　　)ふくろの中にふくまれるちっ素の体積の割合を増やすため。
イ(　　)ふくろの中にふくまれる酸素の体積の割合を増やすため。
ウ(　　)ふくろの中にふくまれる二酸化炭素の体積の割合を増やすため。
エ(　　)ふくろの中にふくまれる水分の量を増やすため。

(3) ㋑で、体積の割合が増えていた気体は何ですか。(　　　　　)

できたらスゴイ!

4 植物の葉にできたでんぷんが、時間がたつにつれてどのようになるかを調べました。

思考・表現 各10点(40点)

葉を取った時刻	午前５時	午後２時	午後11時
葉をヨウ素液にひたしたときの色の変化	変わらなかった。	青むらさき色になった。	少し青色っぽくなった。

(1) よく晴れた日に、同じ植物から時刻を変えて葉を取り、ヨウ素液にそれぞれひたしたときの色の変化を見ました。表は、その結果をまとめたものです。葉にできたでんぷんが最も多いのは、どの時刻に調べたものですか。(　　　　　)

(2) 次の日も、午前５時に葉を取って調べると、ヨウ素液の色は変わりませんでした。そこで、植物におおいをして、前日と同じように実験をしました。このとき、午後２時と午後11時で、ヨウ素液の色は変わりませんでした。次の①～③で、２日間の実験からわかることとして、正しいものには○、まちがっているものには×、実験からはわからないことには△をかきましょう。

①(　　)植物の葉には、昼間になると必ずでんぷんができる。
②(　　)植物の葉にあったでんぷんは、日光が当たらないと減っていく。
③(　　)植物の葉ででんぷんがつくり出されるためには、水が必要である。

❸の問題がわからないときは、28ページの❶にもどって確認しましょう。
❹の問題がわからないときは、26ページの❶にもどって確認しましょう。

この本の終わりにある「夏のチャレンジテスト」をやってみよう!

4. 生き物と食べ物・空気・水

①生き物と食べ物(Ⅰ)

学習日　　月　　日

めあて
生物どうしは、食べ物でつながっていることについて確認しよう。

教科書 74〜78ページ　答え 17ページ

次の(　)にあてはまる言葉をかこう。

1 生き物どうしは、食べることを通して、どのような関わりがあるのだろうか。 教科書 74〜78ページ

▶人の食べ物のもとをたどる。

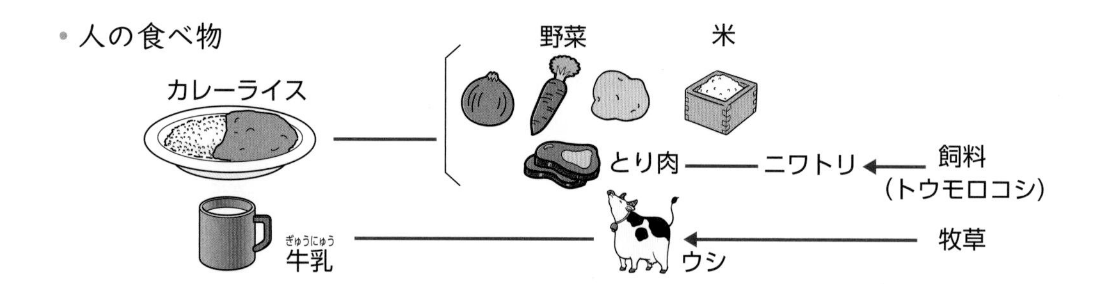

▶他の動物の食べ物のもとをたどる。①〜⑥にあてはまる名前を〔　〕から選んで、□にかきましょう。

〔　イネ　カエル　イタチ　バッタ　ヘビ　タカ　〕

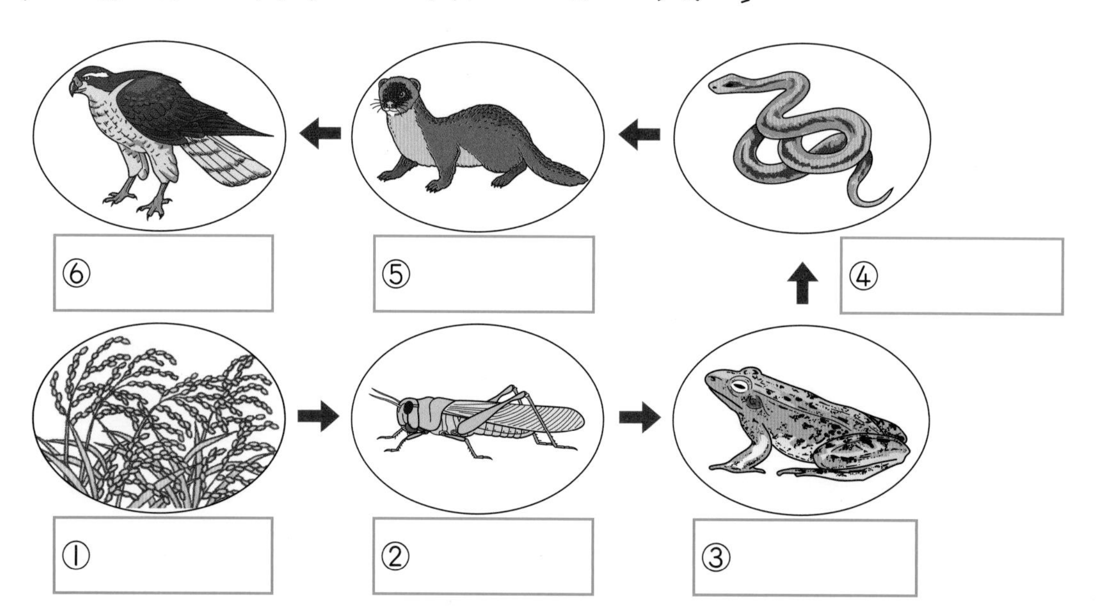

▶人も他の動物も、食べ物のもとをたどると、日光に当たると自ら でんぷんをつくり出す(⑦　　　)に行きつく。

▶生き物どうしの「食べる・食べられる」という関係のひとつながりを(⑧　　　　)という。

ここが だいじ!

①人や他の動物も、食べ物のもとをたどると、植物に行きつく。

②生き物どうしは、「食べる・食べられる」という関係でつながっている。この関係のひとつながりを食物連鎖(しょくもつれんさ)という。

多くの動物は色々な植物や動物を食べます。このため、1種類の生物が多くの食物連鎖に関係し、食物連鎖は複雑にからみ合っています。

4. 生き物と食べ物・空気・水

①生き物と食べ物(1)

教科書 74〜78ページ　答え 17ページ

1 カレーと牛乳（ぎゅうにゅう）を作るのに必要な生き物を調べました。

(1) 図に表した材料のうち、植物であるものを3つかきましょう。

（　　　　）
（　　　　）
（　　　　）

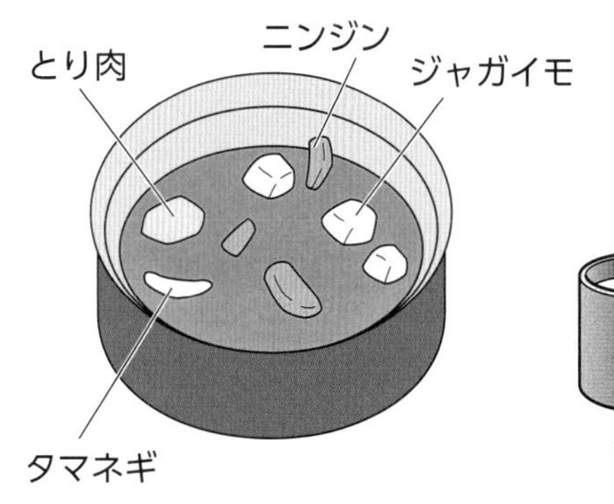

(2) (1)以外の2つの食材は、どの生き物からつくられたものですか。材料と生き物の名前をそれぞれかきましょう。

材料（　　　　）—生き物（　　　　）
材料（　　　　）—生き物（　　　　）

(3) (2)の2つの生き物は、生きるために必要な養分をどのように得ていますか。正しいものに○をつけましょう。

ア（　）主に植物から得ている。
イ（　）主に動物から得ている。
ウ（　）自らつくり出している。

2 いろいろな生き物どうしの関係を調べました。

(1) いろいろな生き物どうしは、「食べる・食べられる」の関係でつながっています。この関係のひとつながりを何といいますか。（　　　　）

(2) 次の①、②のグループの生き物を、「食べる・食べられる」の関係の矢印で表しましょう。ただし、矢印の向きは食べられる生き物→食べる生き物となるものとします。

① イネ　カエル　イタチ　ヘビ　バッタ

（　　　）→（　　　）→（　　　）→（　　　）→（　　　）

② シマウマ　草　ライオン

（　　　）→（　　　）→（　　　）

(3) (2)から、生き物どうしの「食べる・食べられる」の関係のもと（出発点）は何だとわかりますか。

（　　　　）

ヒント 2 (2)②シマウマは草を食べます。

4. 生き物と食べ物・空気・水

①生き物と食べ物(2)

学習日　月　日

めあて
池や小川の小さい生き物やけんび鏡の使い方について確認しよう。

教科書 78〜80、212ページ　答え 18ページ

次の(　)にあてはまる言葉をかくか、あてはまるものを○で囲もう。

1 池や小川などにすむメダカは、何を食べているのだろうか。

教科書 78〜80、212ページ

目の細かいあみを使って、池の中の水草などをすくい取り、水を入れたコップに移す。

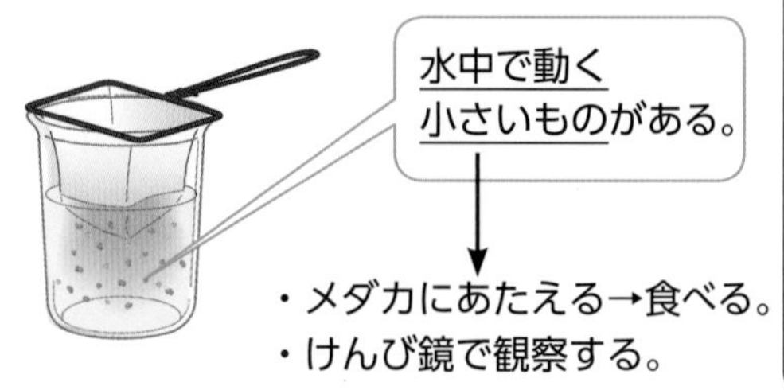

水中で動く小さいものがある。

・メダカにあたえる→食べる。
・けんび鏡で観察する。

プレパラートの作り方
見たいものを(①)にのせる。→(②)をかける。→はみ出した水をろ紙ですう。

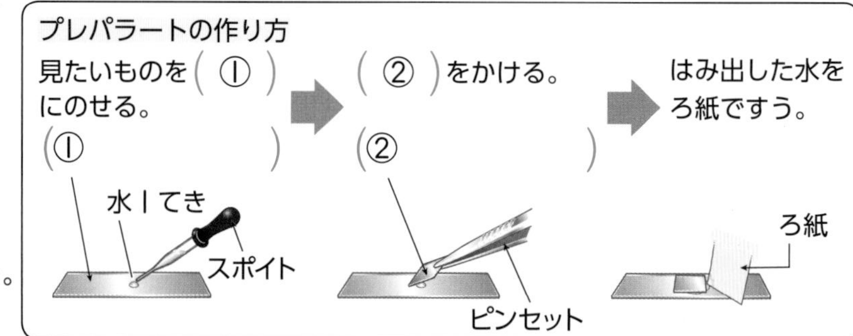

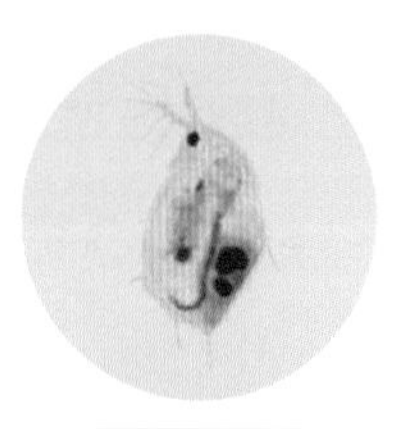
ミジンコ

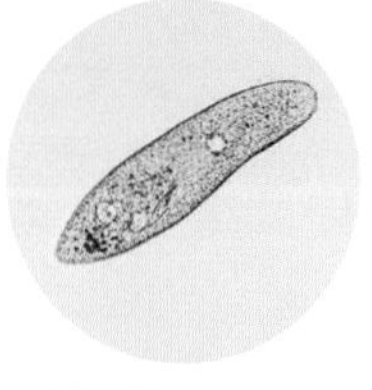
ゾウリムシ

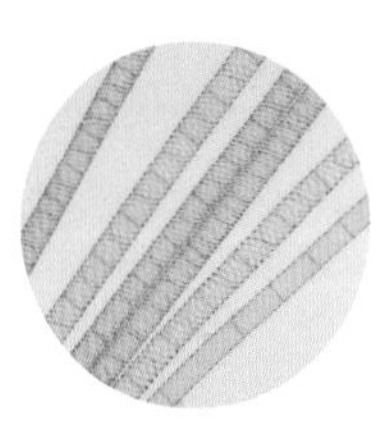
アオミドロ

▶池や川などには小さい生き物がすんでいて、メダカなどの魚は、これらの小さい生き物を(③ 食べる ・ 食べない)。
▶メダカと水の中の小さい生き物とは、(④　　　　)の関係にある。

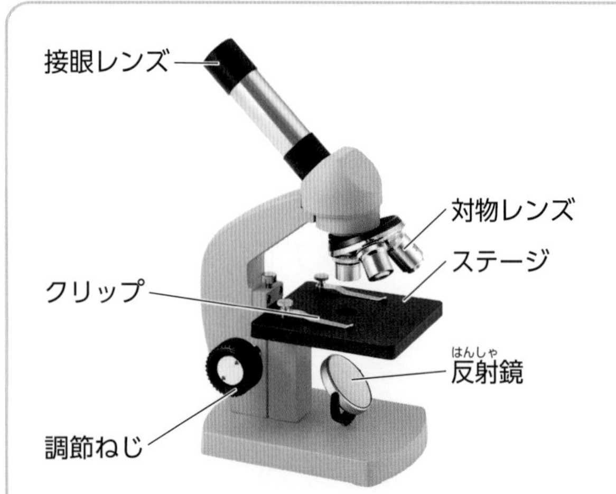

(1) 日光が直接(⑤ 当たる ・ 当たらない)明るいところに置く。
(2) (⑥　　　)レンズをいちばん低い倍率にして、接眼レンズをのぞき、明るく見えるように(⑦　　　)の向きを変える。
(3) プレパラートを(⑧　　　　)の中央に置き、クリップでとめる。
(4) 横から見ながら(⑨　　　　)を回して、対物レンズとステージとの間を近づける。
(5) 接眼レンズをのぞきながら調節ねじを回して、対物レンズとステージとの間を(⑩ 近づけて ・ 遠ざけて)いき、はっきり見えたところで止める。
(6) 観察するものが小さいときには、倍率の高い(⑪ 接眼 ・ 対物)レンズにかえる。

▶ (⑫　　　)レンズの倍率 × 対物レンズの倍率 ＝ けんび鏡の倍率

対物レンズをかえたあとは、(4)、(5)をくり返す。

①池や小川などにすむメダカは、水の中にいる小さい生き物を食べている。

水中では、例えば「ミカヅキモ→ミジンコ→メダカ→ザリガニ」という食物連鎖(しょくもつれんさ)があります。

ぴったり2

練習

4. 生き物と食べ物・空気・水

①生き物と食べ物(2)

学習日　　月　　日

教科書 78〜80、212ページ　　答え 18ページ

1 池の水をけんび鏡で観察しました。

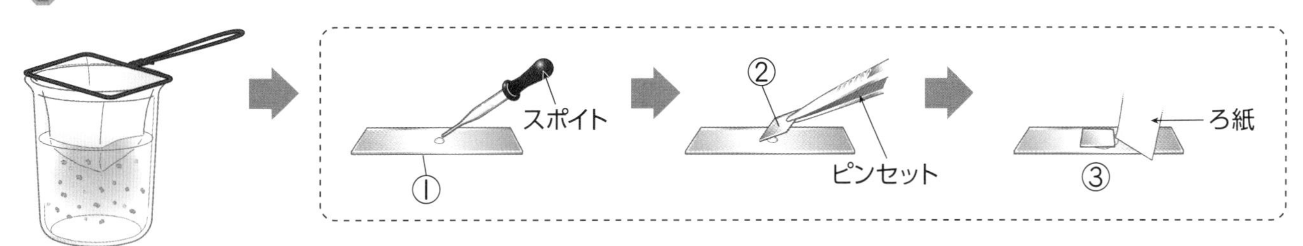

目の細かいあみを使って、池の中の水草などをすくい取り、水を入れたコップに移す。

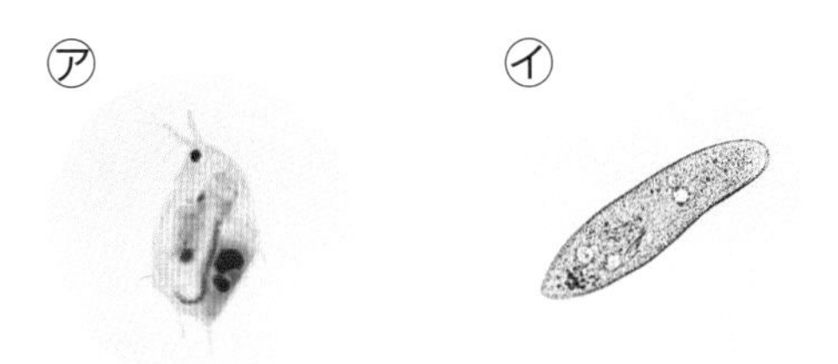

(1) 次の文は、上の図の［　　］を説明しています。
①〜③にあてはまる言葉をそれぞれの(　　)にかきましょう。

コップの水の中の動く小さいものを(①　　　　)にのせ、(②　　　　)をかけて、はみ出した水をろ紙ですい取って、(③　　　　)を作った。

(2) けんび鏡で観察すると、㋐、㋑の生き物が見られました。名前をそれぞれかきましょう。

㋐(　　　　)　㋑(　　　　)

(3) ㋐の生き物を飼っているメダカにあたえると、メダカは食べますか。(　　　　)

(4) 自然の池や川にすんでいるメダカなどの魚は、何を食べていると考えられますか。

(　　　　)

2 けんび鏡について、次の問いに答えましょう。

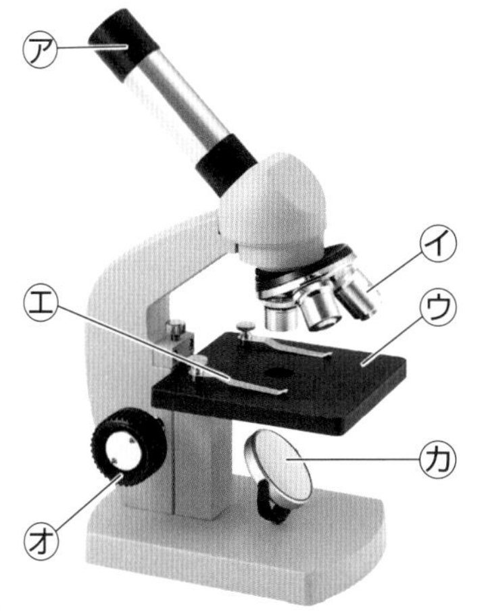

(1) ㋐〜㋕の部分の名前をそれぞれかきましょう。

㋐(　　　　)　㋑(　　　　)

㋒(　　　　)　㋓(　　　　)

㋔(　　　　)　㋕(　　　　)

(2) 次の文は、けんび鏡の使い方を説明したものです。正しい順になるように、**ア〜カ**に１〜６の番号をつけましょう。

ア(　　)プレパラートをステージに置き、クリップでとめる。

イ(　　)日光が当たらない明るいところに置く。

ウ(　　)横から見ながら、対物レンズとステージの間を近づける。

エ(　　)対物レンズをいちばん低い倍率にする。

オ(　　)接眼レンズをのぞきながら、対物レンズとステージの間を遠ざけていき、はっきり見えたところで止める。

カ(　　)接眼レンズをのぞき、明るく見えるように反射鏡(はんしゃ)の向きを変える。

ぴったり1 準備

4. 生き物と食べ物・空気・水

②生き物と空気・水

学習日　月　日

めあて
空気や水を通した、生き物と周囲の環境との関わりについて確認しよう。

教科書 81～84ページ　答え 19ページ

次の(　)にあてはまる言葉をかくか、あてはまるものを○で囲もう。

1 生き物は、空気や水を通して、周囲の環境(かんきょう)とどのように関わっているのだろうか。 教科書 81～84ページ

▶人や他の動物は、空気中の(①　　　)を取り入れて、二酸化炭素を出している。

▶(②　　　)が当たった植物は、二酸化炭素を取り入れて、酸素を出している。これは、人や他の動物と(③ 同じ ・ 逆)のやりとりである。

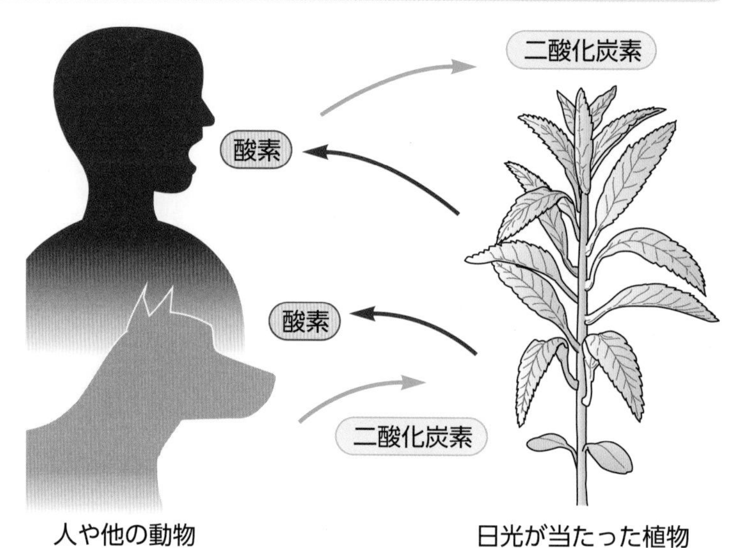

▶地球上を循環(じゅんかん)する水の姿(すがた)をまとめる。④～⑧にあてはまる言葉を〔　〕から選んで、□にかきましょう。

〔 川　雨　海　雲　水蒸気(すいじょうき) 〕

ここが、だいじ！
①人や他の動物と日光が当たった植物は、逆の気体のやりとりをする。
②水は姿を変えながら循環していて、人や他の動物、植物は、さまざまな場所で水を取り入れている。

ぴたトリビア 地球上にある水の97％以上は海にあります。水は地球の全ての生物の命を支える大切なものです。

学習日　月　日

教科書 81～84ページ　答え 19ページ

1 図は、動物と植物の気体のやりとりを表しています。

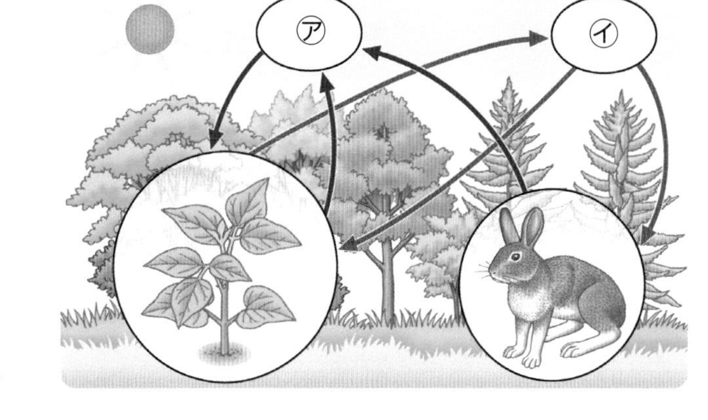

(1) 図の㋐、㋑にあてはまる気体は、それぞれ何ですか。

㋐(　　　　)

㋑(　　　　)

(2) ㋑の気体を取り入れて、㋐の気体を出すような気体のやりとりを何といいますか。

(　　　　)

(3) 次の文は、動物と植物の関わりについて説明したものです。(　)にあてはまる言葉をかきましょう。

植物が行う㋐の気体を取り入れて、㋑の気体を出すような気体のやりとりがなければ、(① 　　　)が減っていき、生き物は地球上に暮(く)らすことができなくなる。このように、動物と植物は、(② 　　　)を通してたがいに関わり合いながら生きている。

2 図は、地球上での水の移動を表しています。

(1) ㋐は、地面や水面からの水の移動を表したものです。この移動を何といいますか。

(　　　　)

(2) (1)によって、水は何に変わりますか。(　　　　)

(3) 次の文は、(1)のあとの水の移動について説明したものです。(　)にあてはまる言葉をかきましょう。

水は、(1)のあと、空の上のほうで(① 　　　)に姿(すがた)を変えて、㋑のように、(② 　　　)や(③ 　　　)として再び地上にもどってくる。

ヒント ❶ (1)動物の気体のやりとりは、1とおりだけです。

4. 生き物と食べ物・空気・水

教科書 72〜87ページ　答え 20ページ

1 図は、生き物どうしの「食べる・食べられる」という関係を表したものです。 各7点(14点)

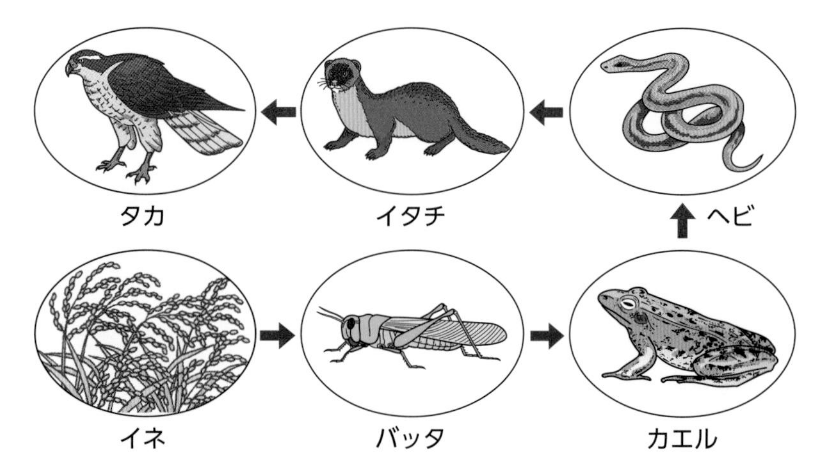

(1) 生き物どうしの「食べる・食べられる」関係のひとつながりを、何といいますか。

(　　　　　　　)

(2) (1)のもと(出発点)は、どのような生き物ですか。 (　　　　　　　)

よく出る

2 図は、空気と食べ物についての生き物どうしの関わりを表したものです。①〜③にあてはまる言葉を〔 〕から選んで □ にかきましょう。 各8点(24点)

〔 酸素　 二酸化炭素　 養分 〕

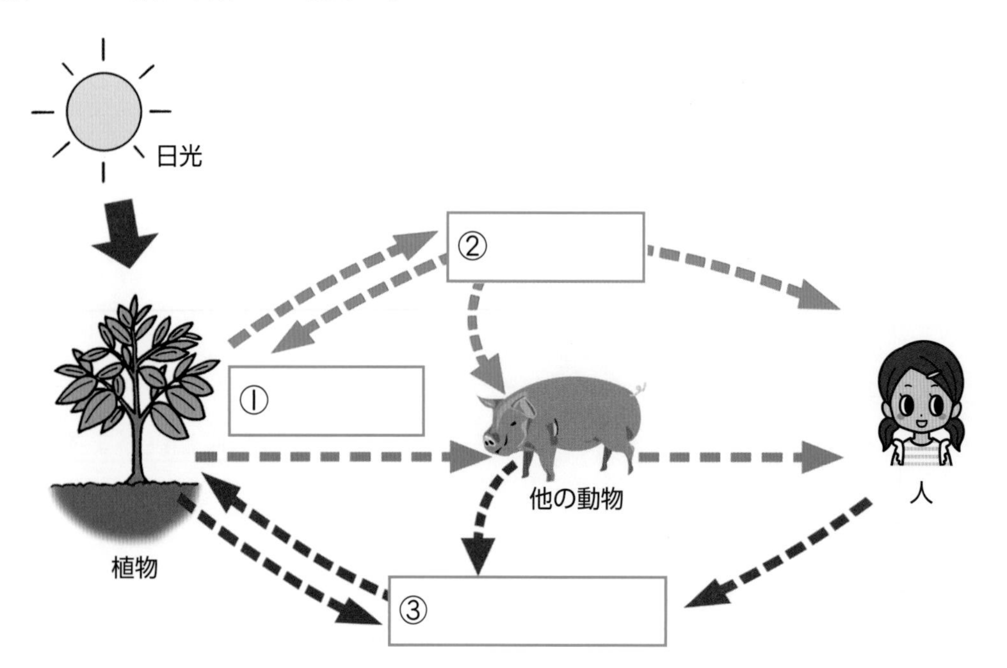

3 メダカの食べ物について、調べました。

各5点(25点)

(1) 池や川の水をけんび鏡で見ると、次のような生き物が見られました。これらの生き物の名前は何ですか。それぞれかきましょう。

㋐　㋑　㋒

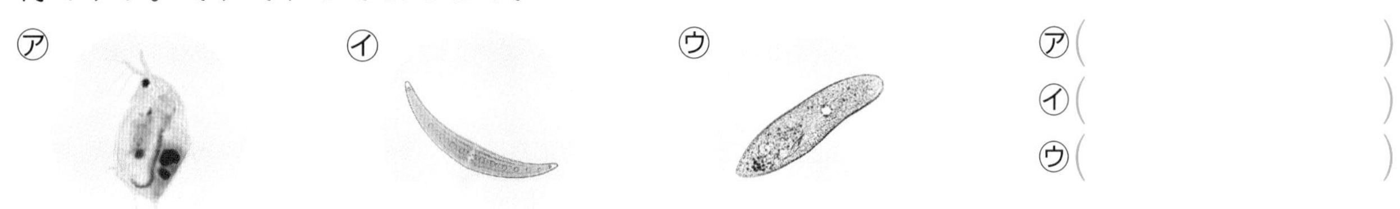

㋐(　　　　)
㋑(　　　　)
㋒(　　　　)

(2) たまごからかえったばかりの子メダカは、2～3日の間、どのようにして育ちますか。正しいものに○をつけましょう。

ア(　　)水を養分にして育つ。
イ(　　)何も食べないで育つ。
ウ(　　)水中の小さな生き物を食べて育つ。

(3) 池や川の水中に見られた(1)の㋐の生き物を育ったメダカにあたえると、メダカは食べますか。

(　　　　)

4 地球上の水の循環(じゅんかん)について調べました。

各8点(16点)

(1) 地球上の水は、水蒸気(すいじょうき)、雲、雨や雪などに姿(すがた)を変えながら移動しています。水が水蒸気になる場合について、地面や水面からの蒸発(じょうはつ)のほかに、植物の体から水蒸気になって出ていく現象があります。この現象を何といいますか。(　　　　)

(2) 海面から蒸発した水が再び海にもどってくるまでの水の移動について、㋐から始めて正しい順になるように㋑～㋓を並(なら)べましょう。

㋐海面から蒸発して水蒸気になる。
㋑川の水になって移動する。
㋒空の高いところで雲になる。
㋓雨や雪となって地上に降(ふ)ってくる。

(㋐ →　　→　　→　　)

できたらスゴイ!

5 動物や植物の空気の出入りについて書かれた文章について、(　　)にあてはまる言葉をかきましょう。

思考・表現　各7点(21点)

動物は、昼でも夜でも、空気を吸(す)ったり、はき出したりして、(①　　　)を取り入れ、二酸化炭素を出している。このはたらきは、植物もしている。
しかし、植物は、葉に(②　　　　)が当たっている昼間は、二酸化炭素を取り入れ、(①)を出している。
(②)が当たっている昼間は、植物が出す(③　　　　)の量が、取り入れる(③)の量より多いので、全体として(③)を出していることになる。

ふりかえり
❷の問題がわからないときは、36ページの❶にもどって確認(かくにん)しましょう。
❺の問題がわからないときは、36ページの❶にもどって確認しましょう。

ぴったり1 準備

3分でまとめ

5. てこ

①てこのはたらき(1)

学習日　　月　　日

めあて
てこの力点や作用点の位置と手ごたえの間の関係について確認しよう。

教科書 88～94ページ　答え 21ページ

次の(　　)にあてはまる言葉をかくか、あてはまるものを○で囲もう。

1 てこの力点などの位置と手ごたえとの間には、どのような関係があるのだろうか。 教科書 88～94ページ

▶図のように、棒(ぼう)などを使って砂(すな)ぶくろを持ち上げる。①～③にあてはまる言葉を〔　〕から選んで、［　　］にかきましょう。

〔　支点　力点　作用点　〕

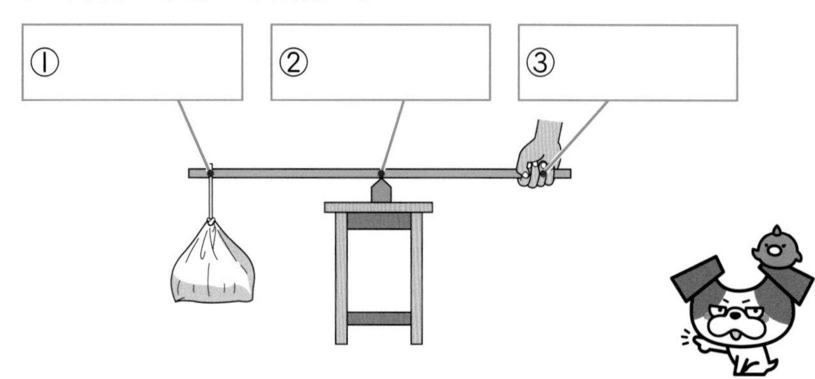

▶棒をある1点で支え、力を加えてものを動かすことができるようにしたものを、(④　　　　　)という。

力点や作用点の動き方をくわしく見ると、支点を中心とする円になっているよ。

▶力点の位置を変えて、手ごたえを比べる。

- 力点の位置を支点から遠ざけると、手ごたえは(⑤　小さく　・　大きく　)なった。
- 力点の位置を支点に近づけると、手ごたえは(⑥　小さく　・　大きく　)なった。

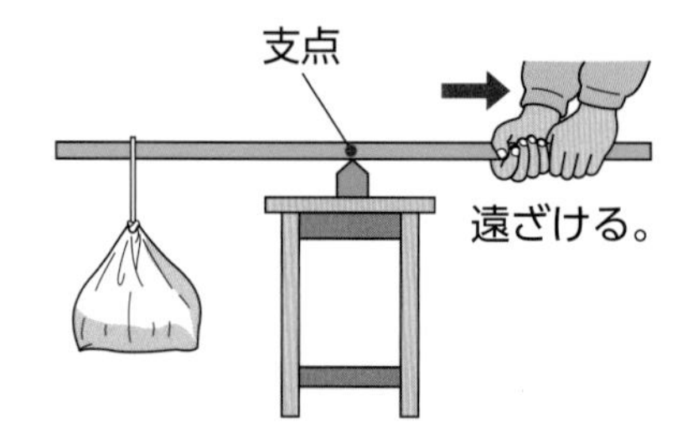

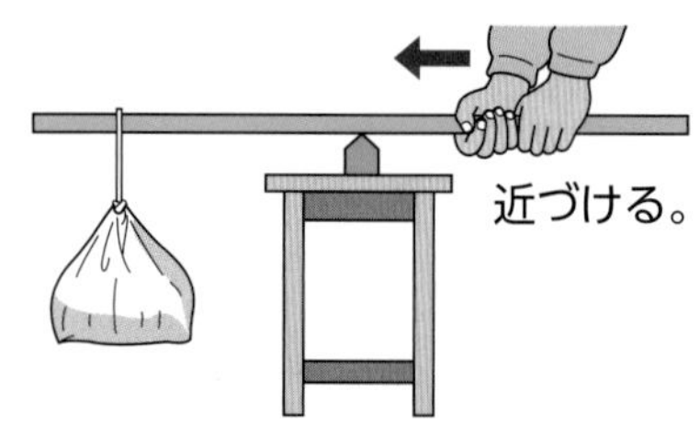

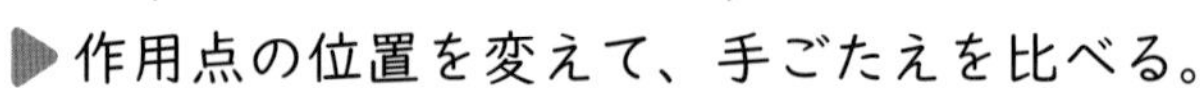

▶作用点の位置を変えて、手ごたえを比べる。

- 作用点の位置を支点に近づけると、手ごたえは(⑦　小さく　・　大きく　)なった。
- 作用点の位置を支点から遠ざけると、手ごたえは(⑧　小さく　・　大きく　)なった。

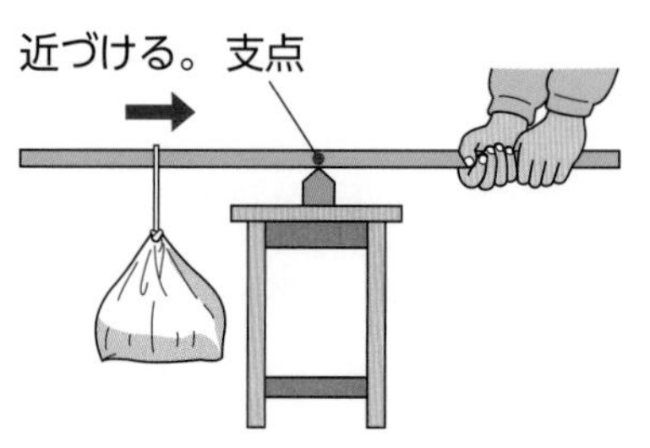

ここがだいじ!

①てこには、支点、力点、作用点がある。

②てこでは、支点から力点までのきょりが長いほど、また、支点から作用点までのきょりが短いほど、手ごたえは小さくなる。

ぴたトリビア　てこのしくみを利用すると、そのままでは動かすことができない重いものも、人の力で動かすことができます。

ぴったり2 練習

5. てこ

①てこのはたらき(1)

学習日　月　日

教科書 88～94ページ　答え 21ページ

1 図のようにして、棒（ぼう）を使って石を動かしました。

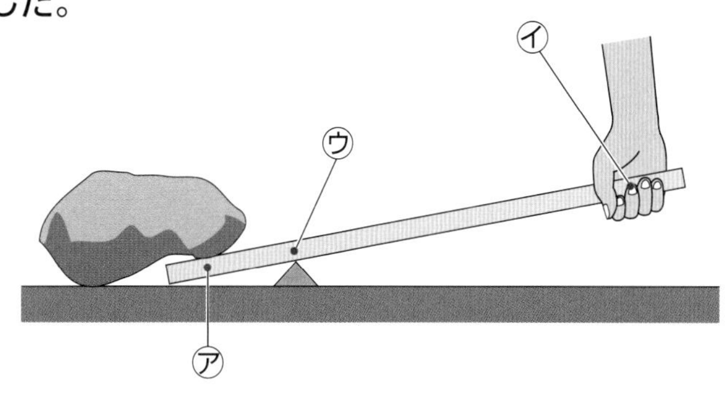

(1) 図のようにして、ものを動かすことができるようにしたものを何といいますか。

（　　　　）

(2) ㋐～㋒をそれぞれ何といいますか。

㋐（　　　　）
㋑（　　　　）
㋒（　　　　）

(3) ①～③は、㋐～㋒のどの部分を説明したものですか。

①手で力を加えるところ。（　　）
②石に力がはたらくところ。（　　）
③棒を支えるところ。（　　）

(4) (1)のはたらきを利用して、石を動かします。このとき、力をどのように加えればよいですか。

（　　　　）

2 図のようにして、棒を使って砂（すな）ぶくろを持ち上げました。

(1) 手の位置は変えずに、砂ぶくろの位置を⬅の向きに動かしました。手ごたえはどのようになりましたか。正しいものに○をつけましょう。

ア（　　）大きくなった。
イ（　　）小さくなった。
ウ（　　）変わらなかった。

(2) 砂ぶくろの位置は変えずに、手の位置を㋐～㋒に動かして、手ごたえを比べました。最も手ごたえが大きく感じたのは、㋐～㋒のどの位置をおしたときですか。（　　）

(3) 砂ぶくろと手の位置は変えずに、㋓の位置を動かしました。次の文は、最も小さい手ごたえで持ち上げるために、どのようにすればよいかを説明したものです。（　　）にあてはまる言葉として、正しいほうに○をつけましょう。

> 砂ぶくろの位置は、（① ㋓から遠ざける ・ ㋓に近づける）と手ごたえが小さく感じられ、手の位置は、（② ㋓から遠ざける ・ ㋓に近づける）と手ごたえが小さく感じられるので、㋓の位置を（③ 左 ・ 右）側に動かせばよい。

ヒント **2** (3)㋓の位置を動かしたとき、砂ぶくろから㋓のきょり、手の位置から㋓のきょりはどう変化するのかを考えます。

ぴったり1 準備

5. てこ

①てこのはたらき(2)

学習日　　月　　日

めあて
てこをかたむけるはたらきや、水平につりあうときのきまりについて確認しよう。

教科書 95〜99ページ　答え 22ページ

次の(　)にあてはまる言葉をかくか、表にかきこもう。

1 てこを使ってものを持ち上げるとき、どのようなきまりがあるのだろうか。 教科書 95〜99ページ

▶図の(①　　　　　　)という装置(そうち)を使うと、てこのきまりをくわしく調べることができる。

(②　　　　)

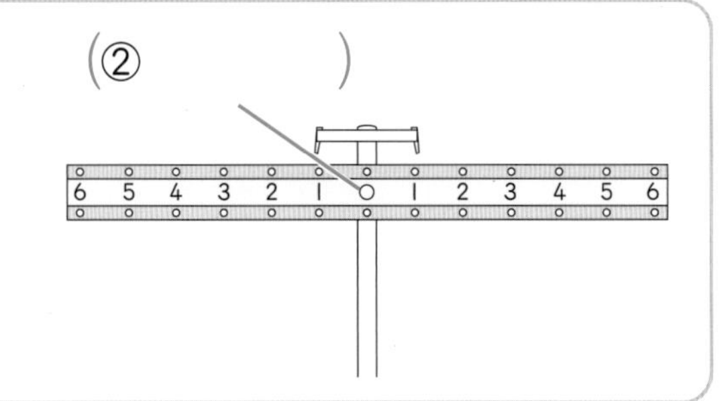

▶てこのきまりを調べる。

・③表のかたむきのらんに、棒(ぼう)のかたむきを「／」「—」「＼」でかこう。

作用点(左側)		力点(右側)		かたむき
おもりの重さ(g)	支点からのきょり	おもりの重さ(g)	支点からのきょり	
10	3	30	1	
20	2	10	3	
30	5	40	4	
30	2	10	6	

・てこの左右におもりをつり下げ、棒が水平につりあった場合は、
(おもりの重さ)×(④　　　　　　)
が棒の左右で等しくなる。

・図のように、棒が水平につりあっているとき、てこを左側にかたむけるはたらきは
20×(⑤　　　　)、右側にかたむけるはたらきは 10×(⑥　　　　)で、棒の左右で等しい。

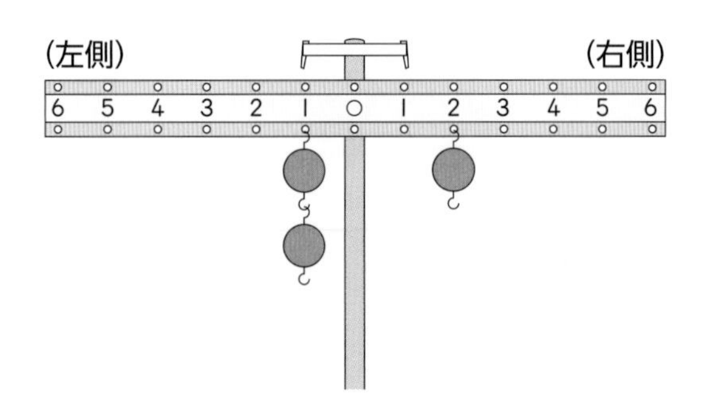

①てこを使ってものを持ち上げるとき、棒が水平につりあった場合には、(おもりの重さ)×(支点からのきょり)が棒の左右で等しくなるというきまりがある。

上皿てんびんは、左右のうでの長さが同じなので、左右に同じ重さのものをのせると水平につりあうことを利用して、重さをはかる道具です。

1 実験用てこを使って、棒(ぼう)のかたむきを調べます。

(1) ㋐の部分を何といいますか。 (　　　)

(2) 図1のように、左側の目盛(も)り5のところに10gのおもり2個をつり下げます。このとき、棒を左側にかたむけるはたらきの大きさは、どのような式で表されますか。正しいものに○をつけましょう。

ア(　　)20＋5＝25　イ(　　)20×5＝100
ウ(　　)20－5＝15　エ(　　)20÷5＝4

図1

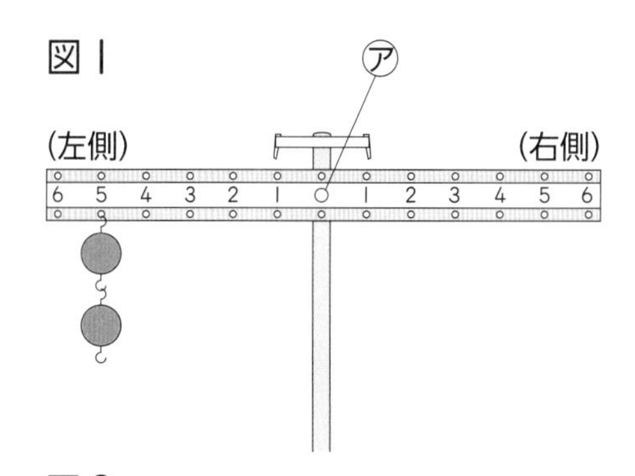

(3) 図2のように、左側の目盛り4のところに10gのおもり3個、右側の目盛り6のところに10gのおもり2個をつり下げます。このとき、棒はどのようになりますか。

(　　　　　　　)

(4) 図2で、左右のおもりをそれぞれ1個ずつ取ります。このとき、棒はどのようになりますか。

(　　　　　　　)

図2

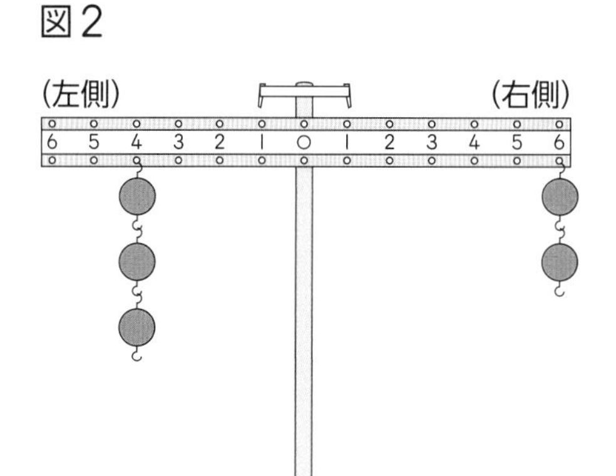

2 実験用てこを使って、棒が水平につりあう場合を調べました。

(1) 次の文は、てこのきまりを説明したものです。(　　)にあてはまる言葉をかきましょう。

> 棒の左右で、(おもりの重さ)×(支点からのきょり)が(①　　　　)とき、棒は水平につりあう。また、棒が水平につりあうとき、左側にかたむけるはたらきの大きさと右側にかたむけるはたらきの大きさは(②　　　　)。このことから、おもりが棒をかたむけるはたらきの大きさは、(おもりの(③　　　　))×(支点からの(④　　　　))で表される。

(2) 表は、実験用てこを使って、棒が水平につりあうようにおもりの重さやつり下げる位置をさまざまに変えたときの結果を表しています。(　　)にあてはまる数をかきましょう。

左側		右側	
おもりの重さ(g)	支点からのきょり	おもりの重さ(g)	支点からのきょり
20	2	10	(①　　　)
40	3	(②　　　)	4
30	(③　　　)	90	2
(④　　　)	2	40	5

5. てこ

②身のまわりのてこ

学習日　　月　　日

めあて
身のまわりで、てこのはたらきが利用されている道具について確認しよう。

教科書 100〜103ページ　答え 23ページ

次の(　　)にあてはまる言葉をかこう。

1 身のまわりの道具には、てこのはたらきがどのように利用されているのだろうか。 教科書 100〜103ページ

▶はさみやくぎぬきに利用されているてこのはたらきを調べる。

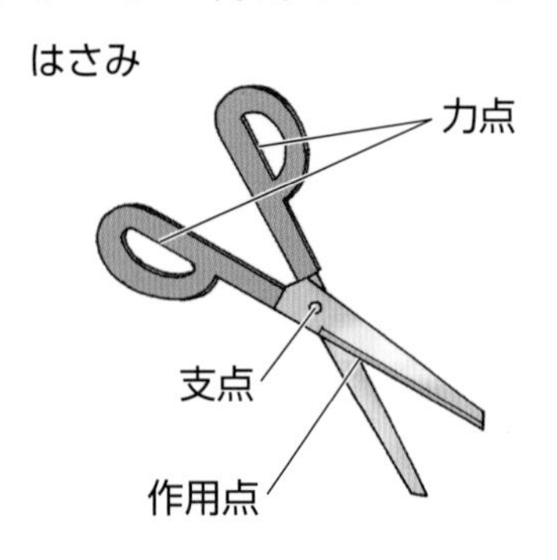

・はさみには、(①　　　　)を支点に近づけると、(②　　　　)の手ごたえが小さくなるというてこのはたらきが利用されている。

・くぎぬきは、(③　　　　)を支点から遠ざけると、(④　　　　)の手ごたえが小さくなるというてこのはたらきが利用されている。

▶てこのはたらきを利用しているもののしくみを調べる。⑤〜⑬にあてはまる言葉を〔　〕から選んで□にかきましょう。

〔　支点　力点　作用点　〕

・ペンチ

⑤

⑥

⑦

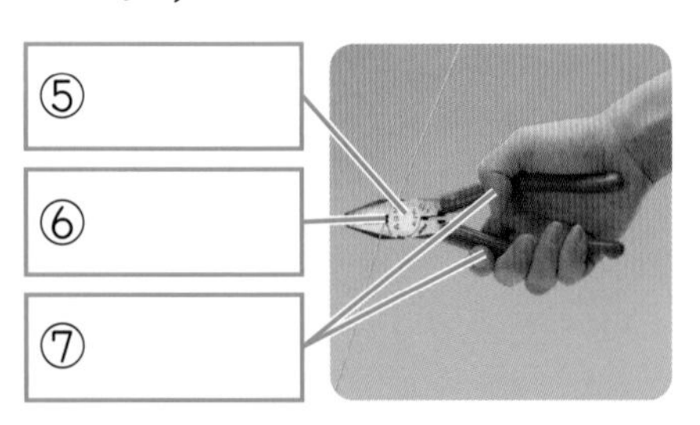

(ほかの例)はさみ
プルタブ
くぎぬき

・せんぬき

⑧

⑨

⑩

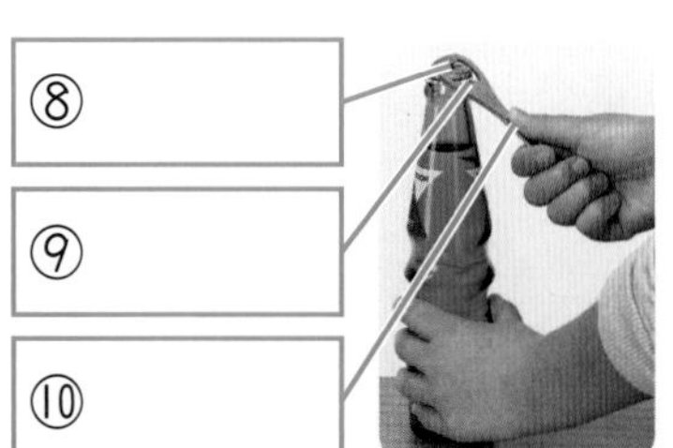

(ほかの例)空きかんつぶし機
穴(あな)あけパンチ

・ピンセット

⑪

⑫

⑬

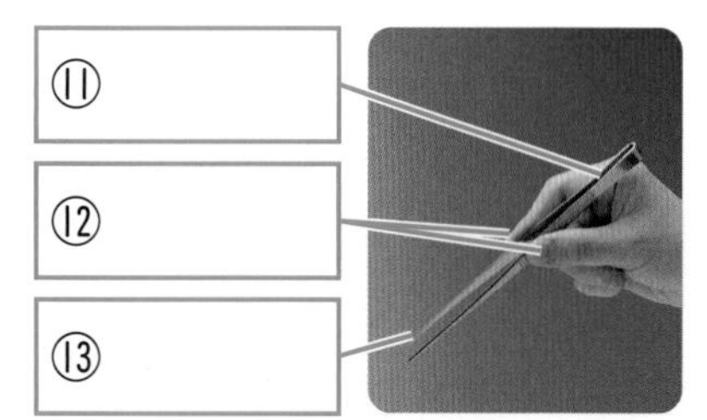

(ほかの例)パンばさみ
はし
和ばさみ

ここが、だいじ! ①てこを利用した道具は、支点・力点・作用点の並(なら)び方や位置をくふうすることで、はたらく力を大きくしたり小さくしたりしている。

ぴたトリビア　自転車のハンドルやブレーキ、ペダルとギヤにも、てこが利用されています。

5. てこ

②身のまわりのてこ

教科書 100～103ページ　答え 23ページ

1 くぎぬきに利用されているてこのはたらきを調べます。

(1) ㋐～㋒は、それぞれてこのどの部分になりますか。正しいものを線で結びましょう。

㋐・　　　・支点
㋑・　　　・力点
㋒・　　　・作用点

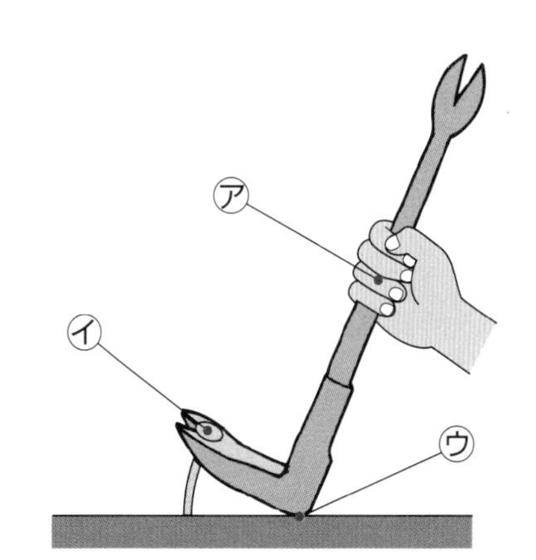

(2) くぎをより小さい力でぬくためには、どのようにすればよいですか。正しいものに○をつけましょう。

ア（　　）㋐の手でにぎっている部分を先(上)のほうに動かす。
イ（　　）㋑のくぎをひっかけている部分を先のほうに動かす。
ウ（　　）㋒の地面についている部分を地面からはなす。

2 図は、身のまわりにあるてこのはたらきを利用した道具です。

㋐

㋑
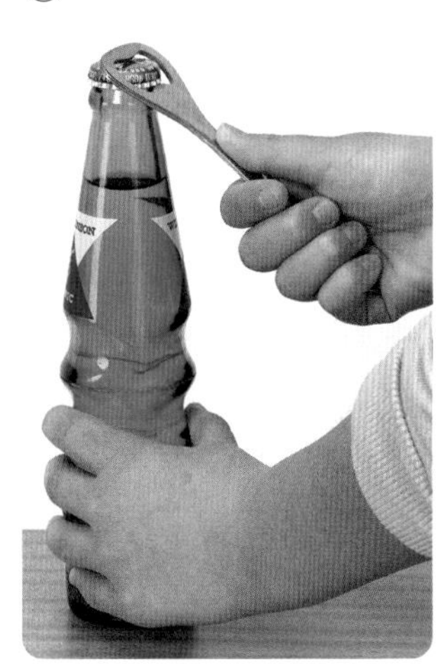

㋒

(1) ㋐～㋒の道具について、支点、力点、作用点の位置の関係はどのようになっていますか。正しいものを線で結びましょう。

㋐・　　　・力点が支点と作用点の間にある。
㋑・　　　・作用点が支点と力点の間にある。
㋒・　　　・支点が作用点と力点の間にある。

(2) ㋐～㋒の道具は、①、②のどちらにあてはまりますか。①、②からそれぞれ選びましょう。

①小さい力で、作用点に大きい力をはたらかせることができる。
②作用点にはたらかせる力を小さくすることができる。

㋐（　　）　㋑（　　）　㋒（　　）

5. てこ

教科書 88～105ページ　答え 24ページ

1 棒(ぼう)を使って砂(すな)ぶくろを持ち上げ、必要な力の大きさを比べます。

各5点(10点)

(1) 手の位置を動かして、持ち上げるのに必要な力の大きさを比べます。㋐～㋒のうち、最も小さい力で砂ぶくろを持ち上げることができるのはどこをおしたときですか。（　　）

(2) 記述 手の位置は㋑にしたままで、㋓の位置を動かすとき、より小さい力で砂ぶくろを持ち上げるには、㋓の位置をどのように動かせばよいですか。

（　　　　　　　　　　　　　　　　　　　　）

よく出る

2 実験用てこを使って、おもりがてこをかたむけるはたらきを調べました。

各5点、(2)、(4)は全部できて5点(20点)

(1) ㋑の位置を何といいますか。（　　　　）

(2) 図のように、㋐におもり2個、㋒におもり1個をつり下げたとき、棒が水平につりあいました。それぞれにつり下げたおもりについて、棒をかたむけるはたらきの大きさを決めているものは何ですか。正しいものすべてに○をつけましょう。

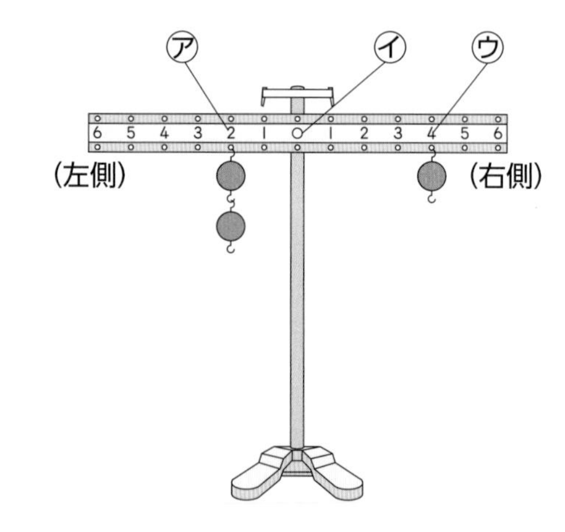

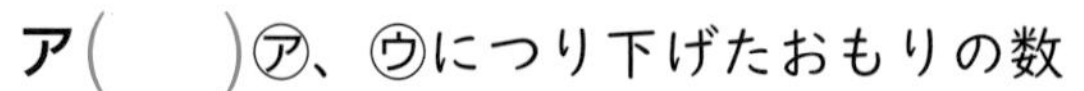

ア（　　）㋐、㋒につり下げたおもりの数
イ（　　）㋐から㋒までのきょり
ウ（　　）地面から㋐、㋒までの高さ
エ（　　）㋐、㋒にかかれている目盛(も)りの数字

(3) 次の式は、てこの棒が水平につりあっているとき、てこの左側と右側に成り立っている関係を表したものです。（　　）にあてはまる記号をかきましょう。

左側にかたむけるはたらきの大きさ（　　）右側にかたむけるはたらきの大きさ

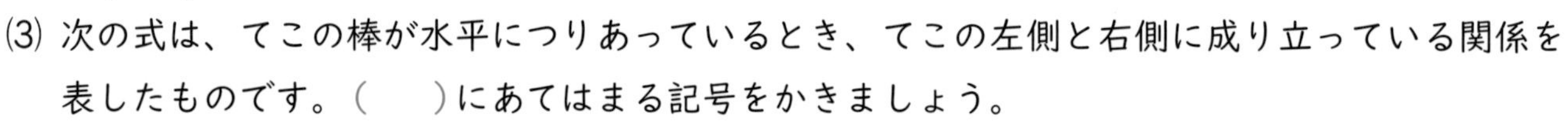

(4) 右側につり下げるおもりの数と位置を自由に変えて、棒が水平につりあうようにします。このとき、おもりの数をどのようにしても棒が水平につりあわない位置はどこですか。あてはまる目盛りの数字をすべてかきましょう。ただし、おもり1個の重さはどれも同じものとします。

（　　　　）

3 図1は洋ばさみ、図2は和ばさみです。

技能　各6点(30点)

(1) てこのはたらきを利用して、厚い紙などを切るときに必要な力を小さくしているのは、洋ばさみと和ばさみのどちらですか。

図1　図2

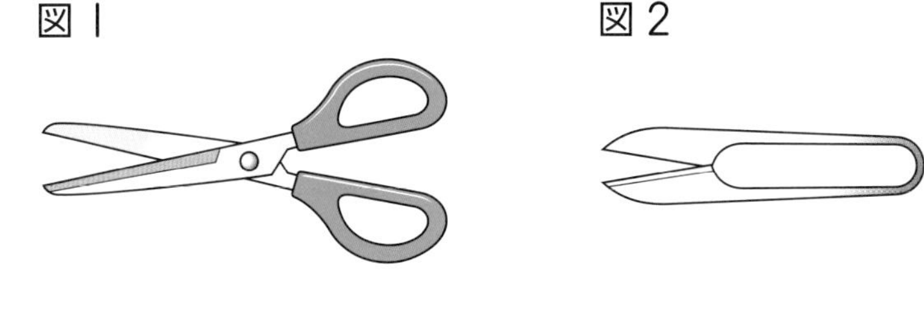

(　　　　　　)

(2) ①洋ばさみと②和ばさみのてこのつくりは、どのようになっていますか。㋐～㋒からそれぞれ選びましょう。

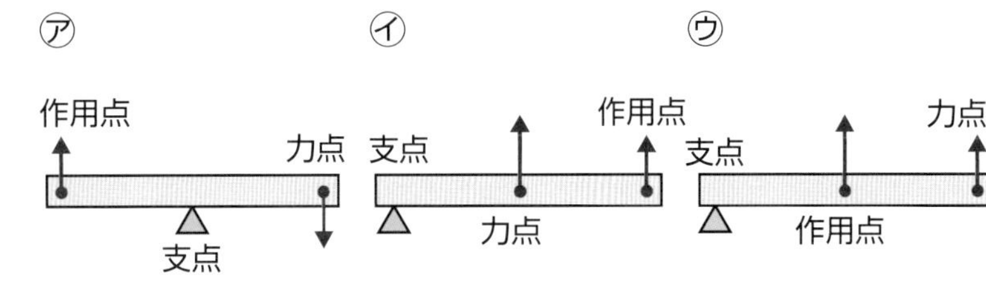

①(　　　)　②(　　　)

(3) 身のまわりにある道具で、てこのはたらきを利用したしくみとして、①洋ばさみ、②和ばさみと支点、力点、作用点の並(なら)び方が同じものを、それぞれかきましょう。

①(　　　　　　　　　　)
②(　　　　　　　　　　)

できたらスゴイ!

4 実験用てこを使って、棒が水平につりあうようにおもりをつり下げます。ただし、おもりは全て同じもので、20個まで使ってもよいものとします。

思考・表現

各10点、(4)は全部できて10点(40点)

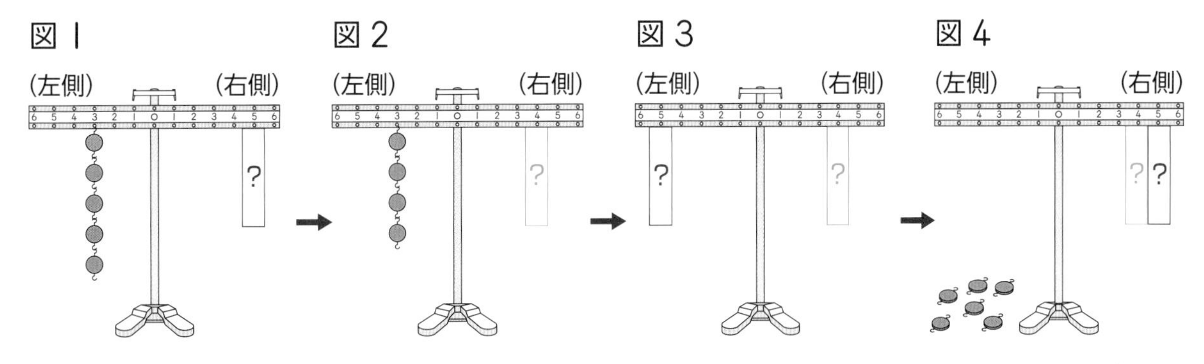

(1) 図1のように、左側の目盛り3のところにおもり5個をつり下げたとき、右側の目盛り5のところにおもりを何個つり下げれば、水平につりあいますか。　(　　　)

(2) 図2のように、左側の目盛り3のところにおもりを4個つり下げました。このとき、右側の目盛り4のところにおもりを何個つり下げれば、水平につりあいますか。　(　　　)

(3) 図3のように、右側の目盛り4のところにつり下げているおもりは図2のままで、左側の目盛り5のところにおもりを(1)で答えた数だけつり下げました。このとき、棒は右・左のどちら側にかたむきますか。　(　　　)

(4) 図4のように、図3で左側の目盛り5のところにつり下げていたおもりを全て右側の目盛り5のところに移しました。このとき、左側のどこにおもりを何個つり下げれば、水平につりあいますか。(　　)にあてはまる数字をかきましょう。

左側の目盛り(①　　　)のところにおもり(②　　　)個をつり下げれば、水平につりあう。

❷の問題がわからないときは、42ページの❶にもどって確認(かくにん)しましょう。
❹の問題がわからないときは、42ページの❶にもどって確認しましょう。

3分でまとめ

6. 土地のつくり

①地層(ちそう)のつくり
②地層のでき方(1)

学習日　月　日

めあて
地層をつくっているものや地層のでき方について確認しよう。

教科書 106~116ページ　答え 25ページ

次の(　)にあてはまる言葉をかくか、あてはまるものを○で囲もう。

1 地層は、1つ1つの層がどのようなものでできているのだろうか。　教科書 106~112ページ

▶写真のような、がけなどに見られるしま模様(もよう)を(①　　　)という。

▶それぞれの層は、つぶの大きさが2mm以上のごろごろした(②　　　)、つぶがはっきり見えるぐらいの大きさでざらざらした(③　　　)、つぶは見えないぬるぬるした(④　　　)からできている。

▶地層には、火山がふん火したときなどに火口から出される(⑤　　　　)でできたものもある。

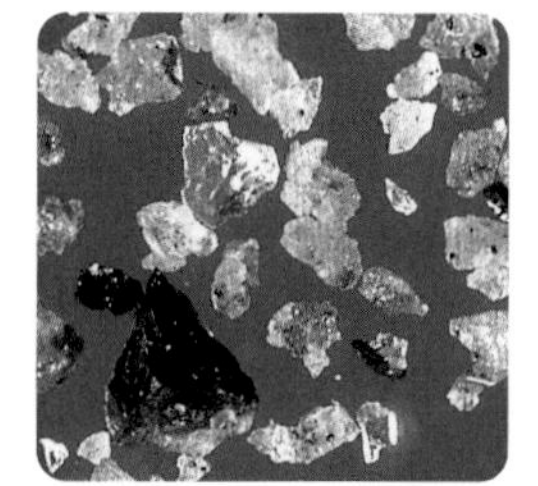

2 地層は、流れる水のはたらきによってできるのだろうか。　教科書 113~116ページ

▶れき、砂(すな)、どろの混じった土をといの上に盛(も)り、勢いよく水を流す。

- といでは、(① 海 ・ 川)のように水が流れる。
- 水そうでは、(② 海 ・ 川)のように水がたまる。
- 水で流された土は、(③ 層に分かれて ・ 混じったまま)積もる。
- 右の図は、土を盛って、水を流すことを3回くり返したときの様子である。

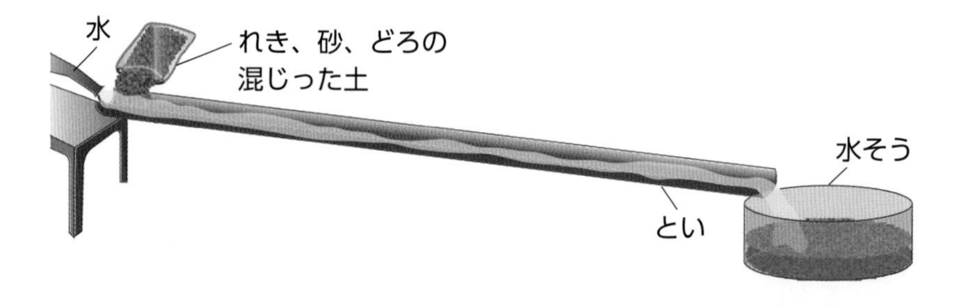

(④ れきや砂 ・ どろ)の層

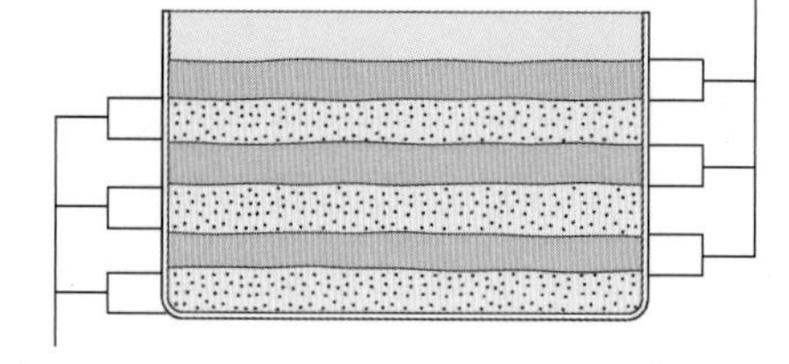

(⑤ れきや砂 ・ どろ)の層

ここがだいじ!
①地層は、1つ1つの層が、れき、砂、どろなどの大きさのちがうつぶや色のちがうつぶでできている。

ぴたトリビア　火山が大きなふん火をすると、遠くはなれた地域(ちいき)まで、火山灰(かざんばい)が飛ぶことがあります。例えば、薩摩硫黄島(さつまいおうじま)付近で約7300年前にふき出た火山灰は、日本の半分以上をおおいました。

学習日　月　日

6. 土地のつくり

①地層のつくり

②地層のでき方(1)

教科書 106～116ページ　答え 25ページ

1 しま模様の見られる土地を観察しました。

(1) しま模様の見られる層の重なりを何といいますか。

（　　　　）

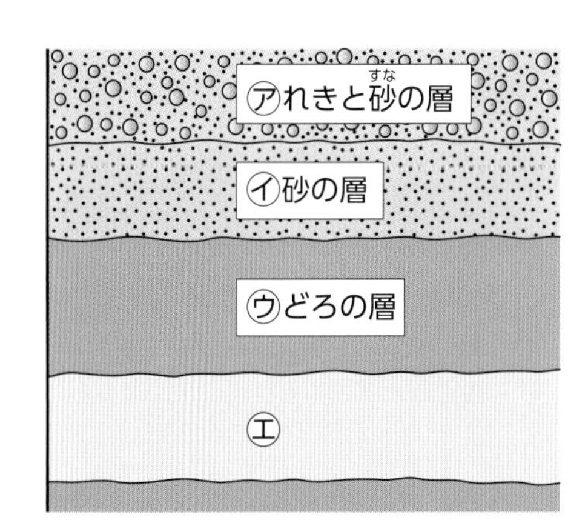

(2) 図の㋐～㋒の層では、それぞれどのような様子が見られますか。正しいものを線で結びましょう。

㋐・　　・つぶが大きく、ごろごろしている。

㋑・　　・つぶが見えず、ぬるぬるしている。

㋒・　　・つぶがはっきり見えて、ざらざらしている。

(3) それぞれの層のおく側は、どのようになっていると考えられますか。正しいものに○をつけましょう。

ア（　）つぶの大きさや性質がちがう層がある。

イ（　）手前と同じ層が広がっている。

ウ（　）すべてが混じり合って、層は見られない。

(4) ㋓の層は、火山のふん火によって火口から出た小さい固体のつぶでできています。このつぶを何といいますか。

（　　　　）

2 といと水そうを使って、水の流れによって土が層になって積もるかどうかを調べました。

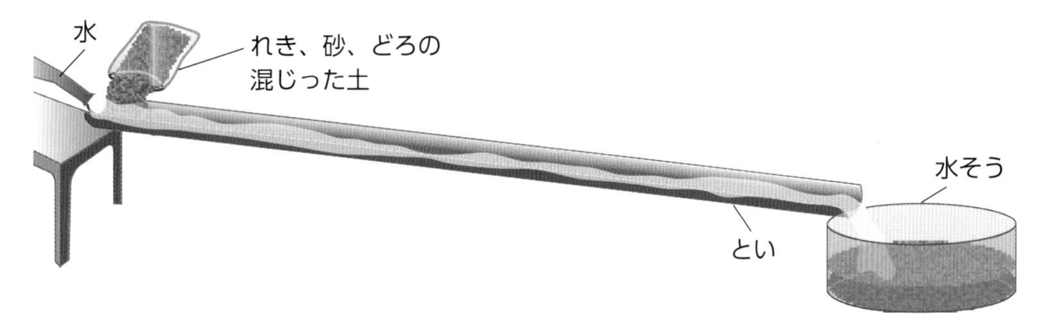

(1) 水そうは、川と海のうち、どちらを見立てたものですか。

（　　　　）

(2) 右の図は、土を盛って、水を流すことを3回くり返したときの水そうに積もった土の様子です。㋐の層は、れきや砂・どろのうちどちらの層ですか。

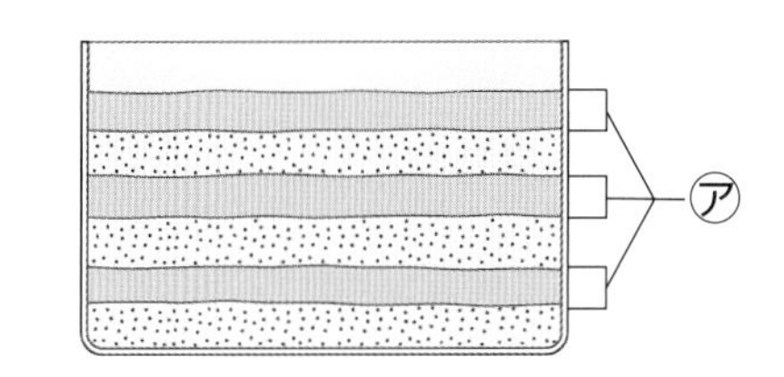

（　　　　）

(3) 2回めの層の積もる順番は、1回めの層と同じですか、ちがいますか。

（　　　　）

ヒント ❶ (2)つぶの大きさは、大きい順に、れき、砂、どろとなっています。

ぴったり1 準備

6. 土地のつくり

②地層のでき方(2)

学習日　月　日

めあて
地層がたい積していく様子やたい積岩の種類について確認しよう。

教科書 113～117ページ　答え 26ページ

次の(　)にあてはまる言葉をかこう。

1 地層は、流れる水のはたらきによってできるのだろうか。

教科書 113～117ページ

▶地層は、流れる(①　　　)のはたらきにより、海などの底にくり返し積み重なってできる。

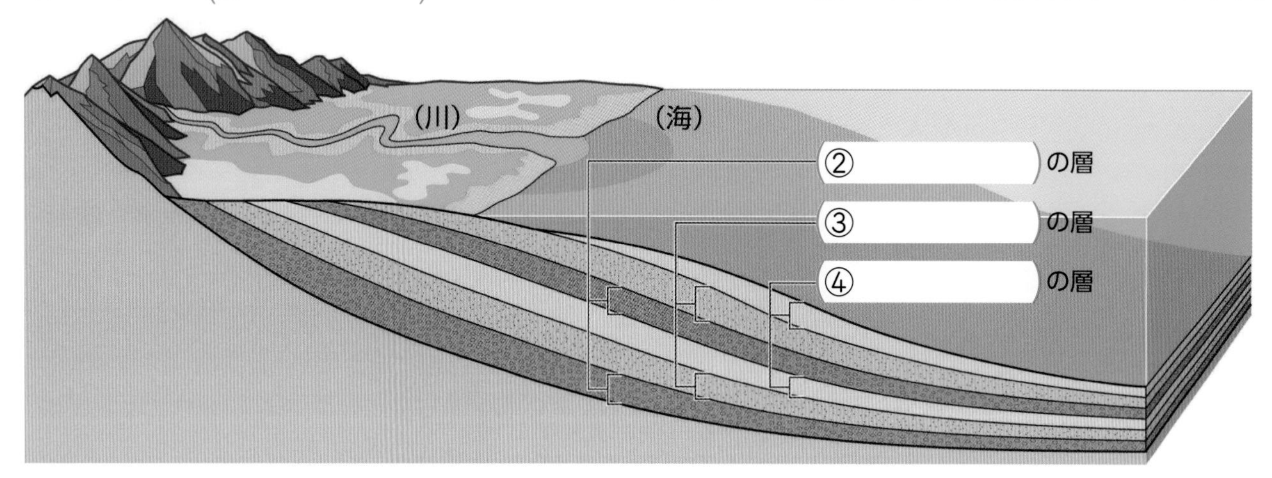

▶地層には、れきや砂、どろなどの層が固まった岩石でできているものがある。こうしてできた岩石を(⑤　　　)という。

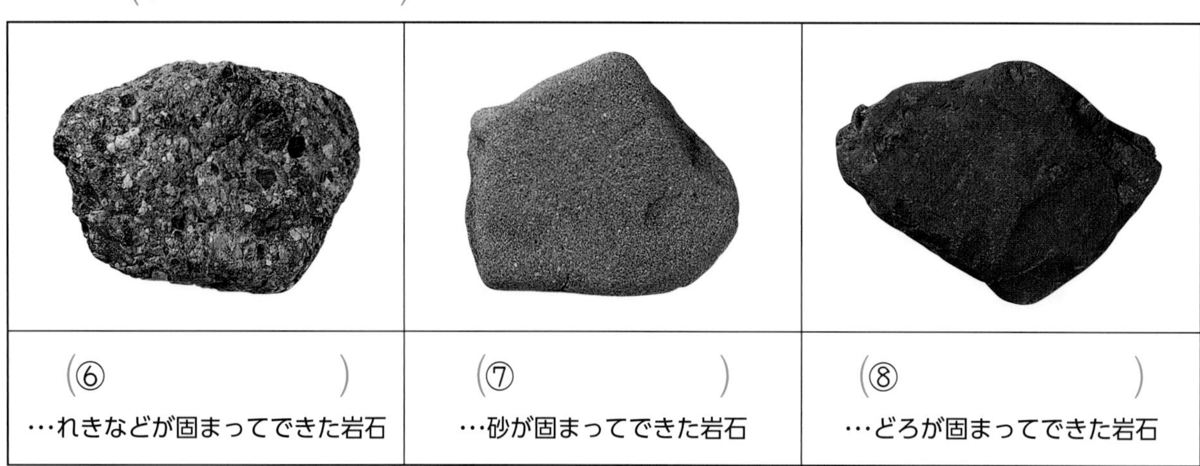

(⑥　　　) …れきなどが固まってできた岩石	(⑦　　　) …砂が固まってできた岩石	(⑧　　　) …どろが固まってできた岩石

長い年月をかけて固まり、岩石になるんだね。

ここがだいじ!
①地層は、流れる水のはたらきによって、土が運ぱんされ、れき、砂、どろに分かれてたい積してできる。
②れきや砂、どろなどの層が固まってできたたい積岩には、れき岩、砂岩、でい岩などがある。

足あとやふんなど生物が活動したこんせきが地層に残ったものを、「生こん化石」とよびます。

学習日　月　日

教科書 113～117ページ　答え 26ページ

1 図は、地層ができる様子を表したものです。

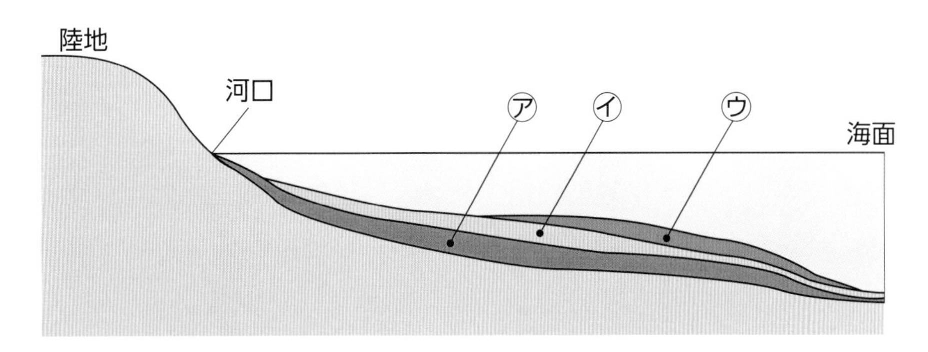

(1) ア～ウの層にふくまれているものは何ですか。正しいものを線で結びましょう。

ア・　　・砂(すな)

イ・　　・れきと砂

ウ・　　・どろ

(2) 土が層に分かれて積み重なるのは、何のはたらきのためですか。正しいものに○をつけましょう。

ア（　）日光　イ（　）塩分　ウ（　）流れる水　エ（　）海の生物

(3) ア～ウの層にふくまれているもののつぶは、大きさがそれぞれちがっています。つぶの大きい順に記号を並(なら)べましょう。（　→　→　）

(4) ア～ウのような層が長い年月をかけて固まり、岩石になることがあります。これらの岩石をまとめて何といいますか。

（　　）

2 たい積したれきや砂、どろなどの層は、長い年月をかけて固まり、岩石になることがあります。(1)～(3)にあてはまるものはどの岩石ですか。①～③から選びましょう。

(1) 同じような大きさの砂が固まってできている。（　）

(2) れきなどが固まってできている。（　）

(3) 細かいどろが固まってできている。（　）

①でい岩

②砂岩(さがん)

③れき岩

6. 土地のつくり

②地層のでき方(3)

学習日　月　日

めあて
化石が陸上で見られる理由や火山灰の層について確認しよう。

教科書 118~119ページ　答え 27ページ

次の(　　)にあてはまる言葉をかこう。

1 陸上で見られる地層や化石から何がわかるだろうか。

教科書 118ページ

- 山脈などになった地上の高いところでも、地層を見ることができる。
- 地層の中に残された、動物や植物の死がいやそれらの生活のあとを(①　　　)という。
- 写真は、約1億年前に、海にすんでいた(②　　　　　　)の化石である。
- 地層や、海にすんでいた生き物の化石が陸上で見られることから、それらは長い年月をかけて、(③　　　)や湖の底からおし上げられたものであることがわかる。

高さ8000 mをこえる山がたくさんあるヒマラヤ山脈の地層からも、写真の生き物の化石が見つかっているよ。このことから、ヒマラヤ山脈も、海の底にあった大昔から時間をかけておし上げられてできたものであると考えられるよ。

2 地層は火山のふん火でどのようにできるのだろうか。

教科書 119ページ

- 火山灰でできた地層について調べる。

ここが だいじ!

①地層の中に残された、動物や植物の死がいや生活のあとを化石という。
②海や湖の底でできた地層や化石が、長い年月をかけておし上げられると、陸上で見られるようになる。
③火山がふん火すると、火山灰が降り積もり、地層ができることもある。

ぴたトリビア　化石には、例えば花粉の化石のように、けんび鏡で見ないとわからない小さな化石もあります。

6. 土地のつくり

②地層のでき方⑶

教科書 118～119ページ　答え 27ページ

1 写真は、高い山の地層から見つかった化石である。

⑴ 何という生き物の化石ですか。
（　　　　　）

⑵ 次の文は、写真の化石が、山の地層で見つかった理由を説明したものです。（　）にあてはまる言葉をかきましょう。

> 化石が見つかったこの地層ができた当時は、この場所は（①　　　　）であったと考えられる。しかし、長い年月の間に（②　　　　　　　　）ため、現在陸上でこの地層が見られるようになったと考えられる。

⑶ 化石はどのような順で高い山の地層から見つかったと考えられますか。次の㋐～㋓を正しく並べましょう。
（　　→　　→　　→　　）

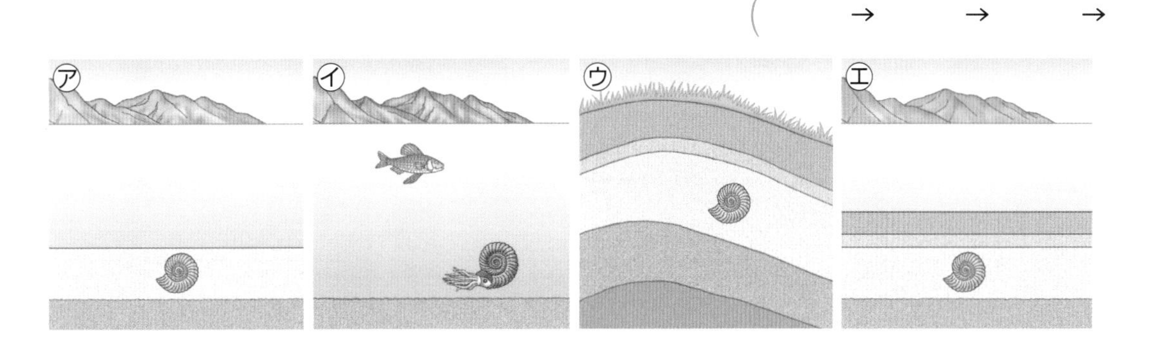

2 図は、火山のふん火の様子を表したものである。

⑴ 地中深くにあり、どろどろにとけた、図の㋐を何といいますか。
（　　　　　）

⑵ 火山がふん火したとき、火口から㋑のような小さなつぶが出ました。これを何といいますか。
（　　　　　）

⑶ ⑵で答えたものが地上に降り積もると、地層をつくることがありますか。ある場合には○、ない場合には×をかきましょう。
（　　）

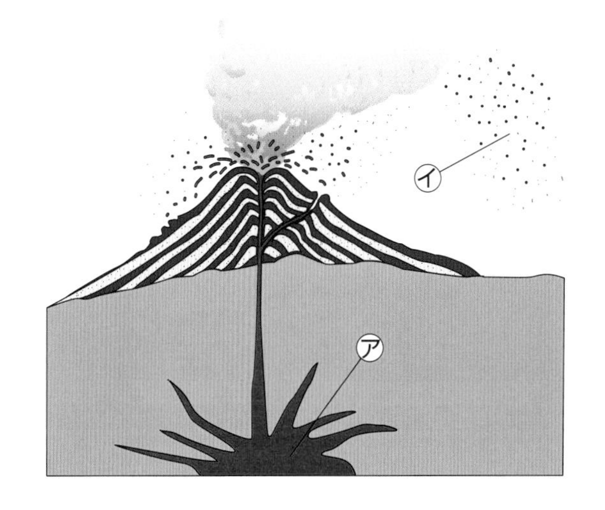

ヒント 1 ⑶昔の生き物の死がいなどが砂やどろの層にうもれて化石となります。

6. 土地のつくり

③火山や地震と土地の変化(1)

★地震や火山と災害

めあて
火山の活動によって、土地はどのように変化するかを確認しよう。

教科書 122～125、134～135ページ　答え 28ページ

次の(　)にあてはまる言葉をかこう。

1 火山の活動によって、土地は、どのように変化するのだろうか。

教科書 122～125、134～135ページ

▶火山の活動で、土地の様子が大きく変化することもある。

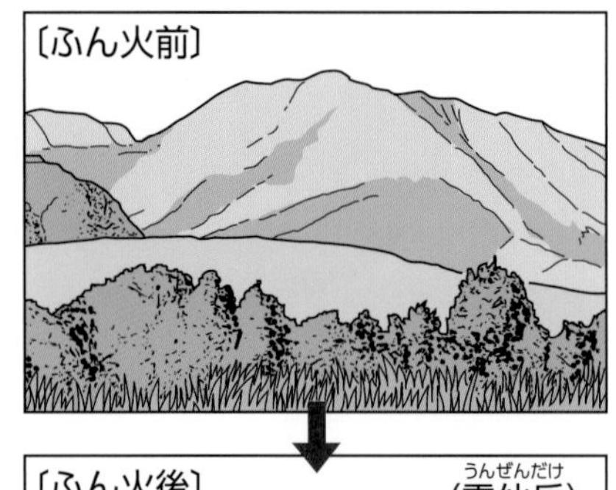

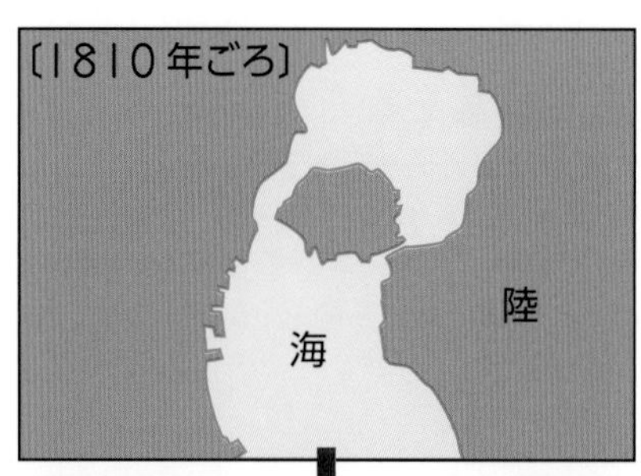

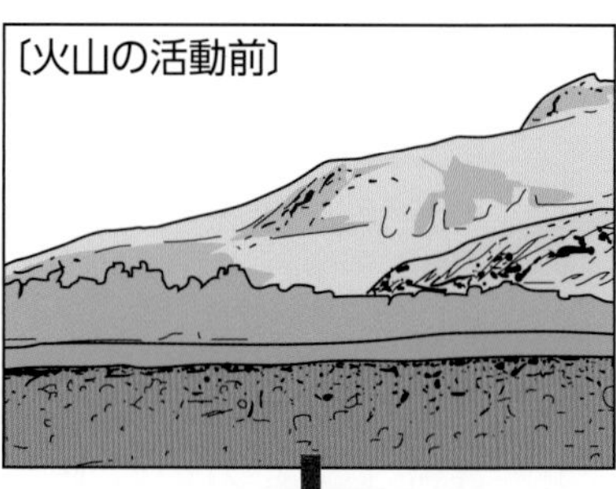

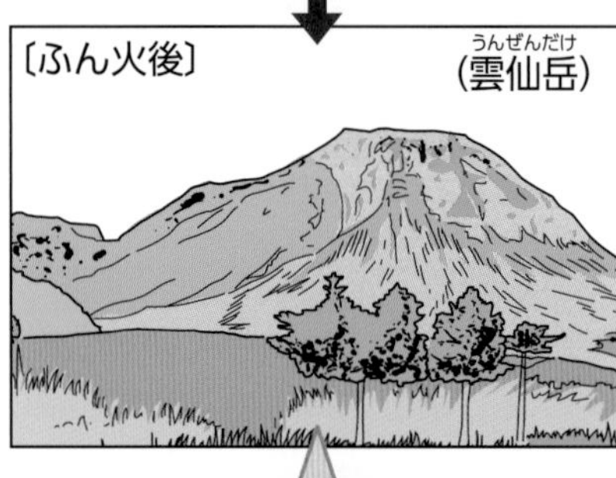

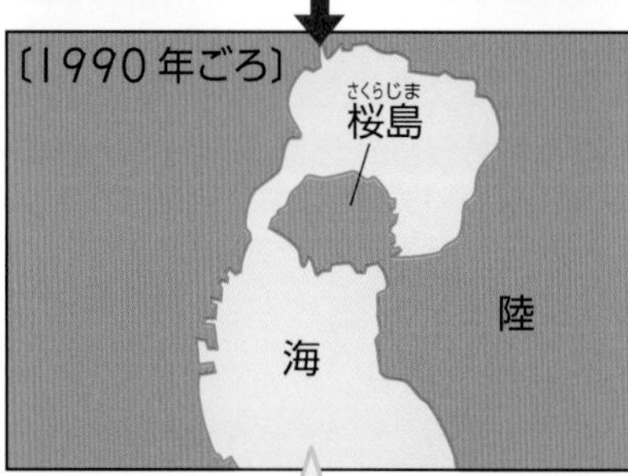

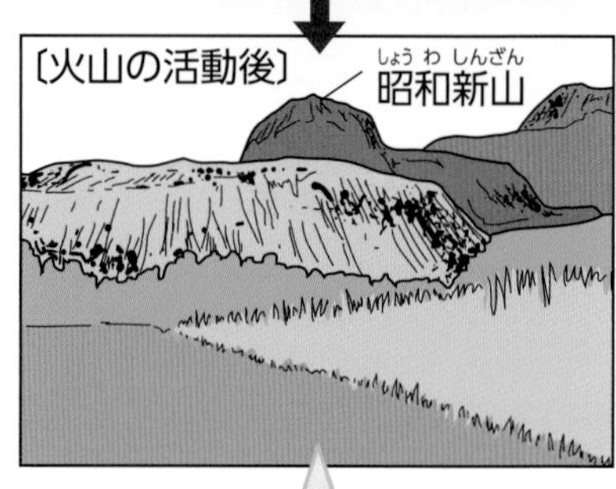

何度もふん火をくり返して、土地の形が変わった。

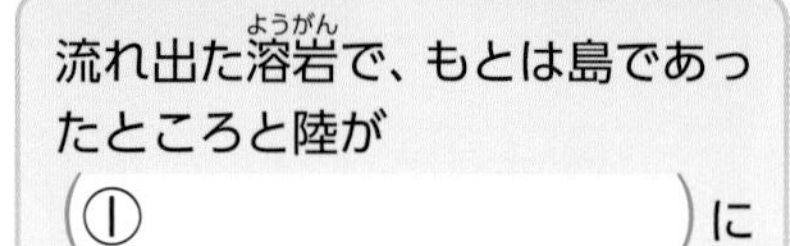
流れ出た溶岩で、もとは島であったところと陸が(①　　　　)になった。

火山の活動で土地が盛り上がり、新しい(②　　　　)ができた。

▶火山がふん火すると、周辺の地域は(③　　　　)や(④　　　　)におおわれ、大きなひ害が生じることもある。火山のふん火によるひ害を防ぐために、(⑤　　　　)で危険性を知らせて、日ごろの準備をよびかけている。

[三原山の(③)]

[桜島の(④)でうもれた鳥居]

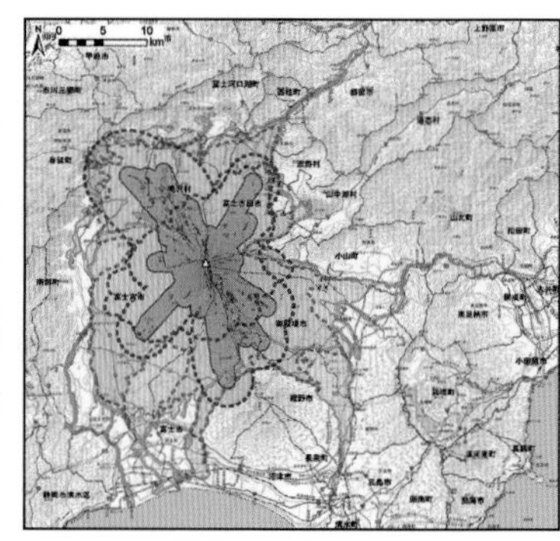
[(⑤)]

ここがだいじ! ①火山の活動によって、土地は、流れ出た溶岩で地面がおおわれたり、地面に火山灰が降り積もったりして、様子が大きく変化することがある。

ぴたトリビア　火山のふん火で「カルデラ」とよばれる広くて大きなくぼ地ができることがあり、そのくぼ地に水がたまって湖になったものは、「カルデラ湖」とよびます。

6. 土地のつくり

③火山や地震(じしん)と土地の変化(1)

★ 地震や火山と災害

教科書 122~125、134~135ページ　答え 28ページ

1 図は、火山の活動で土地が変化した様子を表しています。

①

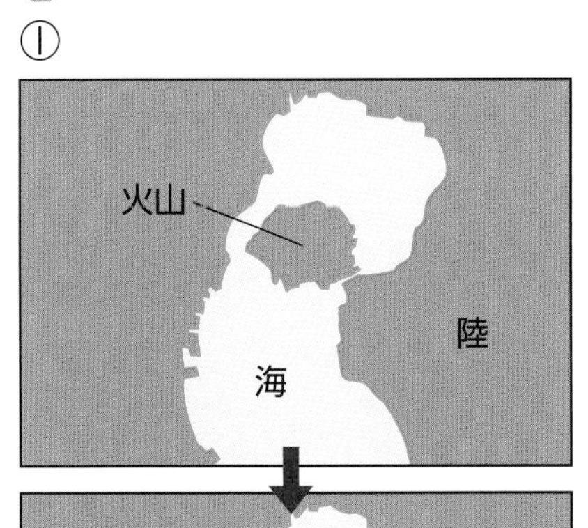

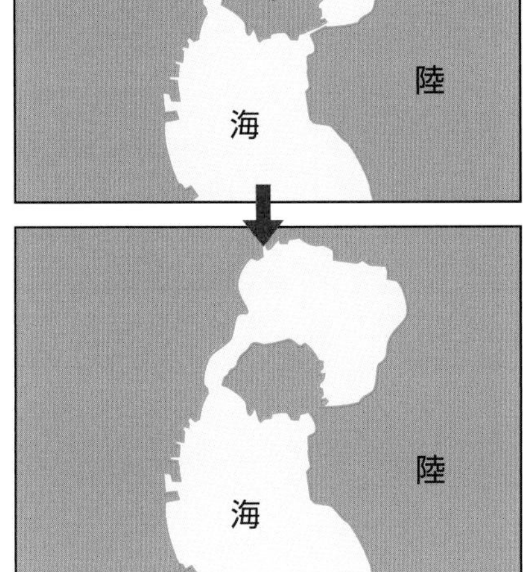

②

③

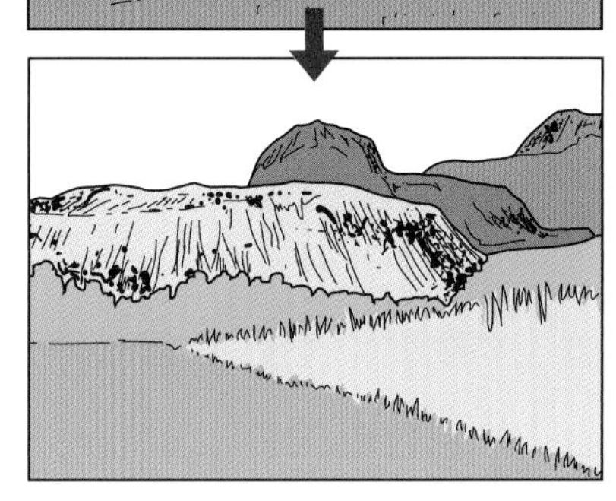

(1) ①~③で表される火山の名前は何ですか。正しいものを線で結びましょう。

①・　　　・昭和新山(しょうわしんざん)

②・　　　・桜島(さくらじま)

③・　　　・雲仙岳(うんぜんだけ)

(2) 次の文は、(1)の①~③の火山の活動で土地がどのように変化したかを説明したものです。(　　)にあてはまる言葉をかきましょう。

①…流れ出た(①　　　　　)で島と陸が地続きになった。
②…何度も(②　　　　　)をくり返して、土地の形が変わった。
③…土地が(③　　　　　)ことで、新しい山ができた。

2 火山がふん火すると、周辺の地域(ちいき)に大きなひ害が生じることもあります。

(1) 1914年の桜島のふん火でうもれた鳥居です。このときに降(ふ)り積もったものを何といいますか。

(　　　　　)

(2) 火山がふん火すると、(1)のもの以外にも火山から出るものがあります。次の文はこのものについて説明した文です。(　　)にあてはまる言葉をかきましょう。

火山から流れ出た(　　　　　)は、火山のまわりの土地をおおうことがある。

ぴったり1 準備

学習日　月　日

6. 土地のつくり

③火山や地震と土地の変化(2)

★ 地震や火山と災害

めあて
地震によって、土地はどのように変化するかを確認しよう。

教科書 126～129、132～133ページ　答え 29ページ

次の(　)にあてはまる言葉をかこう。

1 地震によって、土地は、どのように変化するのだろうか。 教科書 126～129、132～133ページ

▶地震で、土地に大きい力が加わり、土地の様子が大きく変化することもある。

- 土地のずれを(①　　　)という。
- がけなどでは、土地がずれている様子を見ることもできる。
- 以前は海だったところも、土地が(②　　　)なり、陸地になることがある。

▶大きな地震が起こると、建物や道路などがこわれる、地面に(③　　　)ができる、山で(④　　　)が発生するなど、大きく様子が変化することもある。また、海沿いでは(⑤　　　)が発生し、大きなひ害が生じることがある。

▶山で(④)が起きて、くずれた土で(⑥　　　)がせきとめられたりすることもある。

[(③)]

[(④)]

▶地震や(⑤)によるひ害を防ぐために、大きな地震が起こると、強いゆれが発生する時こくを予想し、テレビ・インターネット・ラジオなどで(⑦　　　)を流して注意をよびかけている。

ここが だいじ!
①地震によって、土地は、地割れができたり、山くずれが発生したりして、様子が大きく変化することもある。

ぴたトリビア
火山活動や地震は、ひ害だけでなく、温泉やわき水、美しい景観などをもたらし、生活を豊かにすることもあります。

6. 土地のつくり

③火山や地震(じしん)と土地の変化(2)

★ 地震や火山と災害

教科書 126～129、132～133ページ　答え 29ページ

1 図は、地震でできた土地の変化の様子を表しています。

⑴ 土地に大きな力がはたらくことでできる、土地のずれを何といいますか。

（　　　　）

⑵ 次の文は図の㋐について説明したものです。（　）にあてはまる言葉をかきましょう。

がけなどでは（　　　　）がずれている様子が見られる。

㋐

㋑

⑶ 次の文は土地のずれについて説明したものです。正しいもの２つに○をつけましょう。

ア（　）㋑のような土地のずれが何十年も残ることがある。
イ（　）海だったところが、土地が高くなって陸になることもある。
ウ（　）土地のずれは地表に現れることはない。

2 図１、図２は、大きな地震が起きた地域(ちいき)で生じた土地の変化の様子を表しています。

⑴ 図１のように、地震などで地面にひびが入ったようになることを何といいますか。（　　　　）

⑵ 図２のように、地震などで山から土砂(どしゃ)がなだれこむことを何といいますか。（　　　　）

図１

図２

⑶ 大きな地震が起こると、図１、図２のように大きく土地の様子が変化します。次の①～④で、地震のえいきょうで実際に起こることには○、起こらないことには×をつけましょう。

①（　）⑴が起こり、道が通れなくなった。
②（　）⑴が起こり、陸と陸がくっついた。
③（　）⑵が起こり、川がせき止められた。
④（　）⑵が起こり、道がつながった。

6. 土地のつくり
★ 地震や火山と災害

教科書 106〜137ページ　答え 30ページ

よく出る

1 図は、あるがけの様子を調べたときのスケッチです。 各5点(20点)

(1) ㋐と㋒の層を比べたとき、どのようなことがいえますか。正しいもの１つに○をつけましょう。

ア(　　)層ができた場所がちがう。

イ(　　)層ができた時代がちがう。

ウ(　　)２つの層にちがいはない。

(2) ㋐〜㋔の層の表面を調べると、手ざわりがぬるぬるしていて、つぶが見えないものがありました。それは、どの層ですか。(　　)

(3) ㋓の層ができたとき、どのようなことが起こったと考えられますか。

(　　　　　　　　)

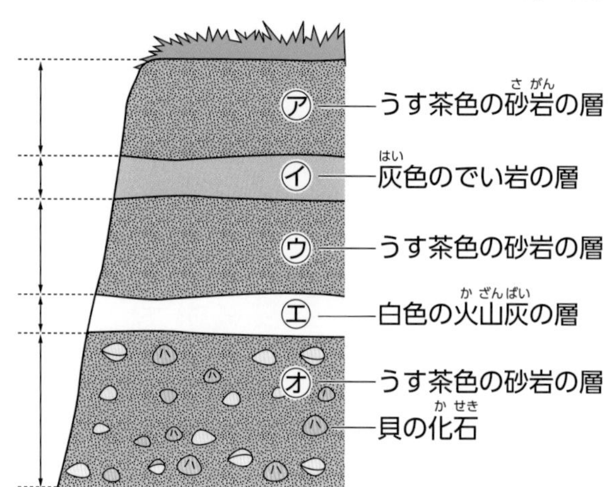

(4) ㋔の層ができたとき、この場所はどのようなところであったと考えられますか。

(　　　　　　　　)

よく出る

2 図のような装置で、れき、砂、どろの混じった土を水で流して、水そうの中に土が積もる様子を観察しました。 技能 各5点(25点)

(1) 作図 １回めに土を流したとき、水そうの中はどのようになりましたか。下の図に、土が積もった様子をかきましょう。ただし、どろの部分は▨、れきと砂の部分は⛬で表すこととします。

(2) 作図 ２回めに土を流したとき、水そうの中はどのようになりましたか。右の図に、土が積もった様子をかきましょう。

水　れき、砂、どろの混じった土　水そう　とい

例　(1)　(2)

(3) 次の文は、土地のしま模様ができる仕組みをまとめたものです。(　　)にあてはまる言葉として、正しいほうに○をつけましょう。

> 実験では、といを流れる水が(① 海 ・ 川)、水そうにたまった水が(② 海 ・ 川)を表している。(1)、(2)から、土地のしま模様は、水のはたらきによって、流れこんだ土がつぶの(③ 大きさ ・ 色)ごとに分かれてくり返し積もることでできることがわかる。

3 図１は桜島(鹿児島県)、図２は江の島(神奈川県)で、それぞれ土地が変化した様子を表しています。

各5点(30点)

(1) 図１で、土地の変化を生じた原因であり、火山から出されたものは何ですか。２つ答えましょう。

(　　　　　　　)
(　　　　　　　)

図１

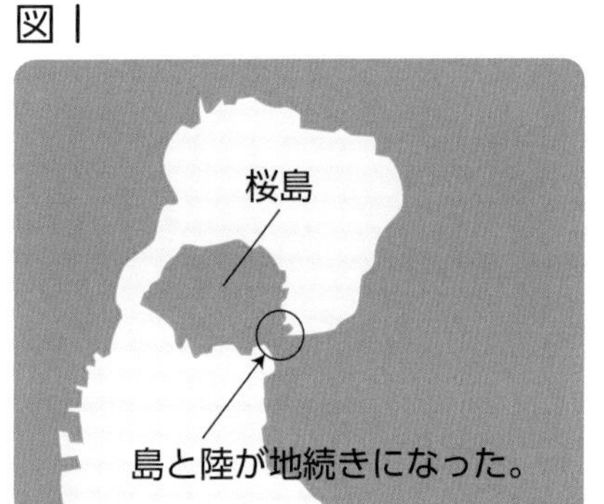

図２

(2) 次の文は、図２で生じた土地の変化を説明したものです。(　　)にあてはまる言葉をかきましょう。

(①　　　　　　)が起こり、土地がずれて高くなったため、以前は海底だったところが(②　　　　　　)になったり、砂はまが現れたりしている。

(3) 次の文は、地震や火山による災害を防ぐための対策について説明したものです。(　　)にあてはまる言葉をかきましょう。

大きな地震が起こると、各地で強いゆれが発生する時こくを予想し、テレビやラジオ、インターネットなどで(①　　　　　　)を流し、注意をよびかけています。
(②　　　　　　)は、火山がふん火したときに周辺の地域でどのような危険があるかを知らせるために作られたものです。

できたらスゴイ！

4 図は、校庭のボーリング試料を、深いところから順に積み重ねていったものを表しています。

思考・表現　各5点(25点)

(1) ㋐の地点をほり取ったとき、どのような層が出てきますか。上から順に３つかきましょう。

１番め(　　　　　　)
２番め(　　　　　　)
３番め(　　　　　　)

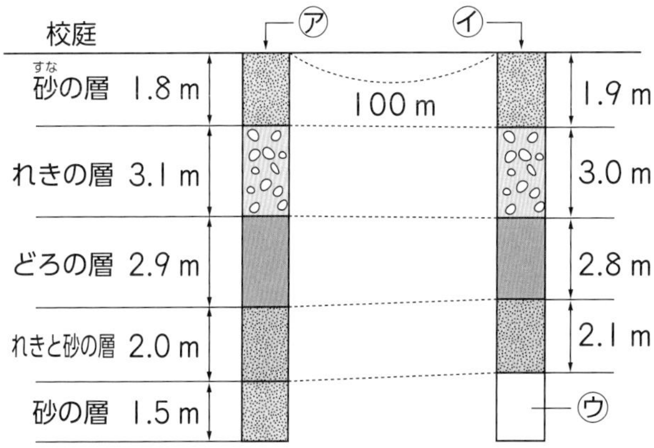

(2) ㋑の地点で、6mの深さのところは、何の層ですか。

(　　　　　　)

校庭　㋐　㋑
100 m

㋐		㋑
砂の層	1.8 m	1.9 m
れきの層	3.1 m	3.0 m
どろの層	2.9 m	2.8 m
れきと砂の層	2.0 m	2.1 m
砂の層	1.5 m	㋒

(3) ㋑の地点のボーリング試料で、㋒の部分がわかりませんでした。㋒の部分は、どのような層であると考えられますか。

(　　　　　　)

ふりかえり
❷の問題がわからないときは、48ページの❷にもどって確認しましょう。
❹の問題がわからないときは、48ページの❶にもどって確認しましょう。

7. 月の見え方と太陽(1)

学習日　月　日

めあて
月が光っている側には、いつも太陽があることを確認しよう。

教科書 140～143ページ　答え 31ページ

次の(　)にあてはまる言葉をかくか、あてはまるものを○で囲もう。

1 月の光っている側には、いつも太陽があるのだろうか。

教科書 140～143ページ

▶太陽の位置の調べ方

太陽の(①　　　)

棒の長さ

かげ

太陽の方位

かげの(②　　　)

方眼紙に棒の長さとかげの長さをかき写して、(③　　　)の高さを調べる。

▶月の位置の調べ方

月の(④　　　)

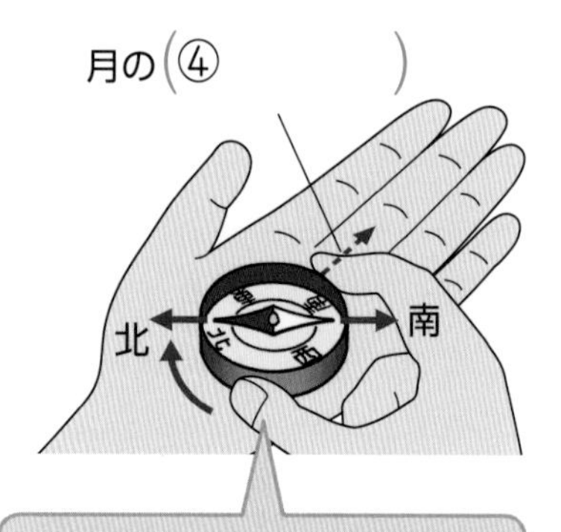

❶手のひらに方位磁針を置き、月の方向に指先を向ける。
❷文字ばんを回して針の色をぬってあるほうと、文字ばんの(⑤　　　)を合わせ、指先の向いている文字ばんの方位を読む。

月の(⑥　　　)

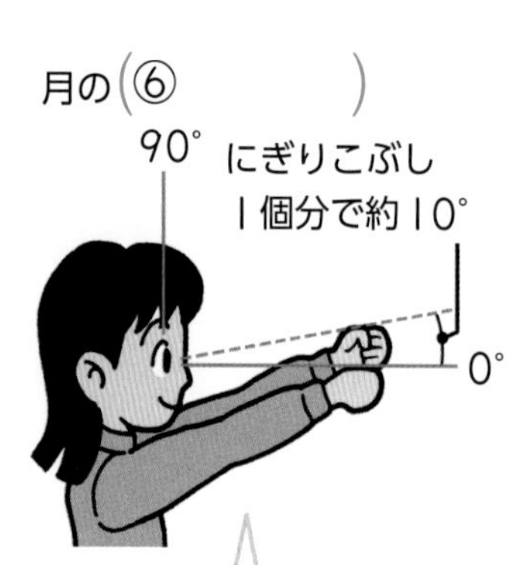

目の高さを基準にして、うでをのばしたとき、にぎりこぶし何個分かで角度を調べる。

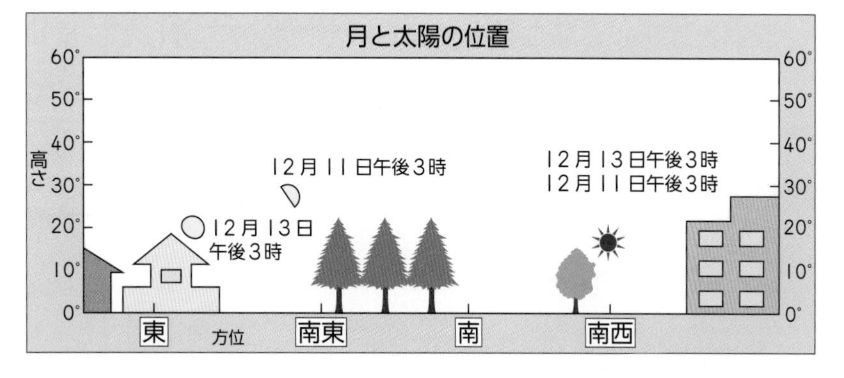

記録用紙には、目印となる建物や木などをかいて、月が見えた形をかこう。また、調べた日時も忘れずに記録しよう。

▶月の見え方は、日によって(⑦　ちがう　・　変わらない　)。
▶月の光っている側に、いつも(⑧　太陽　・　雲　)がある。

ここがだいじ!
①月の光っている側には、いつも太陽がある。

ぴたトリビア　月は自ら光を出しているのではなく、太陽の光を受けて光っているため、月の光っている側に太陽があります。

7. 月の見え方と太陽(1)

教科書 140〜143ページ　答え 31ページ

1 図1〜3のようにして、太陽や月の位置を調べました。

図1

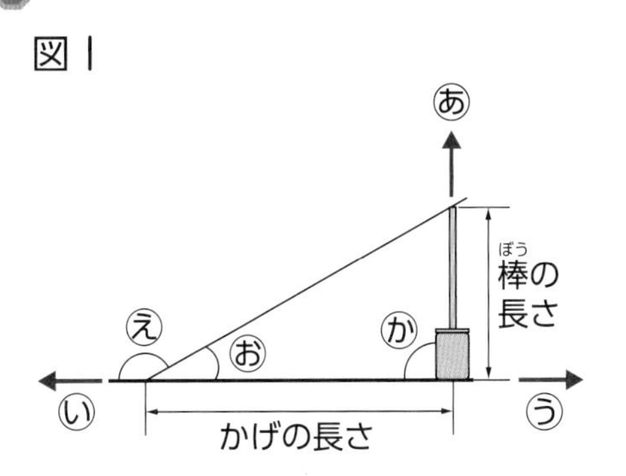

図2

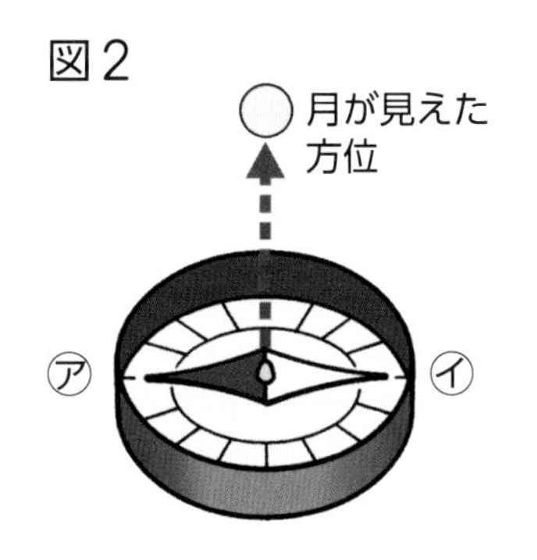

図3

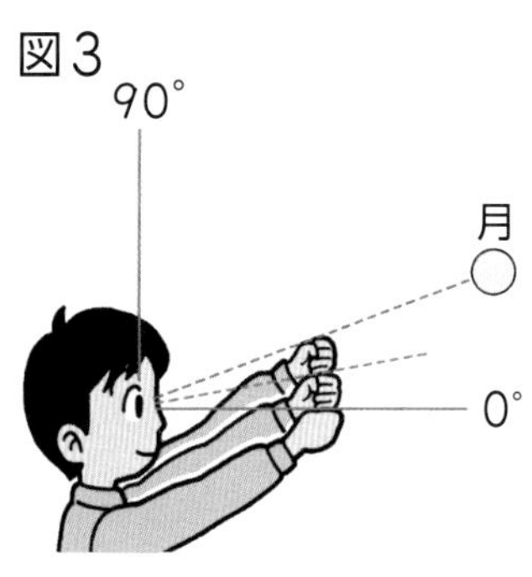

(1) 図1で、太陽の方位を表しているのは、あ〜うのどれですか。（　　）

(2) 図1で、太陽の高さを表しているのは、え〜かのどれですか。（　　）

(3) 太陽を調べるとき、注意しなければならないことは何ですか。
（　　　　　　　　　　　　　　　　）

(4) 図2の方位磁針で、北を指しているのは、ア、イのどちらですか。（　　）

(5) 図2から、月が見えた方位を読み取りましょう。（　　）

(6) 図3のとき、月の高さは約何°ですか。（　　）

2 月を観察して、記録用紙にかきこみました。

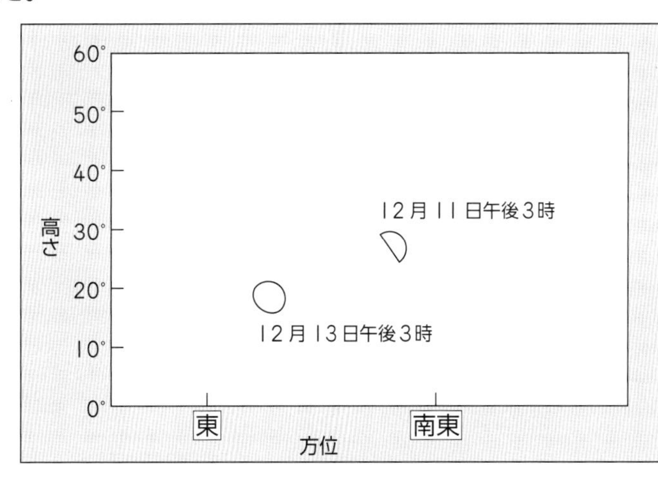

(1) 12月11日と13日の午後3時に見える月を観察しました。このとき、太陽はどの方位にありますか。正しいものに○をつけましょう。

ア（　）北東　　イ（　）南東
ウ（　）南西　　エ（　）北西

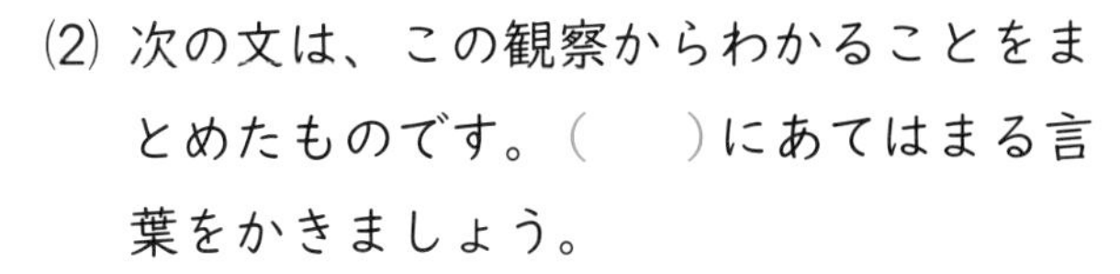

(2) 次の文は、この観察からわかることをまとめたものです。（　）にあてはまる言葉をかきましょう。

> 月の見え方は、日によって（①　　　　）が、月の光っている側に、いつも（②　　　　）がある。

(3) この観察記録にかきたすとよいことは何ですか。あてはまるものを［　］のあ〜えから選びましょう。（　　）

あ天気　　い気温　　う目印となる建物や木　　え観察したときの人数

ヒント 1 太陽は、東から南の空の高いところを通り、西へと動きます。

ぴったり1

準備

7. 月の見え方と太陽(2)

学習日　月　日

めあて
月の見え方は、月と太陽の位置関係で決まることを確認しよう。

教科書 144〜147ページ　答え 32ページ

次の(　)にあてはまる言葉をかこう。

1 月の見え方は、月や太陽の位置とどのような関係があるのだろうか。

教科書 144〜147ページ

▶観察する人から見た、ボールとライトの角度を変えて、ボールの見え方を調べる。人、ボール、ライトが何にあたるかを考えて、①〜③の(　)に、〔月・太陽・地球〕から正しいものを選んでかきましょう。

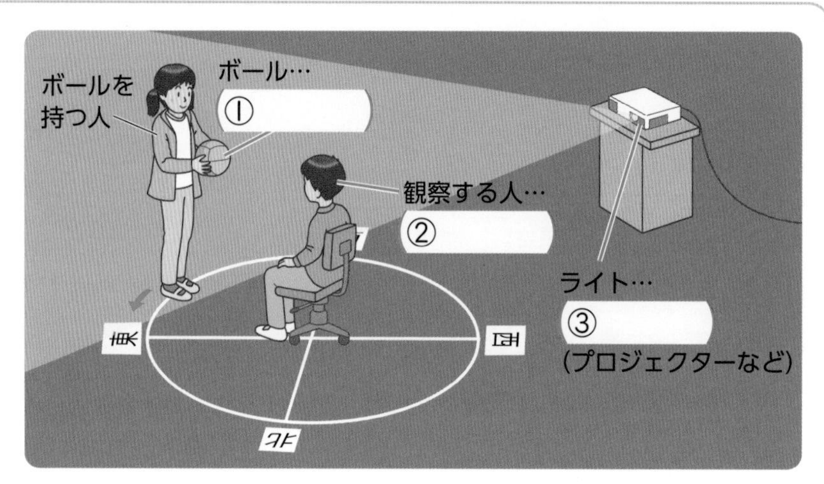

▶ボールとライトの(④　　　)の関係を変えることで、ボールの光っている部分の見え方も変わる。

▶１か月間、月の見え方を観察した。⑤〜⑨にあてはまる言葉を〔　〕から選んで□にかきましょう。

〔新月　満月　三日月（みかづき）　上弦の月（じょうげん）　下弦の月（かげん）〕

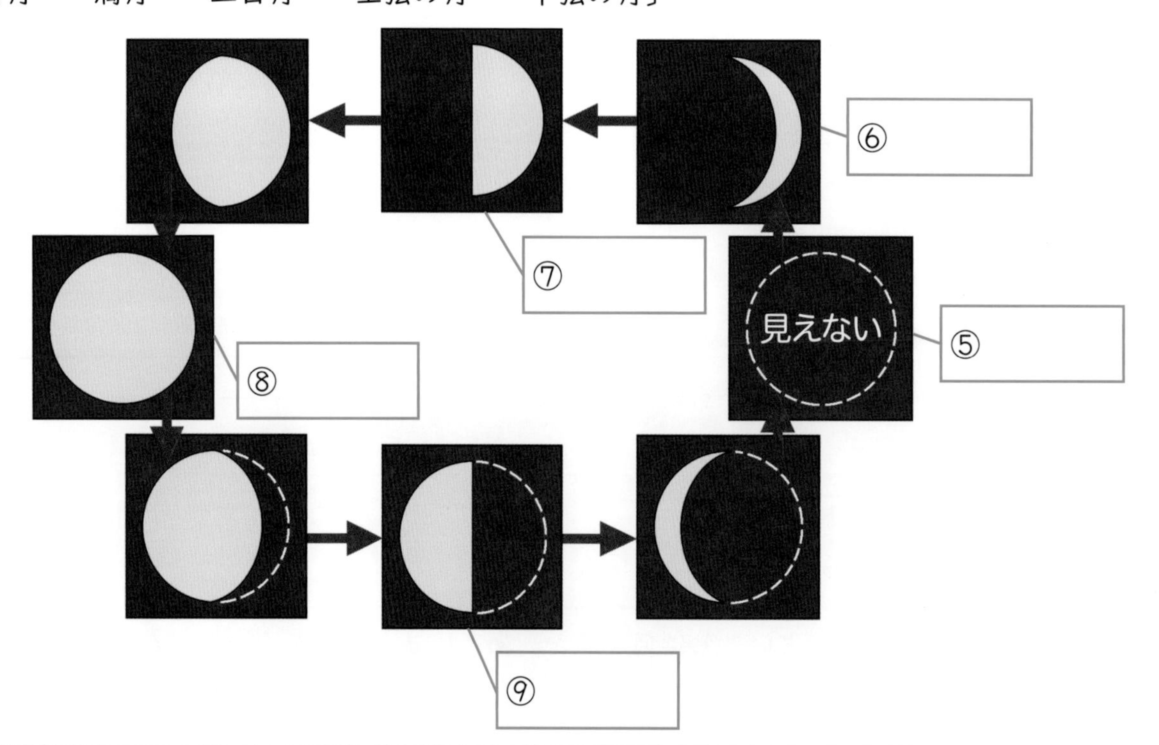

ここがだいじ！
①月の見え方は、観察する人から見た月と太陽の位置の関係によって決まり、月と太陽の角度が大きいほど、月の形は丸く見える。

ぴたトリビア　地球は太陽の周りを回っていて、「わく星」といいます。そのわく星の周りを回っている月のような天体を「衛星」といいます。

学習日 月 日

7. 月の見え方と太陽(2)

教科書 144〜147ページ 答え 32ページ

1 月の見え方が変わるわけを調べる実験をします。

(1) 図のア〜ウは、それぞれ何に見立てられていますか。正しいものを線で結びましょう。

ア・　　・地球
イ・　　・月
ウ・　　・太陽

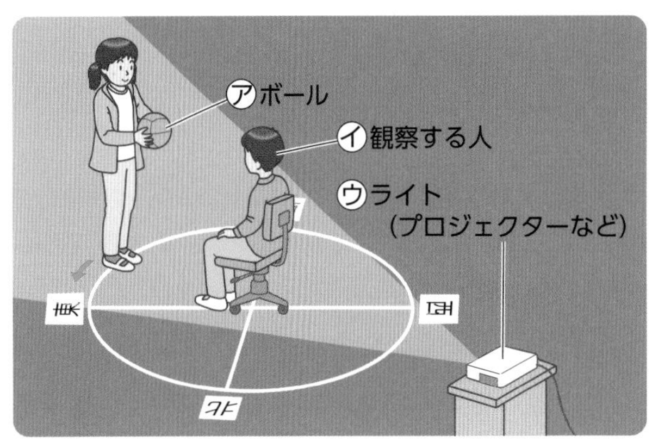

(2) ボールが図の位置にあるときと同じように見える月の形を何といいますか。

(　　　　)

2 下の図は、地球と月の位置の関係を表しています。

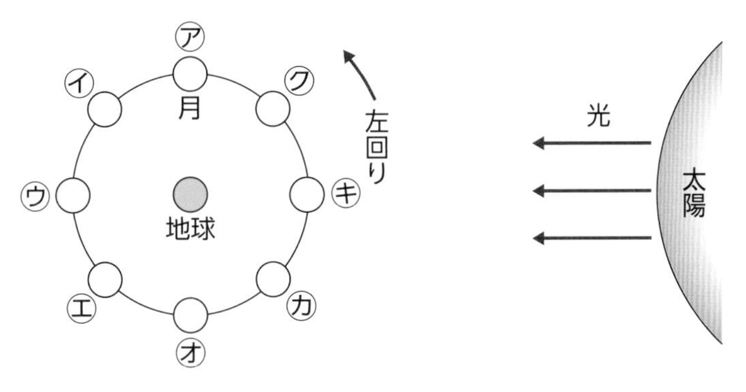

下の①〜⑧の図は、地球から見た月の形を表しています。それぞれの形に見えるときの月の位置を、上の図のア〜クから選びましょう。

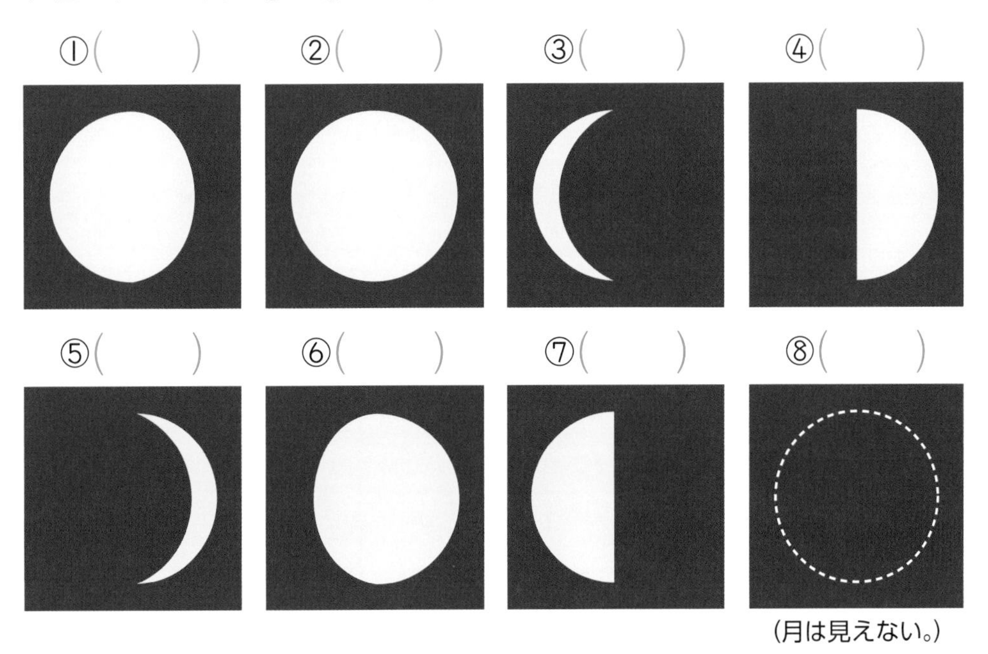

7. 月の見え方と太陽

教科書 138〜149ページ　答え 33ページ

よく出る

1 月と太陽の位置と、月の形の変化について調べました。

(1)は全部できて10点、(2)は各10点(40点)

(1) ボールとライトを使って、月の見え方と形の変化について調べるとき、どのようにすればよいですか。次の文の(　　)にあてはまる言葉をかきましょう。 技能

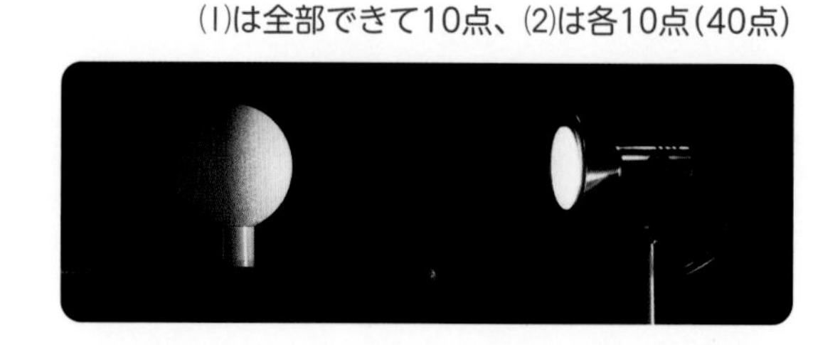

月は、(①　　　　)の形をしていて、(②　　　　)の光が当たっている部分だけが明るく光って見える。
そこで、暗くした部屋で(③　　　　)に見立てたボールに、太陽に見立てたライトの光を当てて、観察する人からボールがどのように見えるのかを調べる。

(2) 作図 月の形と太陽の位置の関係を調べると、図のようになりました。**イ**、**ウ**、**カ**のとき、観察する人から見て月はどのような形に見えますか。月の見えない部分を、えんぴつでぬりましょう。

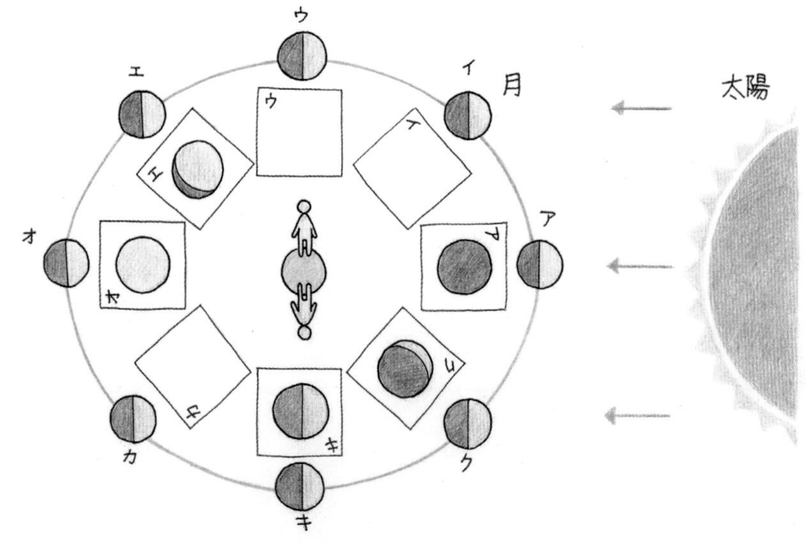

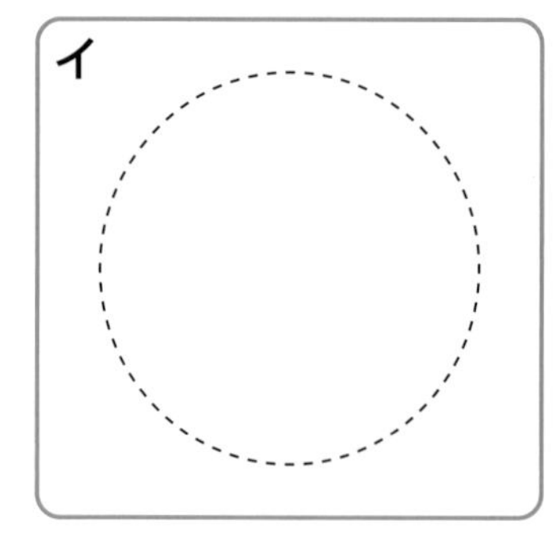

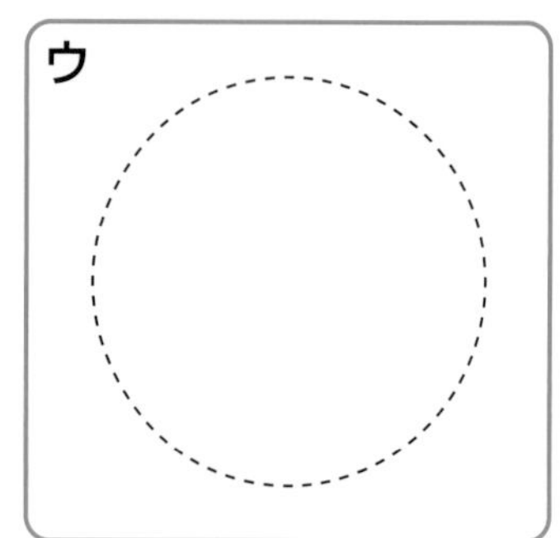

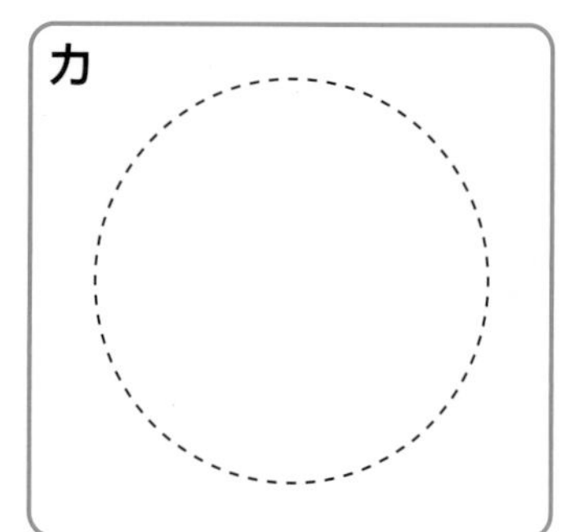

❷ 月の形や見え方について調べました。

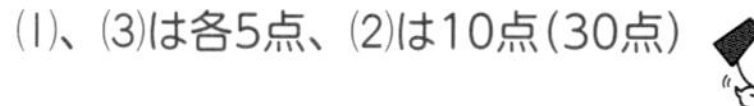

(1)、(3)は各5点、(2)は10点(30点)

(1) ①は半月(上弦(じょうげん)の月)です。②～④の月の名前をかきましょう。

①半月(上弦の月)　②(　　　　　)　③(　　　　　)　④(　　　　　)

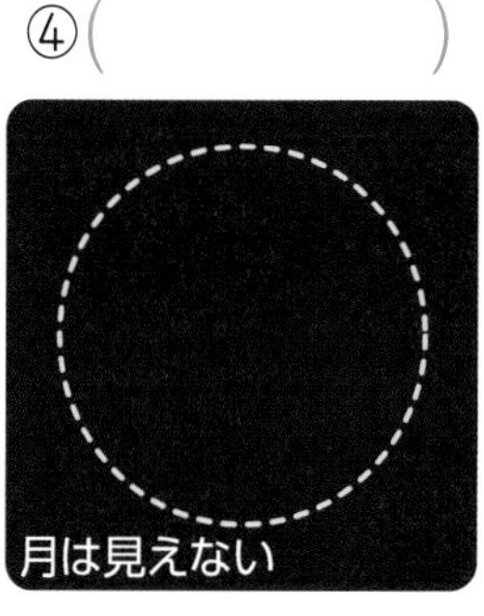

(2) 10月9日と10月12日の午後5時に、見える月の形と月の位置を観察して記録しました。太陽は東、西、南、北のどちらのほうにありましたか。

(　　　　)

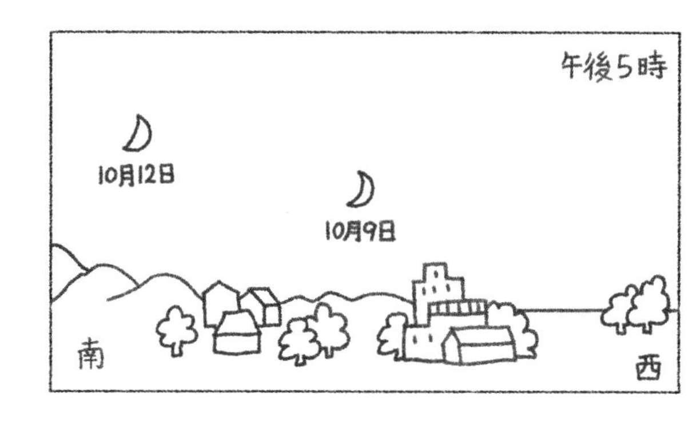

(3) 月と太陽の位置関係はどのようになっていますか。正しいものに○をつけましょう。

①(　　)太陽は、月の暗い側にある。

②(　　)太陽は、月の光っている側にある。

③(　　)月の形と太陽の位置の関係に、きまりはない。

できたらスゴイ！

❸ 図のように、半月(下弦(かげん)の月)が南の空に出ていました。

思考・表現　各10点(30点)

(1) このとき、太陽は東のほうか、西のほうか、どちらにありますか。

(　　　　　)

(2) 図のようになるのは、明け方、昼ごろ、夕方、夜中のいつですか。

(　　　　　)

(3) この月が西にしずむのは、明け方、昼ごろ、夕方、夜中のいつですか。

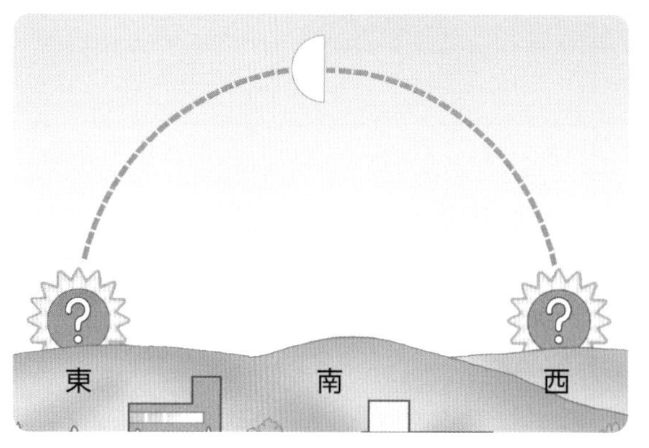

この本の終わりにある「冬のチャレンジテスト」をやってみよう！

❶の問題がわからないときは、62ページの❶にもどって確認(かくにん)しましょう。
❸の問題がわからないときは、60ページの❶にもどって確認しましょう。

ぴったり1 準備

3分でまとめ

8. 水溶液（すいようえき）

①水溶液の性質(1)

学習日　　月　　日

めあて いろいろな視点から、5つの水溶液の性質のちがいについて確認しよう。

教科書 150〜158ページ　答え 34ページ

次の(　)にあてはまる言葉をかこう。

1 5種類の水溶液には、どのような性質のちがいがあるのだろうか。 教科書 150〜158ページ

▶水溶液の性質

	塩酸	炭酸水	食塩水	石灰水（せっかいすい）	アンモニア水
見た様子	色がなく とうめい	(① 　) が出ている	色がなく とうめい	(② 　)	色がなく とうめい
におい	(③ 　)	(④ 　)	ない	ない	(⑤ 　)
水を蒸発（じょうはつ）させたときの様子	何も出てこない	何も出てこない	(⑥ 　) が出る	(⑦ 　) が出る	(⑧ 　)
二酸化炭素をふれさせたときの変化	変化しない	変化しない	変化しない	(⑨ 　)	変化しない

▶リトマス紙の変化と水溶液の性質

水溶液の性質	(⑩ 　)性	(⑪ 　)性	(⑫ 　)性
リトマス紙の色の変化	赤色 → 赤色	赤色 → 赤色	赤色 → 青色
	青色 → 赤色	青色 → 青色	青色 → 青色

水溶液		塩酸	炭酸水	食塩水	石灰水	アンモニア水
リトマス紙の色の変化	赤色	→赤色	→赤色	→赤色	→(⑬ 　)色	→(⑭ 　)色
	青色	→(⑮ 　)色	→(⑯ 　)色	→(⑰ 　)色	→青色	→青色
性質		→(⑱ 　)性	→(⑲ 　)性	→(⑳ 　)性	→(㉑ 　)性	→(㉒ 　)性

ここが だいじ! ①水溶液はリトマス紙の色の変化によって、酸性・中性・アルカリ性の3つに分けることができる。

ぴたトリビア リトマス紙の「リトマス」の名前は、リトマスゴケというコケに由来しています。

8. 水溶液（すいようえき）

①水溶液の性質(1)

教科書 150～158ページ　答え 34ページ

1 塩酸、炭酸水、石灰水（せっかいすい）、アンモニア水、食塩水の５種類の水溶液の見た様子やにおい、水を蒸発（じょうはつ）させたときの様子を調べました。

(1) 水溶液の見た様子とにおいを調べる方法として、正しいものを２つ選び、○をつけましょう。

ア（　　）白い紙にかざして色を見る。
イ（　　）黒い紙にかざして色を見る。
ウ（　　）鼻を近づけて、直接においをかぐ。
エ（　　）手で手前にあおぐようにして、においをかぐ。

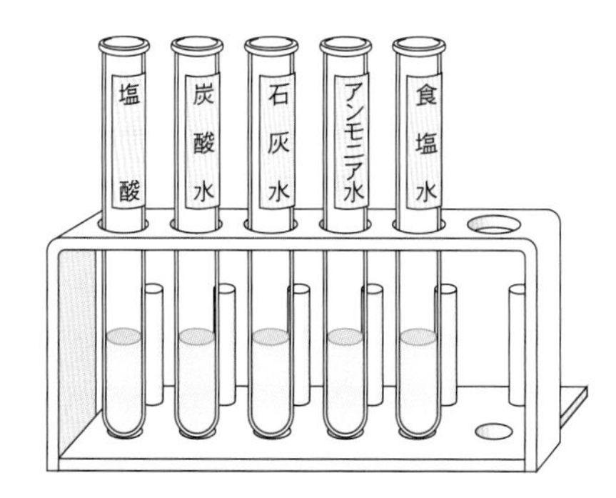

(2) ５種類の水溶液のうち、あわが出ているものが１つありました。どれですか。

（　　　　　　　　）

(3) ５種類の水溶液のうち、においのするものが２つありました。どれとどれですか。

（　　　　　　　　）と（　　　　　　　　）

(4) 水溶液をスライドガラスに１てきずつとって水を蒸発させると、２つのスライドガラスに白い固体が出て、あとのスライドガラスには何も出ませんでした。白い固体が出た水溶液は、どれとどれですか。

（　　　　　　　　）と（　　　　　　　　）

2 塩酸とアンモニア水をリトマス紙につけて、色の変化を調べました。

(1) 色が変わったリトマス紙の色の変化をそれぞれかきましょう。

塩酸：（　　　　）色→（　　　　）色
アンモニア水：（　　　　）色→（　　　　）色

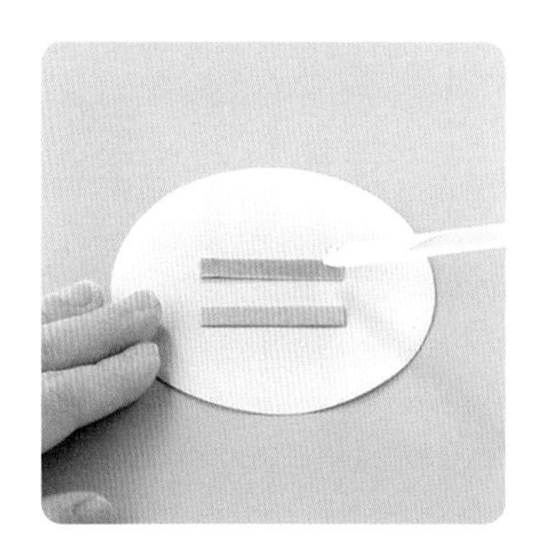

(2) それぞれの水溶液の性質は、何性ですか。

塩酸：（　　　　　　　　）性
アンモニア水：（　　　　　　　　）性

(3) 表は、リトマス紙の色の変化と水溶液の性質をまとめたものです。（　）にあてはまる言葉をかきましょう。

リトマス紙の色の変化	水溶液の性質
赤色 → 赤色 青色 → 赤色	（①　　　　）性
赤色 → 青色 青色 → 青色	（②　　　　）性
赤色 → 赤色 青色 → 青色	（③　　　　）性

8. 水溶液（すいようえき）

①水溶液の性質(2)

学習日　　月　　日

めあて
気体がとけている水溶液には、何がとけているか確認しよう。

教科書 160～162ページ　答え 35ページ

次の(　　)にあてはまる言葉をかこう。

1 水溶液には、気体がとけているものがあるのだろうか。

教科書 160～162ページ

〔実験〕

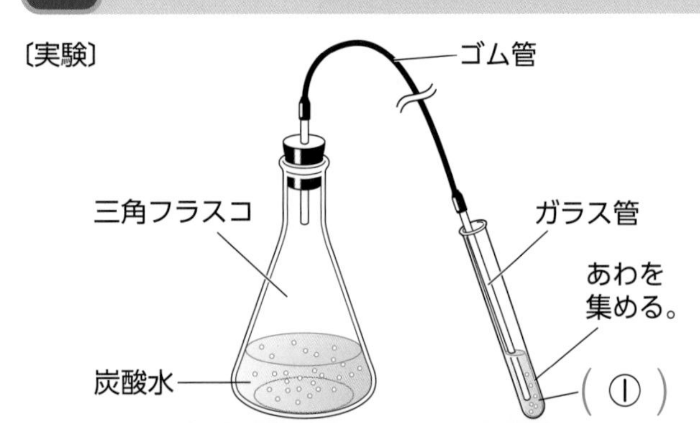

▶ガラス管を試験管の中に差しこみ、炭酸水から出ている気体を(①　　　　　)にふれさせる。

〔結果〕

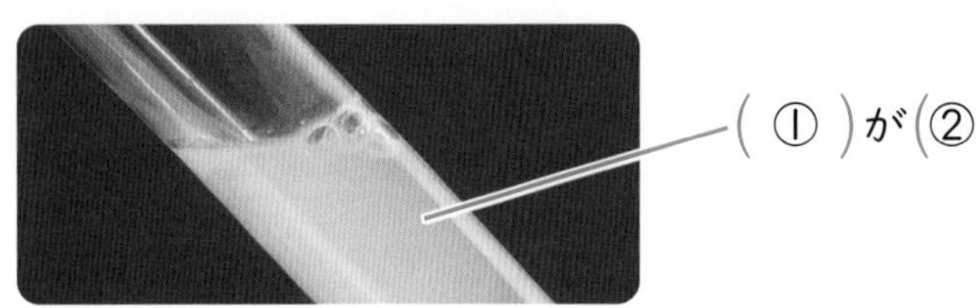

(①)が(②　　　　　　　　)

▶実験の結果から、炭酸水から出ている気体は(③　　　　　　　　)であることがわかる。

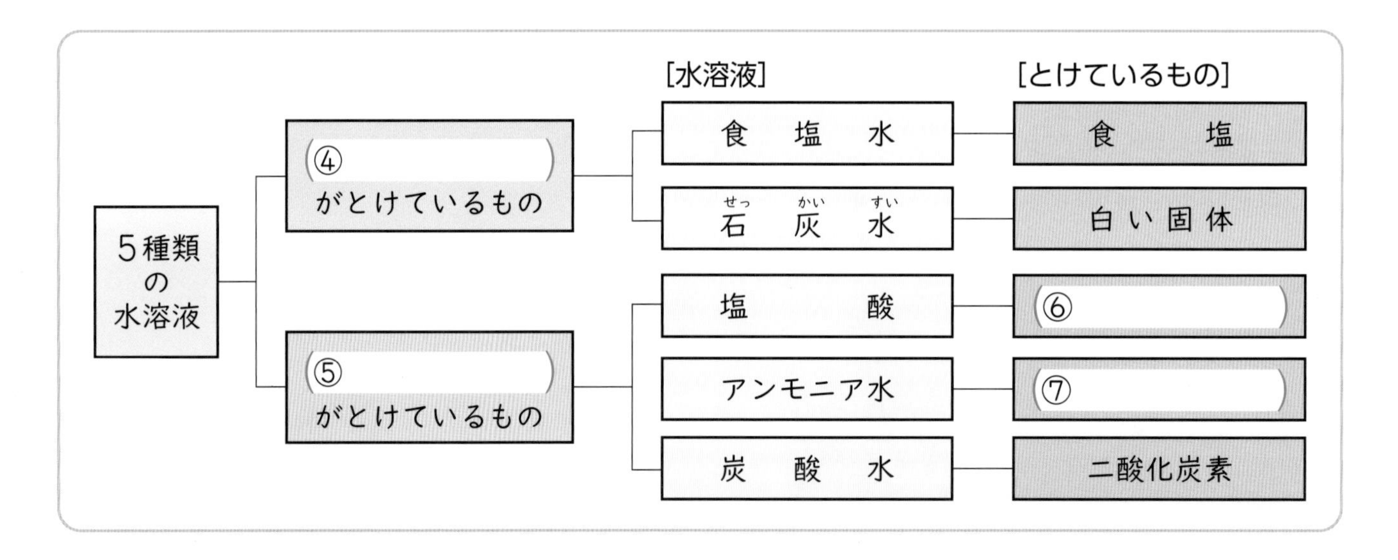

▶水を蒸発（じょうはつ）させたとき、何も出てこなかった水溶液には、(⑧　　　　)がとけている。

ここがだいじ！
①水溶液には、気体がとけているものがある。
②塩酸には塩化水素(気体)、アンモニア水にはアンモニア(気体)、炭酸水には二酸化炭素(気体)がとけている。

固体で水にとけやすいものととけにくいものがあるように、気体にも水にとけやすいものととけにくいものがあります。

1 図のように、3種類の水溶液をスライドガラスに1てきずつとり、水を蒸発させました。

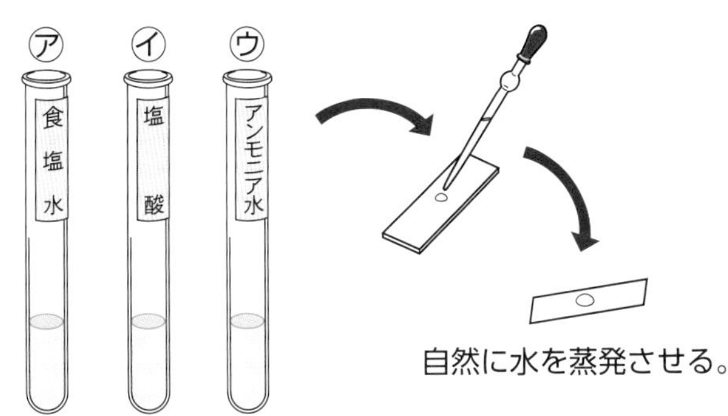

(1) ㋐～㋒のうち、水を蒸発させたあとに白い固体が残ったものはどれですか。

(　　　　)

(2) ㋐～㋒のうち、水を蒸発させたあとに何も残らなかったものはどれですか。すべて選びましょう。

(　　　　)

(3) (2)の何も残らなかった水溶液に、とけていたものは何ですか。正しいものに○をつけましょう。

ア(　　)固体　　イ(　　)液体　　ウ(　　)気体

2 炭酸水から出ているあわの正体を調べる実験をしました。

(1) 炭酸水から出ている気体を、試験管の中の石灰水にふれさせました。そのときの石灰水の様子を表しているものはア、イのどちらですか。

(　　)

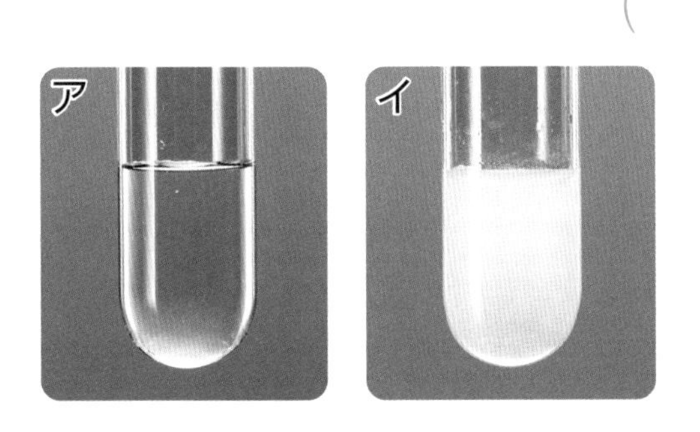

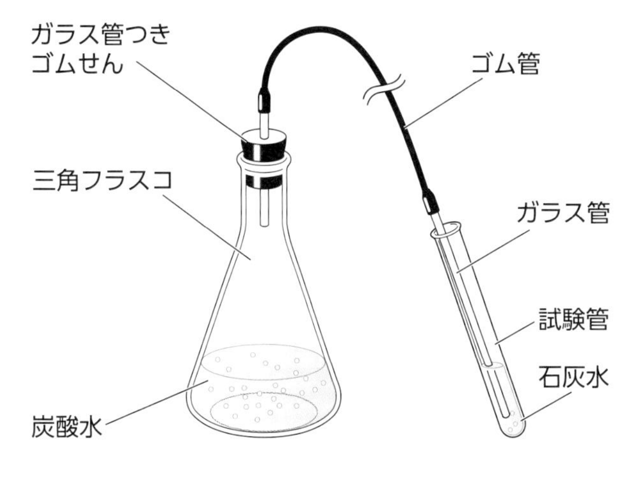

(2) この実験から、炭酸水から出ている気体は何とわかりますか。

(　　　　)

(3) 塩酸やアンモニア水も、それぞれある気体がとけています。それぞれ何がとけていますか。

塩酸(　　　　)

アンモニア水(　　　　)

めあて
アルミニウムに塩酸を注ぐと、どのような変化がみられるか確認しよう。

教科書 163〜166ページ 答え 36ページ

次の(　)にあてはまる言葉をかこう。

1 塩酸にとけたアルミニウムは、どうなるのだろうか。

教科書 163〜166ページ

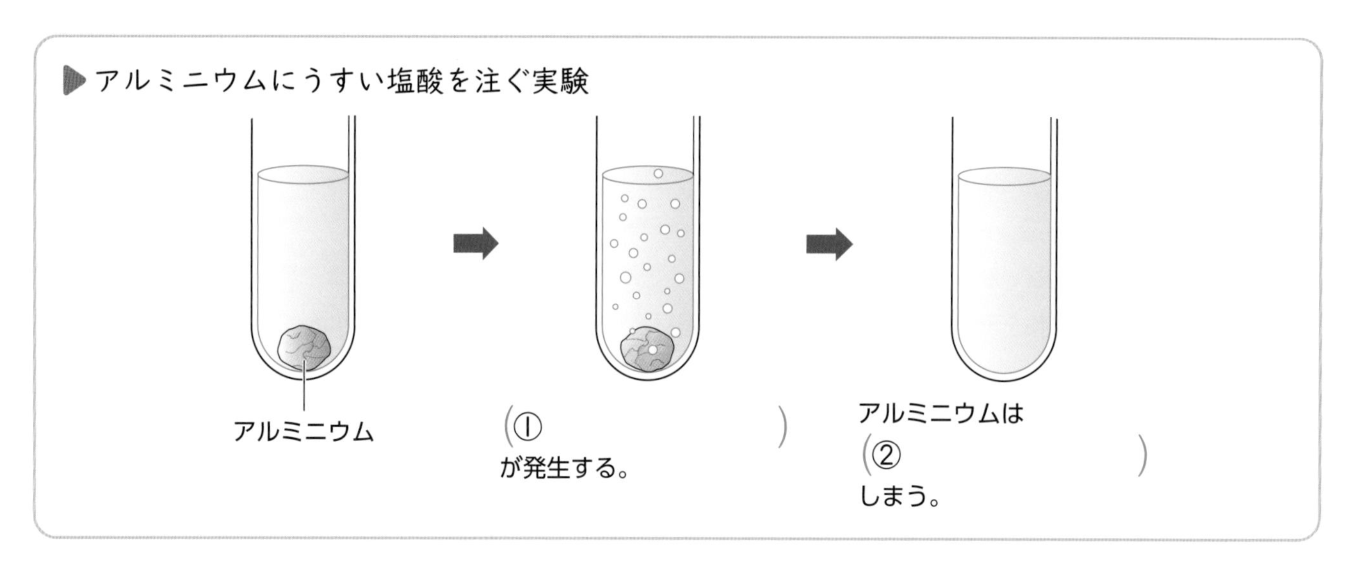

▶塩酸にとけたアルミニウムがどうなったのかを調べる。

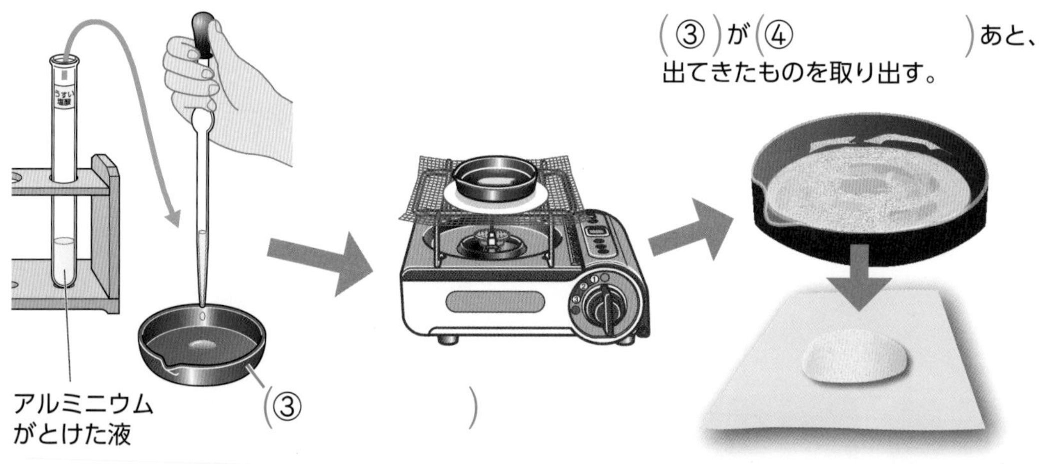

熱しているときに、液や出てきたものが飛び散ると危（あぶ）ないので、保護眼鏡（めがね）をかけて顔を近づけない。

出てきたものは、(⑤　　　)色で、アルミニウムのようなつやはない。

▶アルミニウムがとけた液から(⑥　　　)を蒸発（じょうはつ）させると、とけていたものが出てくる。

▶アルミニウムが塩酸にとけたとき、あわといっしょに出ていったのではなく、(⑦　　　　　)の中に残っていたと考えられる。

ここがだいじ！
①アルミニウムに塩酸を注ぐと、気体が発生して、とける。
②アルミニウムがとけたあとの液から水を蒸発させると、白色の固体が出てくる。

水溶液は、ふれたものを変化させることがあるので、保管する容器に何を使うかには注意が必要です。

8. 水溶液（すいようえき）

②水溶液のはたらき(1)

教科書 163～166ページ　答え 36ページ

1 試験管にアルミニウムを入れ、うすい塩酸を注ぎました。

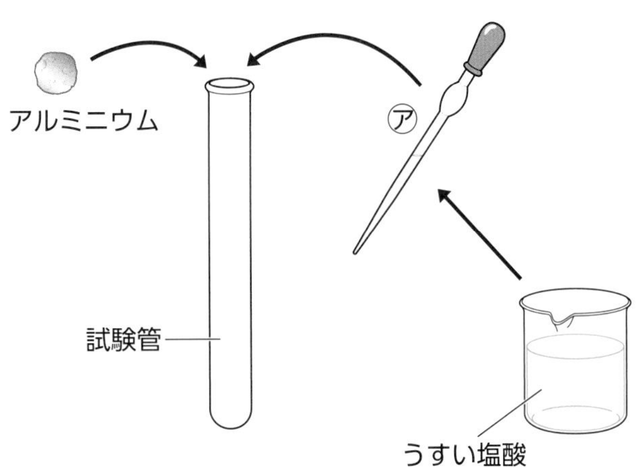

(1) 実験で、うすい塩酸をとるのに用いた㋐の器具を何といいますか。

（　　　　）

(2) アルミニウムにうすい塩酸を注ぐと、どのようになりましたか。正しいものに○をつけましょう。

ア（　）あわが出てきたが、アルミニウムに変化はなかった。

イ（　）アルミニウムから、あわが出てきて、とけていった。

ウ（　）何の変化も見られなかった。

(3) 塩酸には、アルミニウムをとかすはたらきがあるといえますか、いえませんか。

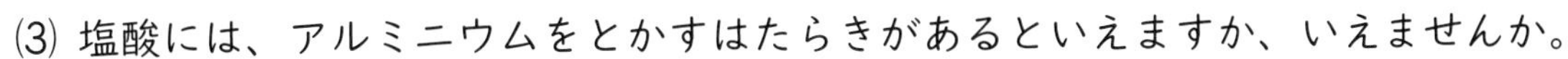

（　　　　）

2 うすい塩酸にアルミニウムがとけた液から、水を蒸発（じょうはつ）させました。

①器具㋐に、アルミニウムがとけた液を移す。

②器具㋐を弱火で熱して、水を蒸発させる。

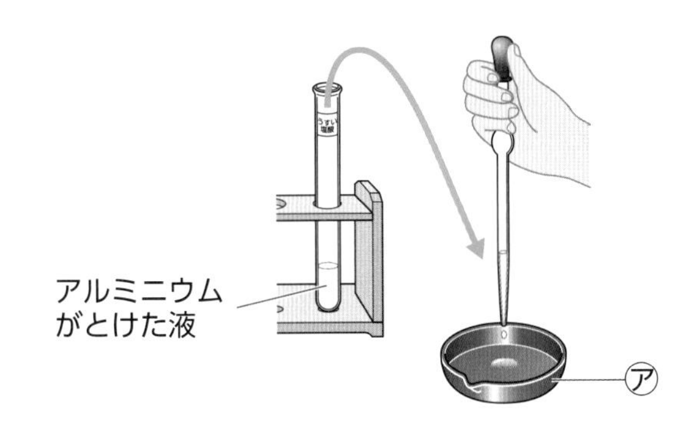

(1) 器具㋐を何といいますか。（　　　　）

(2) この実験中は、どのようなことに注意しなければなりませんか。正しいものに○をつけましょう。

ア（　）室温が上がりすぎないようにする。

イ（　）直接日光が当たらないようにする。

ウ（　）部屋のかん気を十分に行い、発生した気体を吸（す）いこまないようにする。

(3) ②のあと、器具㋐に残っていた固体は何色ですか。

（　　　　）色

8. 水溶液（すいようえき）

②水溶液のはたらき(2)

学習日　　月　　日

めあて
水溶液には金属をとかし、性質を変えるものもあることを確認しよう。

教科書 167～168ページ　答え 37ページ

次の（　）にあてはまるものを○で囲もう。

1 アルミニウムがとけた液から出てきた白い固体と、アルミニウムは、同じものだろうか。

教科書 167～168ページ

▶アルミニウムをうすい塩酸にとかし、アルミニウムがとけた液から出てきた白い固体と、アルミニウムに、それぞれうすい塩酸を注ぐ。

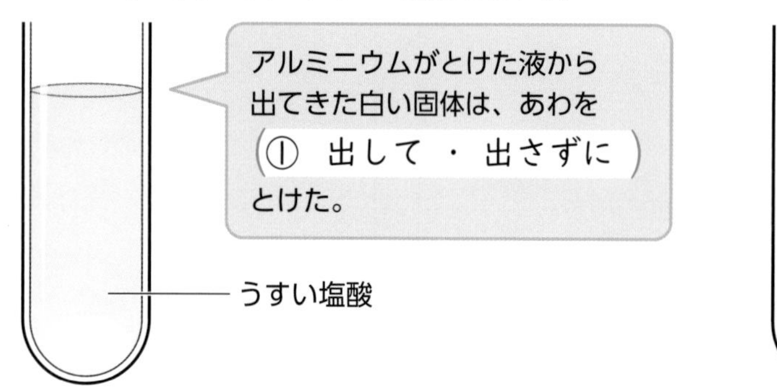

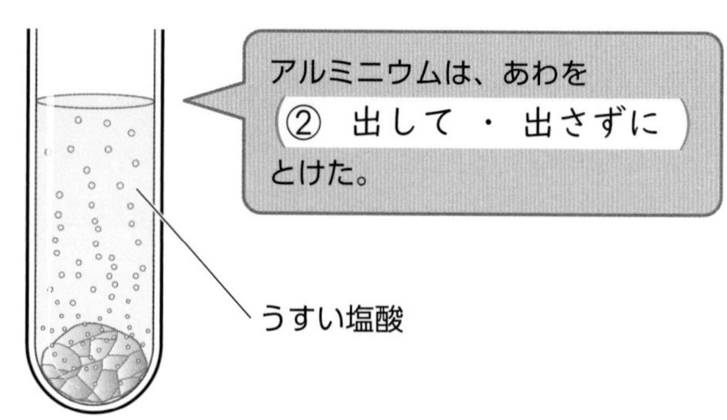

・塩酸へのとけ方がちがうことから、アルミニウムがとけた液から出てきた白い固体とアルミニウムは、（③ 同じ ・ 別の ）ものであるといえる。

▶アルミニウムをうすい塩酸にとかし、アルミニウムがとけた液から出てきた白い固体と、アルミニウムに、それぞれ水を注ぐ。

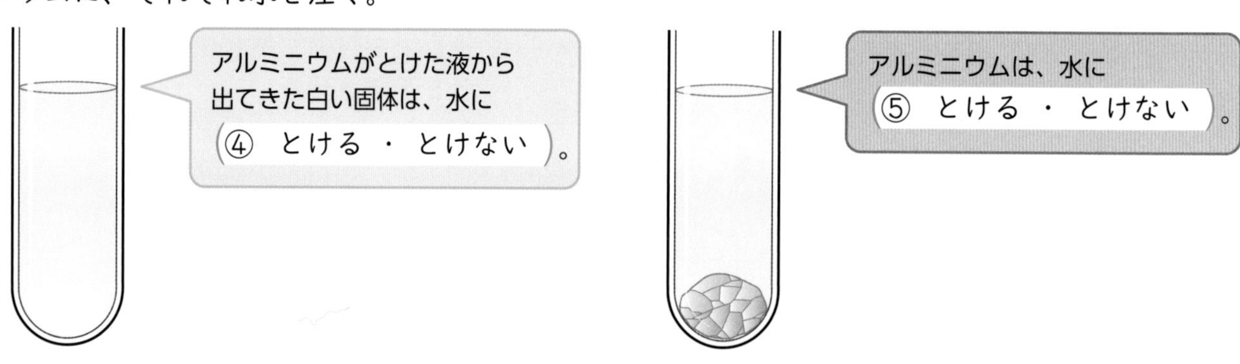

・水へのとけ方がちがうことから、アルミニウムがとけた液から出てきた白い固体とアルミニウムは、（⑥ 同じ ・ 別の ）ものであるといえる。

▶水溶液には、金属を別のものに変化させるはたらきをもつものが（⑦ ある ・ ない ）。

ここが だいじ！

①塩酸にとけたアルミニウムは、元のアルミニウムとは性質のちがう別のものに変化する。

②水溶液には、金属をとかすものがある。水溶液にとけた金属は、性質のちがう別のものに変化する。

ぴたトリビア　ムラサキキャベツのしぼりじるも水溶液の性質によって色が変わるので、酸性・中性・アルカリ性を見分けることができます。

8. 水溶液（すいようえき）

②水溶液のはたらき(2)

教科書 167〜168ページ　答え 37ページ

1 **アルミニウムをうすい塩酸にとかし、アルミニウムがとけた液から出てきた白い固体の性質を調べるために、出てきた白い固体とアルミニウムをそれぞれ試験管に入れて、うすい塩酸を注ぎました。**

(1) このとき、出てきた白い固体の様子を表しているのは、図の㋐、㋑のどちらですか。

（　　）

(2) この実験から、出てきた白い固体が、元のアルミニウムと同じものか別のものかについて考えます。正しいものに○をつけましょう。

ア（　）アルミニウムも出てきた白い固体もうすい塩酸にとけたので、出てきた白い固体は元のアルミニウムと同じものである。

イ（　）アルミニウムをうすい塩酸にとかしたとき、あわとなって液からにげてしまうので、出てきた白い固体は元のアルミニウムと別のものである。

ウ（　）出てきた白い固体にうすい塩酸を注いでもあわが出なかったので、元のアルミニウムと別のものである。

2 **アルミニウムをうすい塩酸にとかし、アルミニウムがとけた液から出てきた白い固体の性質を調べるために、出てきた白い固体とアルミニウムをそれぞれ試験管に入れて、水を注ぎました。**

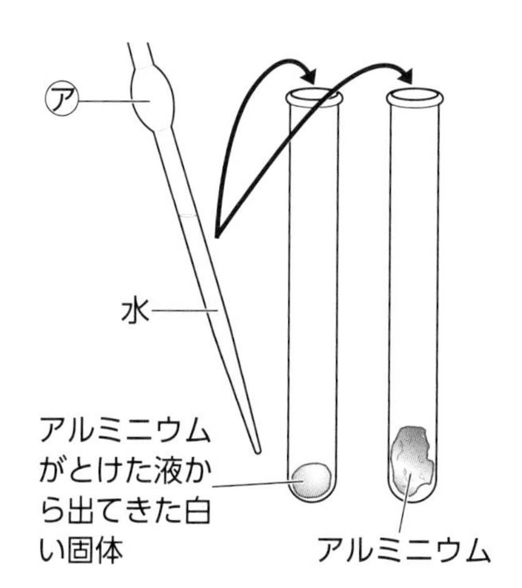

(1) 水を注ぐのに使った、図の㋐の器具を何といいますか。

（　　）

(2) 水にとけたのは、出てきた白い固体かアルミニウムのどちらですか。

（　　）

(3) この実験の結果から、アルミニウムがとけた液から出てきた白い固体とアルミニウムは、同じものといえますか、いえませんか。

（　　）

(4) 水溶液には、金属を性質のちがう別のものに変化させるものがあるといえますか、いえませんか。

（　　）

8. 水溶液

教科書 150～171ページ　答え 38ページ

よく出る

1 **ガラス棒で塩酸をリトマス紙につけて、色の変化を調べました。** 各10点、(3)は全部できて10点(30点)

(1) 塩酸によって、リトマス紙の色は、どのように変化しましたか。正しいものに○をつけましょう。

ア(　　)青色→青色、赤色→青色
イ(　　)青色→赤色、赤色→赤色
ウ(　　)青色→赤色、赤色→青色
エ(　　)青色→青色、赤色→赤色

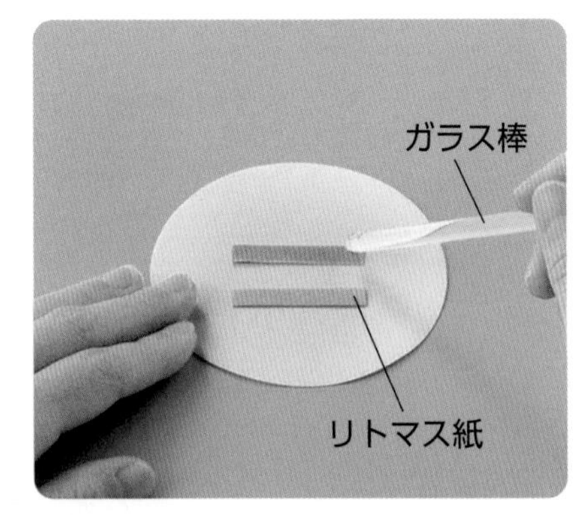

(2) リトマス紙の変化から、塩酸は何性の水溶液であることがわかりますか。

(　　　　　)

(3) リトマス紙の色の変化が塩酸とちがう水溶液はどれですか。2つ選びましょう。

ア(　　)炭酸水
イ(　　)食塩水
ウ(　　)アンモニア水

2 **アルミニウムに塩酸を注いで、その変化を調べます。** 技能 各6点(30点)

(1) 記述 アルミニウムに塩酸を注ぐと、アルミニウムはとけます。そのとき、どのような様子が見られますか。

(　　　　　　　　　　　　　　　　)

(2) アルミニウムがとけた液から、とけたものを取り出すには、どのようにすればよいですか。正しいものに○をつけましょう。

ア(　　)水を蒸発させる。
イ(　　)塩酸をさらに注ぐ。
ウ(　　)液をよくふる。

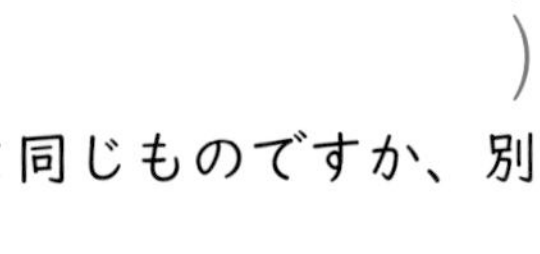

(3) 記述 (2)のようにして取り出したものが、元のアルミニウムと同じものかどうかを調べる方法を2つかきましょう。

・(　　　　　　　　　　　　　　　　)
・(　　　　　　　　　　　　　　　　)

(4) (3)のようにして調べた結果から、取り出したものは、元のアルミニウムと同じものですか、別のものですか。

(　　　　　)

できたらスゴイ！

3 3種類の水溶液①～③について調べました。　技能 各8点、(3)、(4)は全部できて8点(40点)

- どの水溶液も、色・においがなく、とうめいである。
- ①は、青色のリトマス紙を赤色に変えた。
- ②は、赤色のリトマス紙を青色に変えた。
- ③は、青色のリトマス紙も赤色のリトマス紙も色を変えなかった。
- ①～③は、食塩水、石灰水（せっかいすい）、炭酸水のいずれかである。

(1) 水溶液のにおいをかぐときは、どのようにすればよいですか。正しいものに○をつけましょう。　技能

ア(　　)直接、鼻を近づけてかぐ。
イ(　　)水溶液をつけたガラス棒（ぼう）に、鼻を近づけてかぐ。
ウ(　　)手で手前にあおぐようにしてかぐ。

(2) 水溶液①～③の性質は、それぞれ何性ですか。次の㋐～㋓から正しい組み合わせのものを選びましょう。　(　　)

	水溶液①	水溶液②	水溶液③
㋐	中　性	アルカリ性	酸　性
㋑	酸　性	中　性	アルカリ性
㋒	アルカリ性	酸　性	中　性
㋓	酸　性	アルカリ性	中　性

(3) 水溶液①～③は、それぞれ何ですか。

水溶液①(　　　　)
水溶液②(　　　　)
水溶液③(　　　　)

(4) 水溶液①～③を、それぞれ1てきずつスライドガラスにとり、そのままにして、水を蒸発させたとき、スライドガラスに白いつぶが残るものはどれですか。また、水溶液①～③のうち、気体がとけているものはどれですか。あてはまるものをそれぞれすべて選び、番号をかきましょう。

白いつぶが残るもの(　　　　)
気体がとけているもの(　　　　)

(5) 水溶液①～③以外の水溶液についても、リトマス紙を使って性質を調べました。その結果として、正しいものに○をつけましょう。

ア(　　)水では、水溶液①と同じように、リトマス紙の色が変化する。
イ(　　)アンモニア水では、水溶液②と同じように、リトマス紙の色が変化する。
ウ(　　)塩酸では、水溶液②と同じように、リトマス紙の色が変化する。

ふりかえり
❶の問題がわからないときは、66ページの❶にもどって確認（かくにん）しましょう。
❸の問題がわからないときは、66ページの❶にもどって確認しましょう。

ぴったり1 準備

3分でまとめ

9. 電気の利用

①電気をつくる

学習日　　月　　日

めあて
手回し発電機や光電池で電気をつくるしくみについて確認しよう。

教科書 172～177ページ　答え 39ページ

次の（　）にあてはまる言葉をかくか、あてはまるものを○で囲もう。

1 発電機を回したり、光電池に光を当てたりすると、電気をつくることができるのだろうか。 教科書 173～177ページ

▶発光ダイオードは、電流が（① +極から−極に ・ −極から+極に ）流れたときだけ光る。

▶発光ダイオードにつなぐ導線の+極側と−極側を入れかえると、発光ダイオードは（② 光る ・ 光らない ）。

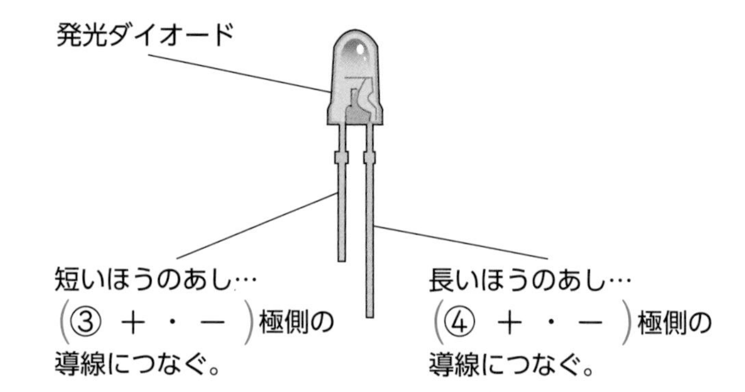

▶手回し発電機をつないでハンドルを回すと、豆電球は光る。
- ハンドルを回す速さを変えると、つくられる電気の量が（⑤ 変わる ・ 変わらない ）。
- ハンドルを回す向きを逆にすると、回路に流れる電流の向きが（⑥　　　）になる。

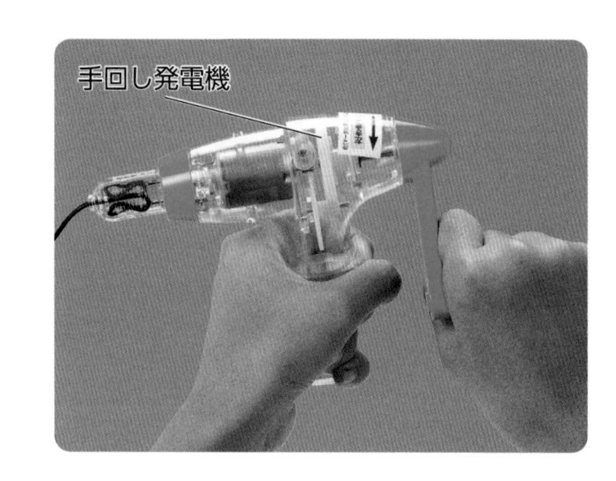

▶光電池に（⑦　　　）を当てると、電気がつくられる。

▶豆電球を光電池につないで、（ ⑦ ）を当てると、豆電球は（⑧ 光る ・ 光らない ）。

▶光電池に当てる（ ⑦ ）の強さを変えると、つくられる電気の量が（⑨ 変わる ・ 変わらない ）。

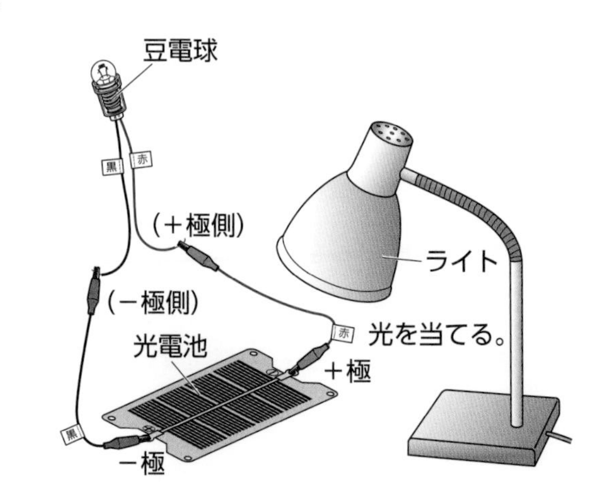

ここが だいじ！
①手回し発電機を回したり、光電池に光を当てたりすると、電気をつくることができる。

火力発電は、燃料を燃やして水を水蒸気に変えて、その水蒸気で発電機を回転させて発電するしくみです。

9. 電気の利用

①電気をつくる

教科書 172～177ページ 答え 39ページ

1 **手回し発電機を発光ダイオードや豆電球につないで、光るかどうかを調べました。**

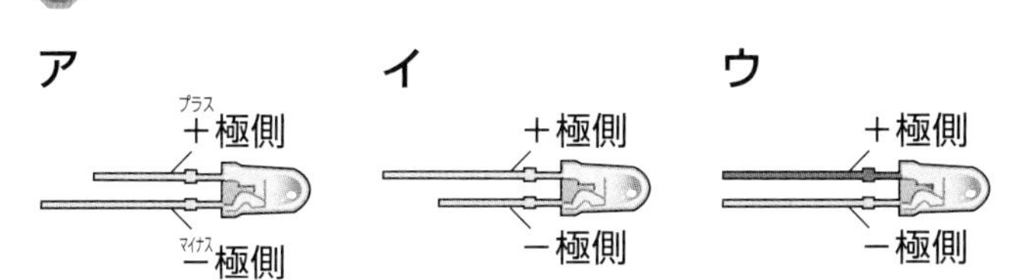

(1) 発光ダイオードのつくりを表している図として、正しいものに○をつけましょう。
ア（　） イ（　） ウ（　）

(2) 手回し発電機のハンドルをある向きに回すと、発光ダイオードが光りました。ハンドルを回す向きを逆にすると、発光ダイオードはどのようになりますか。正しいほうに○をつけましょう。
ア（　）光る。 イ（　）光らない。

(3) 発光ダイオードにつなぐ導線の＋極側と－極側を入れかえて、ハンドルを(2)で初めに光ったときと同じ向きに回すと、発光ダイオードはどのようになりますか。正しいほうに○をつけましょう。
ア（　）光る。 イ（　）光らない。

(4) 発光ダイオードのかわりに豆電球をつないで、ハンドルを(2)で初めに光ったときと同じ向きに回すと、豆電球はどのようになりますか。正しいほうに○をつけましょう。
ア（　）光る。 イ（　）光らない。

(5) この実験から、手回し発電機を回すと、電気がつくられるといえますか、いえませんか。正しいほうに○をつけましょう。
ア（　）いえる。 イ（　）いえない。

2 **図のように、㋐を発光ダイオードにつないで、光を当てると、発光ダイオードが光りました。**

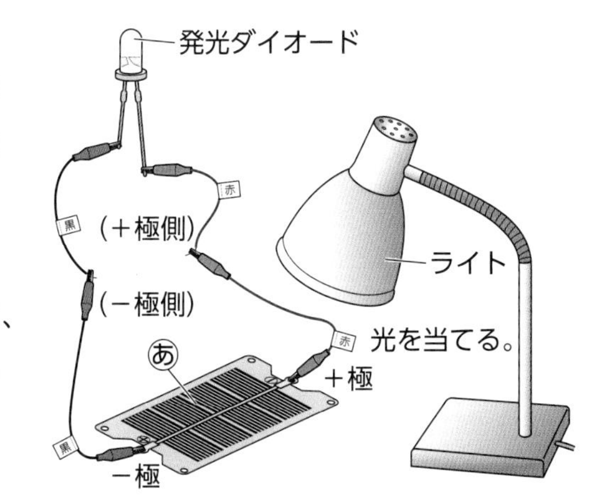

(1) 図の㋐の器具を何といいますか。
（　　　　）

(2) ㋐の極を入れかえると、発光ダイオードはどのようになりますか。正しいほうに○をつけましょう。
ア（　）光る。 イ（　）光らない。

(3) ㋐に当てる光の強さを強くすると、発光ダイオードは、光を強くする前と比べてどのようになりますか。正しいものに○をつけましょう。
ア（　）明るくなる。 イ（　）変わらない。
ウ（　）暗くなる。

(4) (3)から、㋐に当てる光の強さが変わると、電流の大きさはどうなりますか。正しいほうに○をつけましょう。
ア（　）電流の大きさも変わる。 イ（　）電流の大きさは変わらない。

9. 電気の利用

②電気をためて使う(1)

学習日　　月　　日

めあて
コンデンサーに電気をためて、利用できることを確認しよう。

教科書 178〜180ページ　答え 40ページ

次の(　)にあてはまる言葉をかくか、あてはまるものを○で囲もう。

1 ためた電気は、どのようなものに変えて使えるのだろうか。 教科書 178〜180ページ

▶コンデンサーに手回し発電機をつないで、ハンドルを回す。手ごたえが軽くなったら、手回し発電機からコンデンサーを取り外す。

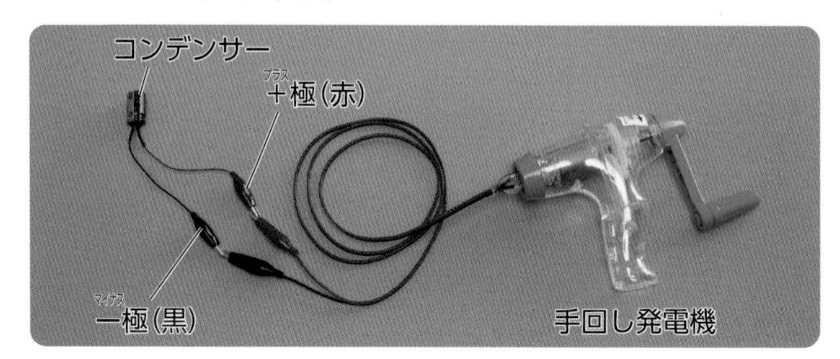

- 手回し発電機につないでいたコンデンサーを、発光ダイオードにつなぐと、発光ダイオードは(① 光る ・ 光らない)。
- 電気は、コンデンサーにためることが(② できる ・ できない)。

▶コンデンサーにためた電気を、いろいろなものにつないで使った。

	豆電球や発光ダイオード	電子オルゴール	モーター
コンデンサーにつないだもの	豆電球　発光ダイオード		
結果	光った。	(③　　　)が鳴った。	回った。
電気が変えられたもの	(④　　　)	音	回転する動き

- 導線の＋極側と－極側を入れかえてつなぐと、豆電球は表の結果と同じになるが、(⑤　　　　　　)はつかず、モーターは(⑥　　　　)向きに回り、電子オルゴールは音が鳴らなかった。
- ほかにも電気は、(⑦　　　　)や磁石(じしゃく)の力にも変えて使うことができる。

ここが だいじ!
①コンデンサーにためた電気は、光、音、回転する動き、熱、磁石の力に変えて使える。

電気は、光や熱、音、運動などに変えやすく、導線(電線)で送りやすいので、主なエネルギーとして利用されています。

9. 電気の利用

②電気をためて使う(1)

教科書 178～180ページ　答え 40ページ

1 写真の器具について調べました。

(1) 写真の器具を何といいますか。　(　　　　　　　)

(2) ㋐、㋑に手回し発電機の導線をつないで、ハンドルを同じ向きに回しました。

①ハンドルを回すのをやめるのは、どのようになったときですか。正しいほうに○をつけましょう。

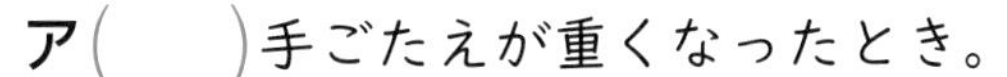

ア(　　)手ごたえが重くなったとき。

イ(　　)手ごたえが軽くなったとき。

②発光ダイオードにコンデンサーをつなぐと、発光ダイオードが光りました。発光ダイオードの＋(プラス)極側につないだのは、㋐、㋑のどちらですか。　(　　　)

③②で、発光ダイオードのそれぞれのあしに㋐と㋑を入れかえてつなぐと、発光ダイオードは光りますか、光りませんか。　(　　　　　　)

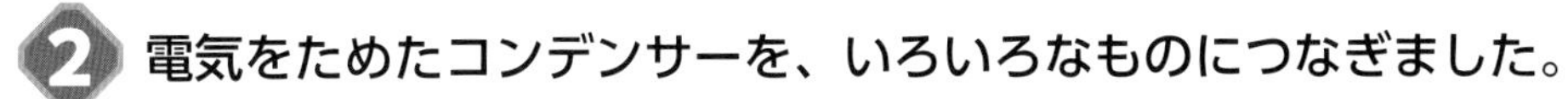

2 電気をためたコンデンサーを、いろいろなものにつなぎました。

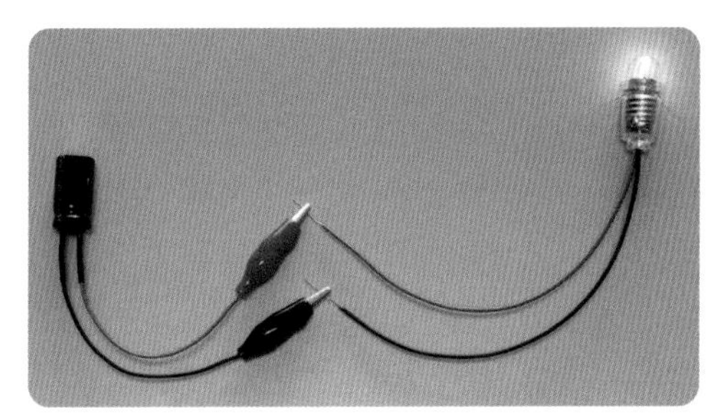

(1) ①豆電球、②発光ダイオード、③モーター、④電子オルゴールを、コンデンサーに正しくつないだときの様子は、それぞれどのようになりますか。□の㋐～㋕からそれぞれ1つずつ選びましょう。

㋐少し回った。	㋑回らなかった。
㋒しばらく音が鳴った。	㋓音が鳴らなかった。
㋔しばらく光り続けた。	㋕少し光ったが、すぐに消えた。

①(　　)
②(　　)
③(　　)
④(　　)

(2) 導線の＋極側と－(マイナス)極側を入れかえてつなぐと、(1)の①～③はどのようになりますか。初めと様子が変わらないものに○をつけましょう。

①(　　)　②(　　)　③(　　)

(3) この実験では、電気が何に変えられましたか。あてはまるものすべてに○をつけましょう。

ア(　　)光　イ(　　)回転する動き　ウ(　　)音

エ(　　)熱　オ(　　)磁石の力

9. 電気の利用

②電気をためて使う(2)

学習日　　月　　日

めあて
ものによって、使う電気の量にちがいがあることを確認しよう。

教科書 181〜183、214ページ　答え 41ページ

次の(　)にあてはまる言葉をかくか、あてはまるものを○で囲もう。

1 電気をためたコンデンサーにつなぐものによって使える時間がちがうのは、どうしてだろうか。

教科書 181〜183、214ページ

▶電流計の使い方

- 電流計を使うと、(①　　　)の大きさをくわしく調べることができる。
- 電流計の針(はり)がさす目盛(も)りによって、次のように－(マイナス)たんしをつなぎかえる。

❶電流計の＋(プラス)たんしに、電源(でんげん)(コンデンサーなど)の＋極側の導線をつなぐ。

❷(②　　　)A(アンペア)の－たんしに、電源の－極側の導線をつなぐ。

❸回路に電流を流して、電流計の針がさす目盛りを読み取る。

❹電流計の針がさす目盛りが0.5Aより小さいときは、(③　　　)mA(ミリアンペア)の－たんしにつなぎかえて、電流計の針がさす目盛りを読み取る。

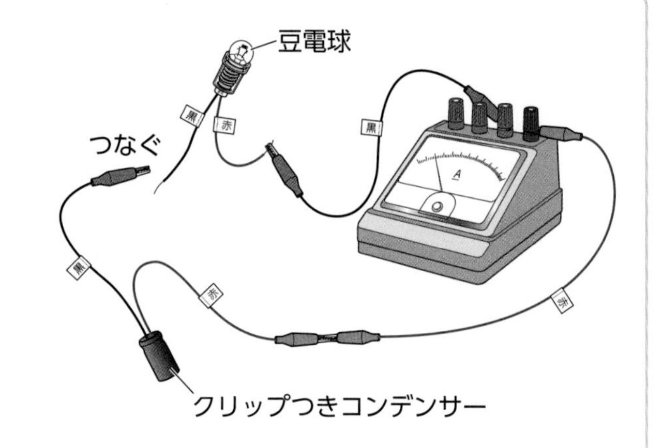

▶手回し発電機をコンデンサーにつないで、電気をためる。

▶電気をためたコンデンサーに、豆電球と発光ダイオードをそれぞれつないだとき、(⑤　　　)のほうが、小さい電流で光り続けた。

▶コンデンサーにつなぐものによって使える時間がちがうのは、回路に流れる(⑥　　　)の大きさがちがうからである。

▶回路に流れる電流が小さいほど、使える時間は(⑦　　　)なる。

▶ふだんの生活で電気をためて使うときは、(⑧　　　)が使われることもある。

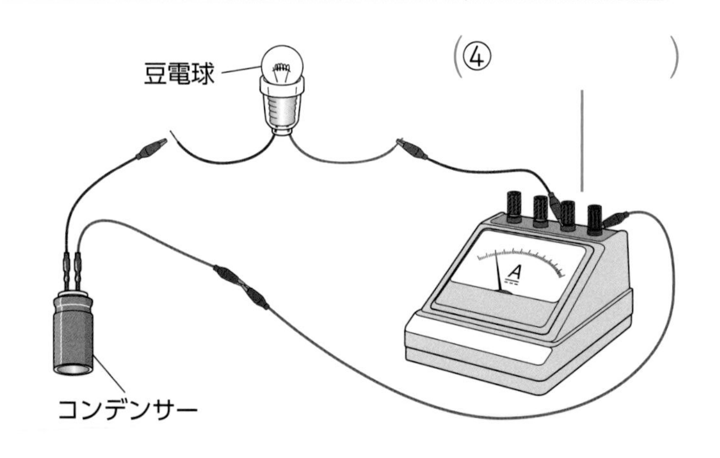

時間	豆電球		発光ダイオード	
	電流の大きさ	光っているか	電流の大きさ	光っているか
初め	260 mA	光っている	98 mA	光っている
1分後	60 mA	消えている	6 mA	光っている
3分後	2 mA	消えている	1 mA	光っている

ここが だいじ! ①電気をためたコンデンサーにつなぐものによって使える時間がちがうのは、ものによって使う電気の量がちがうからである。

ぴたトリビア　電灯に明かりをつけるとあたたかくなるように、電灯は電気を光だけでなく熱にも変えています。

学習日　　月　　日

9. 電気の利用

②電気をためて使う(2)

教科書 181～183、214ページ　答え 41ページ

1 電流計で電流の大きさをはかると、針(はり)が図のようにふれました。

(1) 図の㋐のたんしは、＋(プラス)、−(マイナス)のどちらですか。
（　　　）

(2) 図の電流計の−たんしには、初めにつなぐ大きさのたんしに導線をつないであります。そのたんしはどれですか。正しいものに○をつけましょう。

ア（　　）5 A(アンペア)の−たんし
イ（　　）500 mA(ミリアンペア)の−たんし
ウ（　　）50 mAの−たんし

(3) 図の針のふれは、0.5 Aより大きいですか、小さいですか。
（　　　　　）

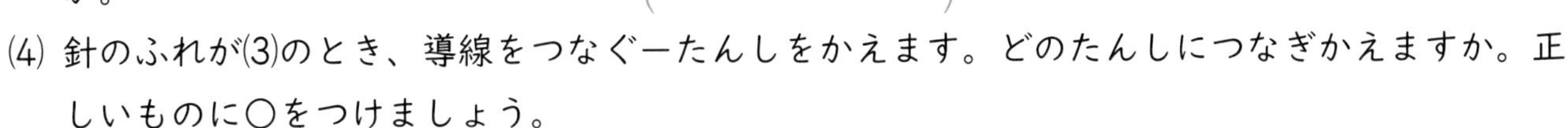

(4) 針のふれが(3)のとき、導線をつなぐ−たんしをかえます。どのたんしにつなぎかえますか。正しいものに○をつけましょう。

ア（　　）5 Aの−たんし　　イ（　　）500 mAの−たんし
ウ（　　）50 mAの−たんし　エ（　　）＋たんし

2 豆電球と発光ダイオードの明かりがついている時間と、回路に流れる電流の関係について調べました。

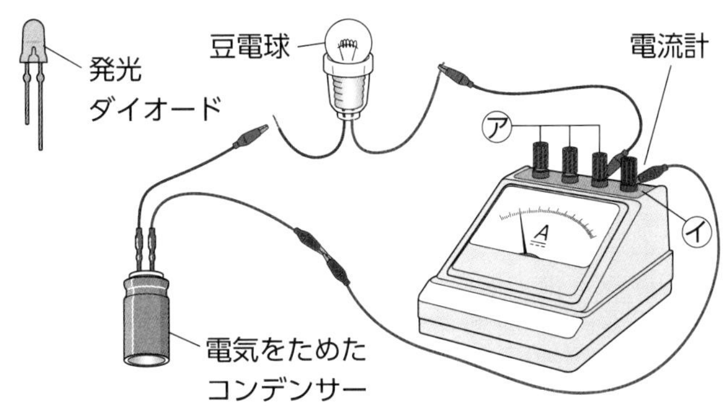

(1) 発光ダイオードの長いほうのあしは、電流計の㋐、㋑のどちらのたんしとつながるように、導線でつなぎますか。
（　　　）

(2) 次の①、②は、それぞれ豆電球と発光ダイオードのどちらの結果を表していますか。

①光っている時間が長いほう（　　　　　　）
②回路に流れる電流が大きいほう（　　　　　　）

(3) (2)から、どのようなことがいえますか。正しいほうに○をつけましょう。

ア（　　）回路に流れる電流が小さいほど、光っている時間が短い。
イ（　　）回路に流れる電流が小さいほど、光っている時間が長い。

9. 電気の利用

③身のまわりの電気

学習日　　月　　日

めあて
電気の利用のしかたや効率的な利用の工夫について確認しよう。

教科書 184～189ページ　答え 42ページ

次の(　　)にあてはまる言葉をかこう。

1 私たちは、電気の性質やはたらきをどのように利用しているのだろうか。 教科書 184～186ページ

▶電気をつくったり、ためたり、電気を光や音、熱などに変えて利用したり、電気を目的に合わせてコントロールしながら利用したりしている。

▶アイロンは、電気を(①　　)に変えて服のしわをのばすことができる。

▶ノートパソコンやけいたい電話は、バッテリーに電気を(②　　)、持ち運びができるようになっている。

▶電気→(③　　)
- ＬＥＤ(エルイーディー)電球などの明かり
- 信号機　など

▶電気→(④　　)
- 拡声器(かくせい)　など

▶電気→(⑤　　)
- アイロン
- オーブントースター　など

▶電気→(⑥　　)
- せん風機
- 洗(せん)たく機　など

▶テレビの電気の利用

電気→(⑦　　)
電気→(⑧　　)

目に見えるのは光、耳に聞こえるのは音だよ。

2 私たちは、どのように電気をコントロールし、効率的に利用しているのだろうか。 教科書 187～189ページ

▶電気をコントロールしながら効率的に利用するときには、センサーが感知して、(①　　)が命令を実行する。(①)は、人の命令に従(したが)って動く。この命令を組み合わせたものを(②　　)といい、(②)を作ることを(③　　)という。

▶「暗くなると自動的に明かりがつき、明るくなると自動的に明かりが消える」道路標識の(②)の流れ図は、右下の図のようになります。

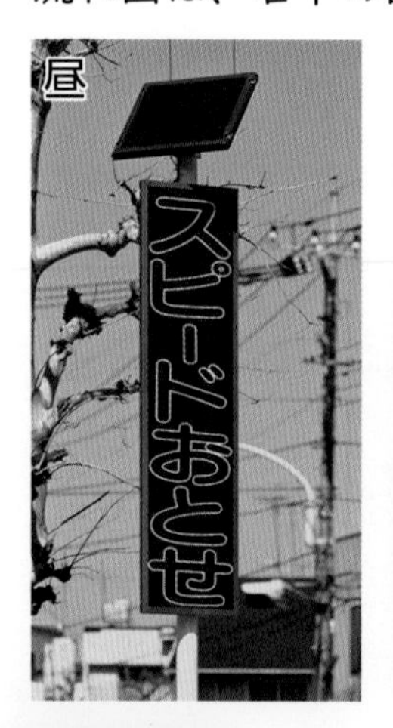

(②)の流れ図

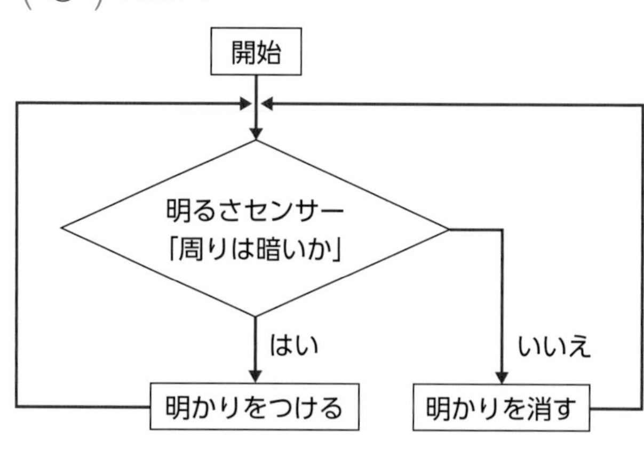

ここが、だいじ!

①私たちは、電気をつくって利用したり、ためて利用したり、電気を光や音、熱などに変えて利用したり、電気を目的に合わせてコントロールしながら利用したりしている。

ぴたトリビア　コンピュータに命令を実行させるための具体的な手順のことをアルゴリズムといいます。

1 アイロンやノートパソコンが電気を利用するしくみについて考えます。

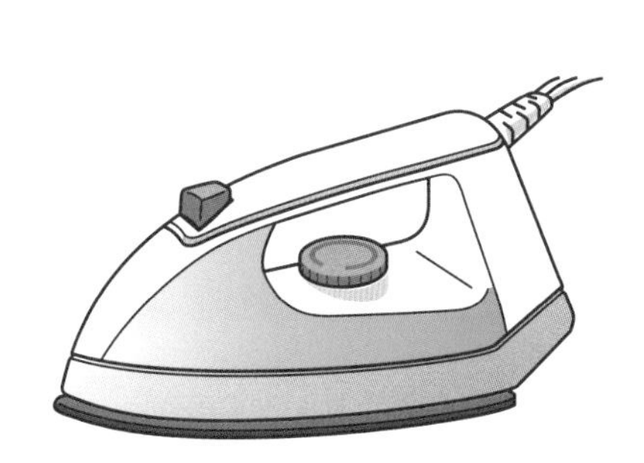

(1) アイロンは、電気を何に変えていますか。

（　　　　　　）

(2) ノートパソコンの中には、バッテリーというものが入っています。これは、どのようなはたらきをしていますか。正しいものに○をつけましょう。

ア（　）電気をつくる。　イ（　）電気をためる。　ウ（　）電気を使う。

2 電気をコントロールしながら効率的に利用するためのくふうとして、周りの明るさによって自動的に明かりをつけたり消したりする道路標識があります。これは、コンピュータに、あらかじめ人が決めた条件に合うかどうかを判断させ、明かりをつけたり消したりする動作をさせています。

(1) コンピュータを自動的に動作させるために、あらかじめ人が決めた命令を組み合わせたものを、何といいますか。

（　　　　　　）

(2) (1)を作ることを何といいますか。

（　　　　　　）

(3) 図は、周りが暗くなると明かりをつけ、明るくなると明かりを消す動作をコンピュータにさせるための命令を表したものです。㋐に入る文として正しいほうに○をつけましょう。

ア（　）周りは明るいか。
イ（　）周りは暗いか。

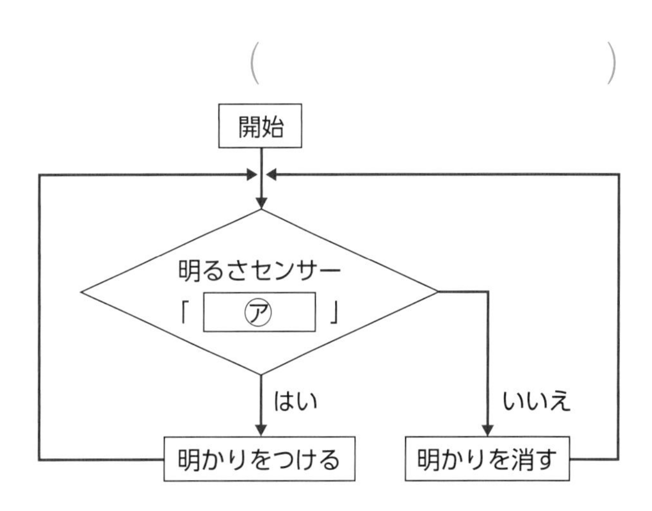

9. 電気の利用

教科書 172〜193ページ　答え 43ページ

よく出る

1 **手回し発電機をプロペラつきモーターにつないで、手回し発電機のハンドルをゆっくりと一定の速さで回すと、モーターは回りました。**

各5点(25点)

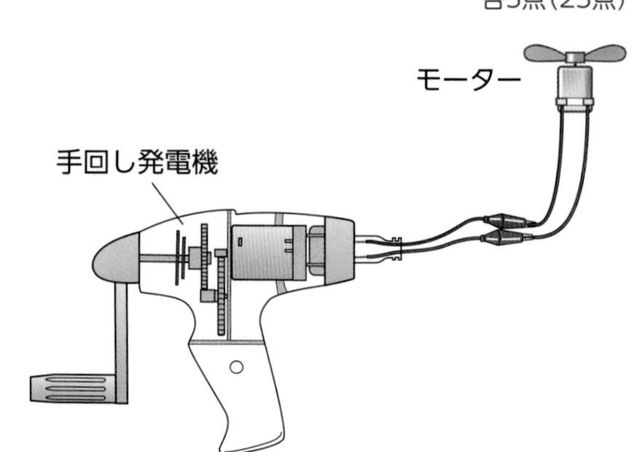

(1) 手回し発電機のハンドルを回すのをやめると、モーターはどうなりますか。

(　　　　　　　　　　)

(2) 手回し発電機のハンドルを回すのを速くすると、モーターの回る速さと向きはどうなりますか。

速さ(　　　　　　　　　　)

向き(　　　　　　　　　　)

(3) 手回し発電機のハンドルを回す速さは変えず、回す向きを逆にすると、モーターの回る速さと向きはどうなりますか。

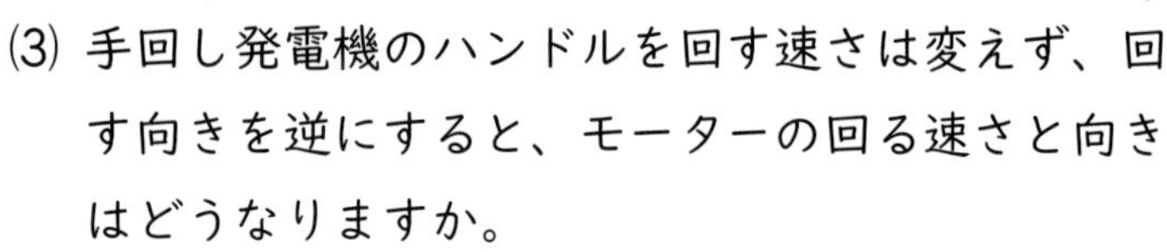

速さ(　　　　　　　　　　)

向き(　　　　　　　　　　)

2 **手回し発電機で発電した電気をコンデンサーにため、豆電球と発光ダイオードの明かりをつけました。**

各5点(25点)

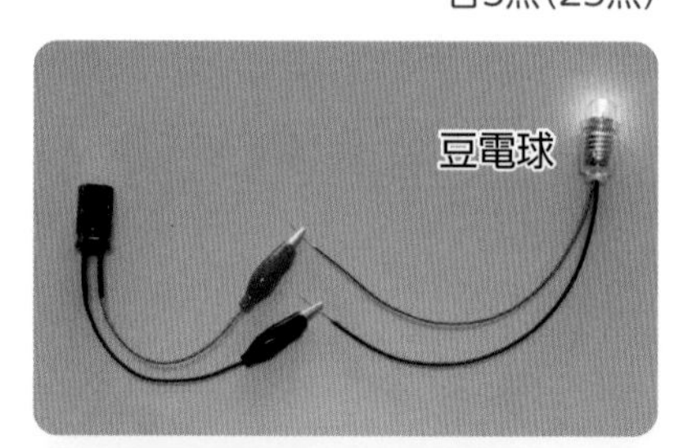

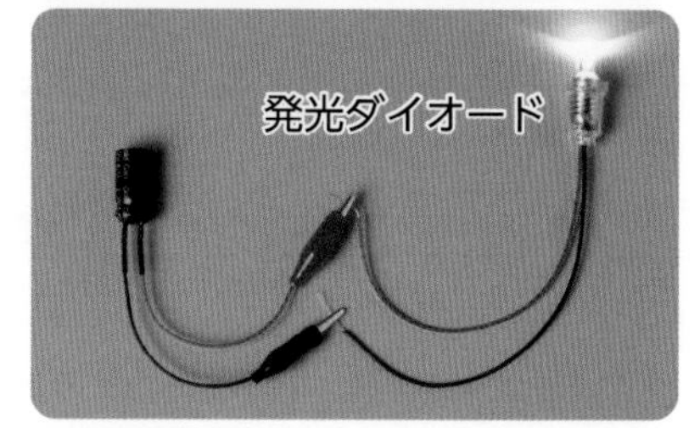

(1) コンデンサーにためられている電気の量が同じとき、豆電球と発光ダイオードで長く明かりがついているのはどちらですか。

(　　　　　　　　　　)

(2) 回路に流れる電流の大きさを調べるには、何を使えばよいですか。

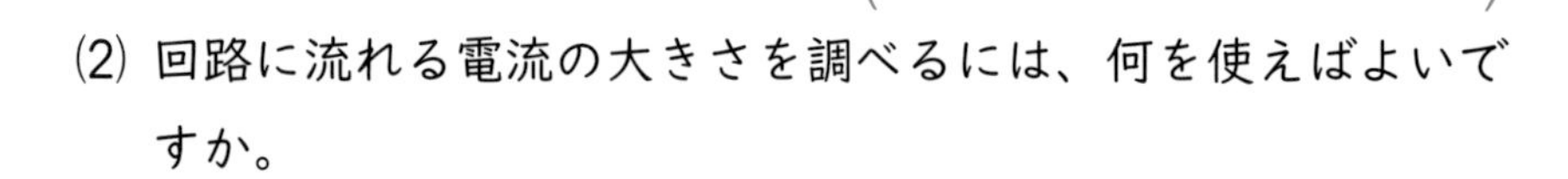

(　　　　　　　　　　)

(3) 使う電気の量が少ないのは、豆電球と発光ダイオードのどちらですか。

(　　　　　　　　　　)

(4) 豆電球や発光ダイオードは、電気を何に変えて利用している器具ですか。

(　　　　　　　　　　)

(5) 電気をためたコンデンサーを電子オルゴールにつなぐと、オルゴールが鳴りました。電子オルゴールは、電気を何に変えて利用している器具ですか。

(　　　　　　　　　　)

3 ㋐～㋓の電気製品は、電気を光、音、熱、回転する動きのどれかに変えて利用しています。あてはまるものを、それぞれ１つずつ選びましょう。　各5点(20点)

㋐　ラジオ　　㋑　電気スタンド　　㋒　電気ポット　　㋓　せん風機

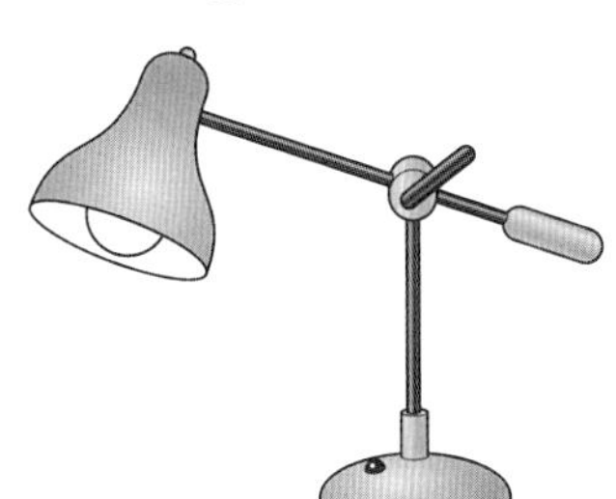

①電気→光　(　　　)
②電気→音　(　　　)
③電気→熱　(　　　)
④電気→回転する動き　(　　　)

できたらスゴイ！

4 光電池とモーター、簡易検流計を導線でつないで回路をつくり、光電池に光を当てると、モーターが回り、電流が流れることが確認できました。　各6点(30点)

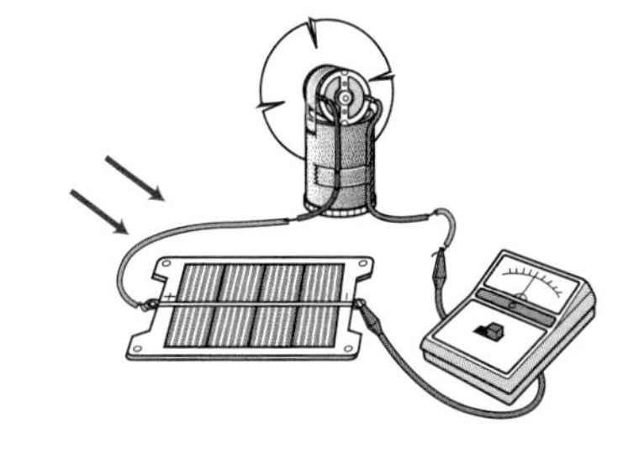

(1) 光電池をつなぐ向きを逆にすると、簡易検流計の針のふれる向きは逆になりました。電流の向きはどうなったと考えられますか。　技能

(　　　　　　　　)

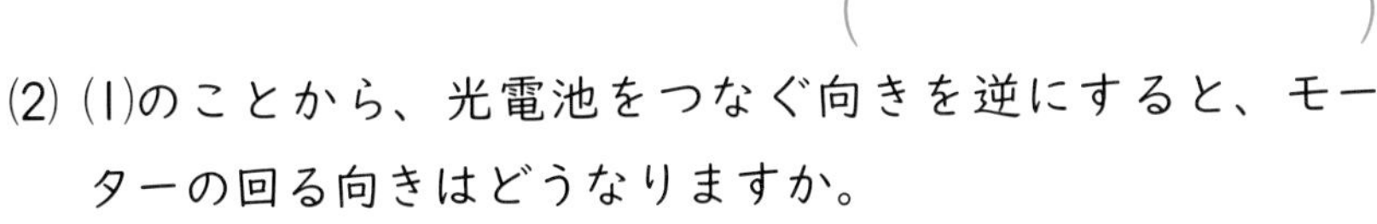

(2) (1)のことから、光電池をつなぐ向きを逆にすると、モーターの回る向きはどうなりますか。

(　　　　　　　　)

(3) モーターが回っているとき、光電池の前に板を立てても、モーターは回っていました。板を立てる前と比べて、モーターの回る速さはどうなりますか。　思考・表現

(　　　　　　　　)

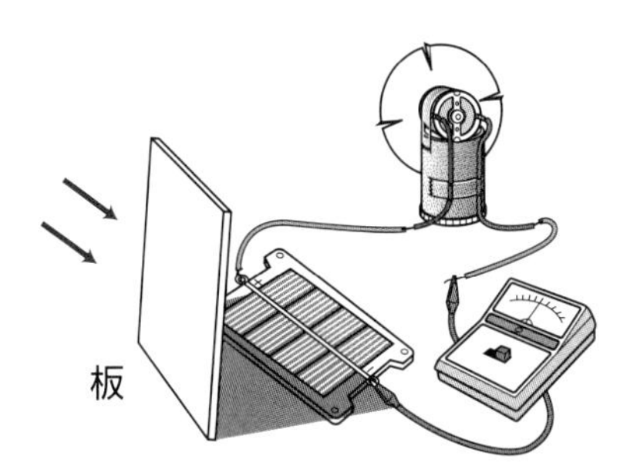

(4) 光電池に当たる光が強くなると、モーターが回る速さはどうなりますか。

(　　　　　　　　)

(5) 光電池に当たる光が強くなると、電流の大きさはどうなりますか。

(　　　　　　　　)

ふりかえり
3 の問題がわからないときは、76ページの **1** にもどって確認しましょう。
4 の問題がわからないときは、76ページの **1** にもどって確認しましょう。

3分でまとめ

★人の生活と自然環境

学習日　　月　　日

◎めあて
人と環境の関わりや自然環境を守るくふうについて確認しよう。

教科書 194～203ページ　答え 44ページ

次の(　　)にあてはまる言葉をかこう。

1 人は、自分たちの暮らしをよくするために、どのようなことをしたのだろうか。 教科書 196ページ

▶周りとの調和を考えない開発を続けると、(①　　　　)や(②　　　　)がよごれたり、他の動物や植物がすめなくなったりする。これによって、人にとっても暮らしにくい環境になってしまうこともある。

・原生林の(③　　　　)

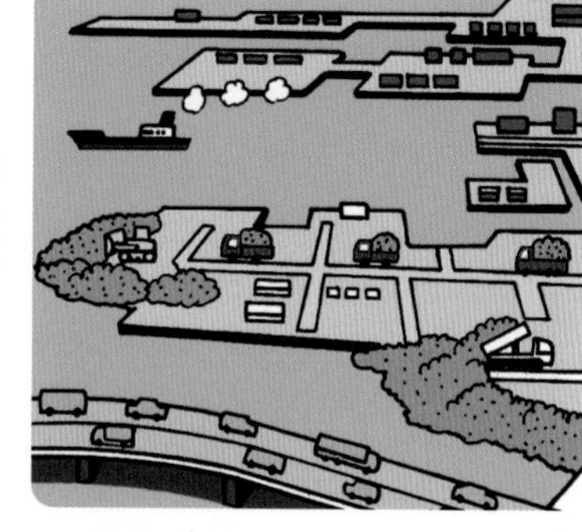

・海の(④　　　　)

2 自然環境を守るために、どのようなくふうが行われているのだろうか。 教科書 197～203ページ

▶人と他の生き物の関わり
・木を切ったあとに、(①　　　　)を植えて育てる。(㋐)
・卵から育てたサケの子を(②　　　　)に放流する。
▶人と水の関わり
・降水量が少なく、大きな川がない地域では、(③　　　　)をつくって水を利用する。(㋑)
・よごれた水を(④　　　　)できれいにして、川にもどす。(㋒)

㋐

㋑

㋒

㋓

▶人と空気の関わり
・はい出ガス中の有害なものを取り除いて、きれいにして空気中に出す。
・(⑤　　　　)自動車を使って、空気中に二酸化炭素を出さないようにする。(㋓)
▶2015年9月の国連サミットで、(⑥　　　　)な開発目標(SDGs)が採択され、目標の達成に向けて、世界中のさまざまな地域で、いろいろな取り組みがなされている。

ここが だいじ!
①周りとの調和を考えない開発は、空気や水をよごし、他の生き物がすめなくなり、人にとっても暮らしにくい環境になることがある。
②自然環境を守るために、さまざまな取り組みが行われている。

ぴたトリビア　人が生活するうえで自然環境にえいきょうをおよぼします。自分の生活の中で環境に多くの負担をかける行動がないか、考えてみましょう。

ぴったり2 練習

★人の生活と自然環境（かんきょう）

学習日　　月　　日

教科書 194〜203ページ　答え 44ページ

1 開発と環境について考えます。

(1) 人は、何のために開発を行ってきたのですか。正しいものに○をつけましょう。

ア(　　)空気をよごすため。
イ(　　)水をよごすため。
ウ(　　)自分たちの暮（く）らしをよくするため。

(2) 原生林のばっ採や海のうめ立てなどによって、空気や水、そこにすむ生き物にどのようなことが起こりますか。正しいものに○をつけましょう。

ア(　　)空気や水に変化はないが、生き物がすめなくなってしまう。
イ(　　)空気や水に変化はなく、生き物の種類や数が増える。
ウ(　　)空気や水はよごれ、生き物がすめなくなってしまう。
エ(　　)空気や水はよごれるが、生き物の種類や数が増える。

(3) (2)のようになると、人にとっては、どのような環境になるおそれがありますか。正しいほうに○をつけましょう。

ア(　　)暮らしやすい環境
イ(　　)暮らしにくい環境

2 自然環境を守るための取り組みについて考えます。

(1) 人が利用する他の生き物が減りすぎないように育てる取り組みとして正しいものに○をつけましょう。

ア(　　)大きく育った木は、すぐに切って利用する。
イ(　　)卵（たまご）から育てたサケの子を川に放流する。
ウ(　　)食品を買うときは、なるべく新しいものを買うようにする。

(2) 図1は、降水量（こうすいりょう）が少なく、大きな川もない地域（ちいき）で、安心して水を利用できるようにするためにつくられた池です。このような池を何といいますか。　(　　　　　)

図1

(3) 図2の自動車は、ガソリンなどの燃料を使わずに走ることができます。次の文の(　　)にあてはまる言葉として、正しいほうに○をつけましょう。

> この自動車は、バッテリーに(① 電気 ・ 水)をためて、その力でモーターを回して走る。ガソリンなどの燃料を燃やさないので、空気中に(② 酸素 ・ 二酸化炭素)を出さないようにすることができる。

図2

★人の生活と自然環境

時間 30分

／40

合格 28点

教科書 194～203ページ　答え 45ページ

1 地球の温暖化を防止する取り組みについて考えます。

思考・表現　各4点(28点)

(1) 次の文の(　　)にあてはまる言葉をかきましょう。

二酸化炭素には、地球の気温を(①　　　　　)効果があると考えられている。近年、地球の空気にふくまれる二酸化炭素の割合が増えていて、地球の気温が少しずつ(②　　　　　)いる。

(2) 空気中の二酸化炭素の割合が増える原因と考えられることに○をつけましょう。

ア(　　)はい出ガスから有害なものを取り除いて、きれいにして空気中に出す。

イ(　　)ガソリンなどの化石燃料を燃やす。

ウ(　　)自動車ではなく電車で移動する。

(3) 次の文は、二酸化炭素を増やさないための取り組みを説明したものです。(　　)にあてはまる言葉として、正しいほうに○をつけましょう。

森林の木を切ると、植物が二酸化炭素を吸収する量が(①　増えて　・　減って　)しまい、結果として、二酸化炭素が(②　増える　・　減る　)ことになる。そこで、植林などにより植物を(③　増やす　・　減らす　)ことによって、植物が二酸化炭素を吸収する量を(④　増やし　・　減らし　)、はい出量から吸収量を差し引いて、合計を実質的にゼロにしようとする取り組みが進められている。

2 自然環境を守る取り組みについて考えます。

思考・表現　各6点、(1)は全部できて6点(12点)

(1) 空気や水をよごさない取り組みや、他の生き物を保護する取り組みが、さまざまなところで行われています。わたしたちがふだんからできるこのような取り組みとして、正しいもの2つに○をつけましょう。

ア(　　)牛乳パックや段ボールなどをリサイクルする。

イ(　　)こわれた電気製品を山に捨てる。

ウ(　　)家庭の生ごみにペットボトルを混ぜておく。

エ(　　)電気のスイッチをこまめに切ったり、コンセントをぬいたりする。

(2) 記述 使ったあとの食器を洗う前に、紙などでふくことは、環境にとってどのようによいといえますか。「食べ物のよごれ」「洗ざい」「水」という言葉を使って説明しましょう。

(　　　　　　　　　　　　　　　　　　　　　　　　　　)

この本の終わりにある「春のチャレンジテスト」をやってみよう！

この本の終わりにある「学力診断テスト」をやってみよう！

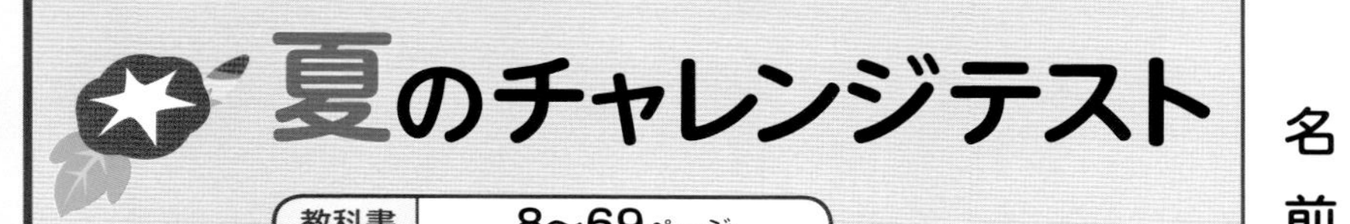

夏のチャレンジテスト

教科書 8～69ページ

名前　　　　月　　日

時間 40分

知識・技能	思考・判断・表現	合格80点
／60	／40	／100

答え46～47ページ

知識・技能

1 集気びんの中でろうそくを燃やしました。

1つ4点(12点)

(1) ㋐は、空気中の体積の割合が約21％の気体です。何という気体ですか。

（　　　　）

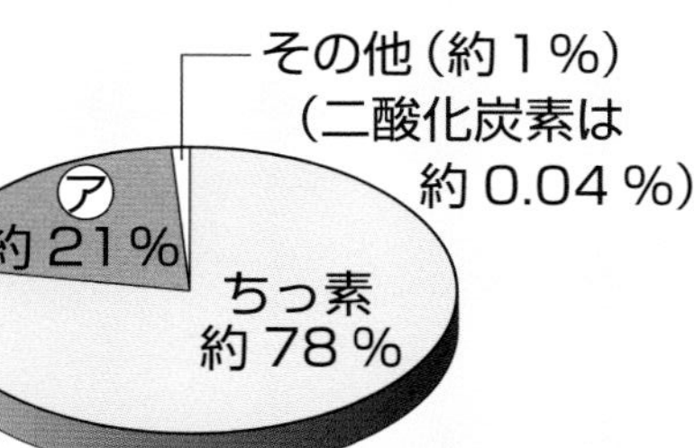

空気中にふくまれる気体の体積の割合

(2) 空気と、集気びんの中で火が消えるまでろうそくを燃やしたあとの空気のちがいを、石灰水で調べました。

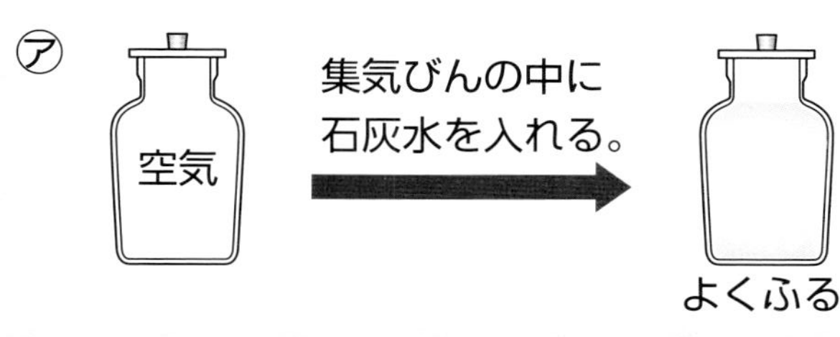

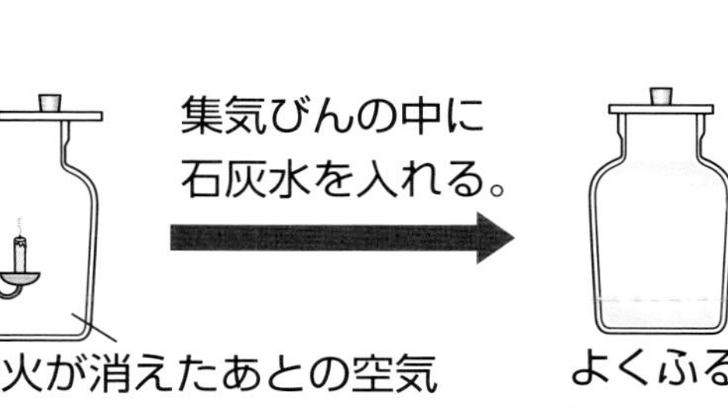

①石灰水が白くにごるのは、㋐、㋑のどちらですか。

（　　　）

②①の結果から、㋑のびんの中では何の気体が増えたことがわかりますか。

（　　　　）

2 人が息を吸ったりはいたりするしくみについて調べました。

1つ4点(12点)

(1) ㋐、㋑は、何という体のつくりですか。

㋐（　　　　）

㋑（　　　　）

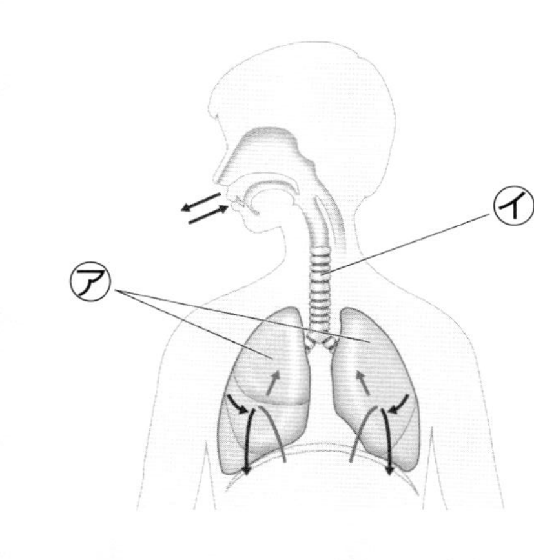

(2) 体の中に酸素を取り入れて、外に二酸化炭素を出すことを何といいますか。

（　　　　）

3 同じぐらいに育ったジャガイモをほり出し、㋐、㋑のように根を染色液にひたして、ポリエチレンのふくろをかぶせて日なたに置きました。

1つ4点(24点)

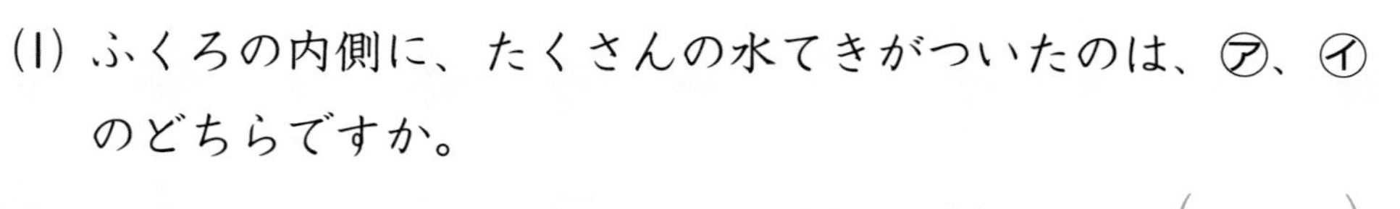

(1) ふくろの内側に、たくさんの水てきがついたのは、㋐、㋑のどちらですか。

（　　　）

(2) (1)の結果から、どのようなことがいえますか。正しいものに○をつけましょう。

ア（　　　）水は主に根から出ていく。

イ（　　　）水は主にくきから出ていく。

ウ（　　　）水は主に葉から出ていく。

(3) 葉の表面を、けんび鏡で観察しました。

①植物が取り入れた水は、㋐のような小さな穴から何になって出ていきますか。

（　　　　）

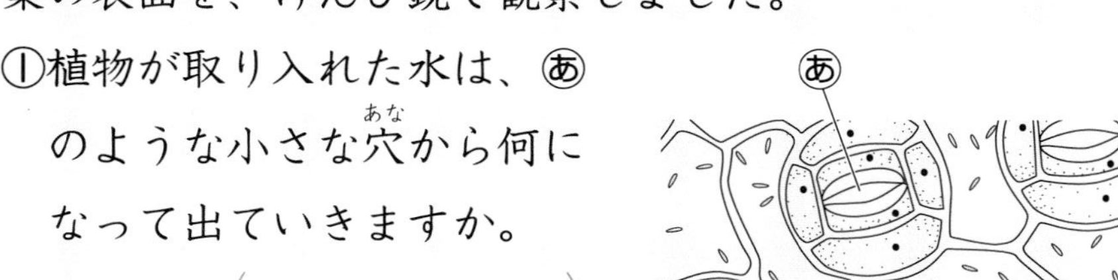

②①のような現象を何といいますか。

（　　　　）

(4) ㋐の根・くき・葉を、カッターナイフで縦や横に切って、切り口の様子を観察しました。

①切り口を見て、色がついているのはどの部分ですか。あてはまるものに○をつけましょう。

ア（　　　）根

イ（　　　）根とくき

ウ（　　　）根、くき、葉

②植物は、どこから水を取り入れていますか。

（　　　　）

うらにも問題があります。

4 日光を当てた葉と当てなかった葉で、でんぷんのでき方のちがいを調べました。

1つ4点(12点)

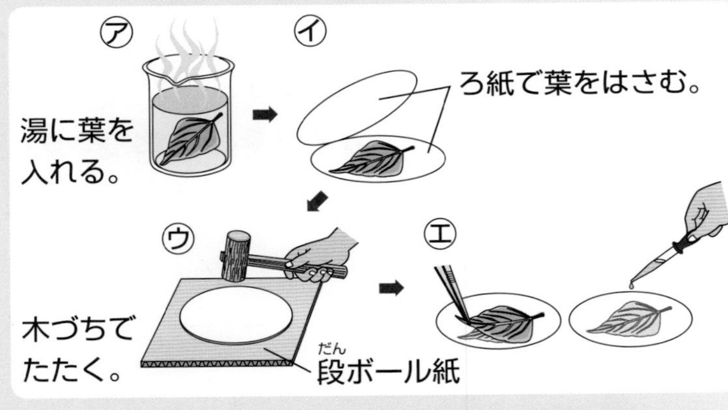

(1) ㋓で、葉にでんぷんがあるかどうかを調べるために使う薬品は何ですか。

(　　　　　　　　)

(2) でんぷんに(1)の薬品をつけるとどうなりますか。

(　　　　　　　　)

(3) 葉にでんぷんができているのは、日光を当てた葉ですか、当てなかった葉ですか。

(　　　　　　　　)

思考・判断・表現

5 キャンプへ出かけ、火をおこすために木を組みました。

(1)、(2)は4点、(3)は1つ3点(14点)

(1) よく燃える木の組み方について話し合いました。㋐、㋑のうち、正しいものに○をつけましょう。

木はすきまなくきっちり組んだほうがいいよ。

木と木の間にすきまをつくるように組んだほうがいいよ。

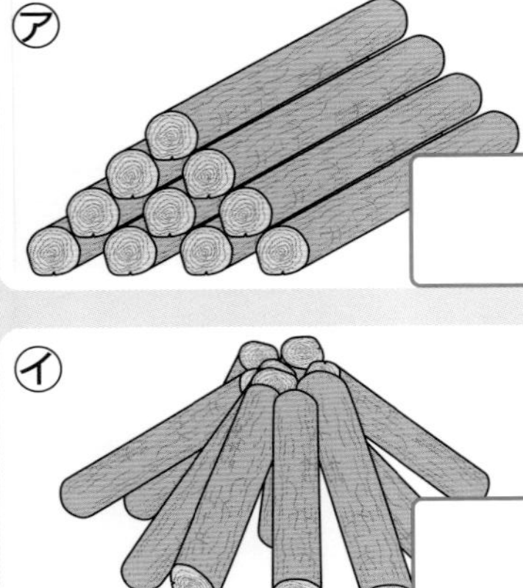

(2) 記述 (1)で、○をつけた意見が正しいと思ったのはなぜですか。理由をかきましょう。

(　　　　　　　　)

(3) 空気は、ちっ素、酸素、二酸化炭素などの気体が混ざっています。

空気の成分

ちっ素	酸素	二酸化炭素など

①ものが燃えるためには、どの気体が必要ですか。

(　　　　　　　　)

②ものが燃えても変化がないのは、ちっ素、酸素、二酸化炭素のうちのどれですか。

(　　　　　　　　)

6 うすいでんぷんの液をつくり、その中にだ液を入れ、変化を調べました。

(2)は4点、ほかは1つ3点(13点)

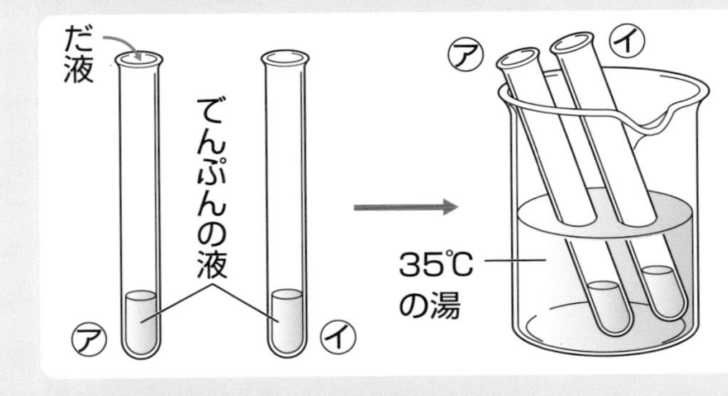

(1) 数分後、㋐、㋑にヨウ素液を加えたとき、一方は色が変化しました。それは㋐、㋑のどちらですか。

(　　　　)

(2) 記述 この実験から、だ液にはどのようなはたらきがあることがわかりますか。

(　　　　　　　　)

(3) 食べ物を歯で細かくくだいたり、体に吸収(きゅうしゅう)されやすい養分に変えたりすることを何といいますか。

(　　　　　　　　)

(4) (3)に関わるだ液のような液体を何といいますか。

(　　　　　　　　)

7 日光を当てた植物が行う気体のやりとりを調べました。

(1)、(3)は1つ3点、(2)は4点(13点)

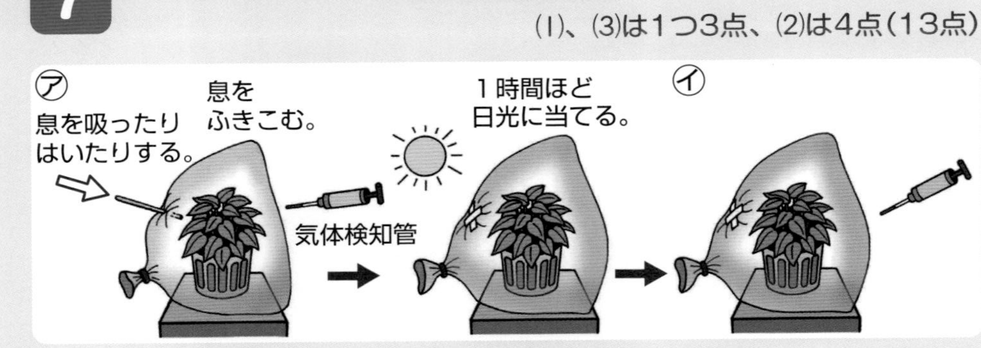

(1) ㋐から㋑で、ふくろの中の体積の割合が増えていた気体、減っていた気体はそれぞれ何ですか。

①増えていた気体(　　　　　　　　)

②減っていた気体(　　　　　　　　)

(2) 記述 この実験から、日光が当たっている植物は、どのような気体のやりとりをしているといえますか。

(　　　　　　　　)

(3) 日光が当たっていないとき、植物が出している気体は何ですか。

(　　　　　　　　)

5 地層の様子を調べました。

(2)、(4)は3点、ほかは1つ2点（10点）

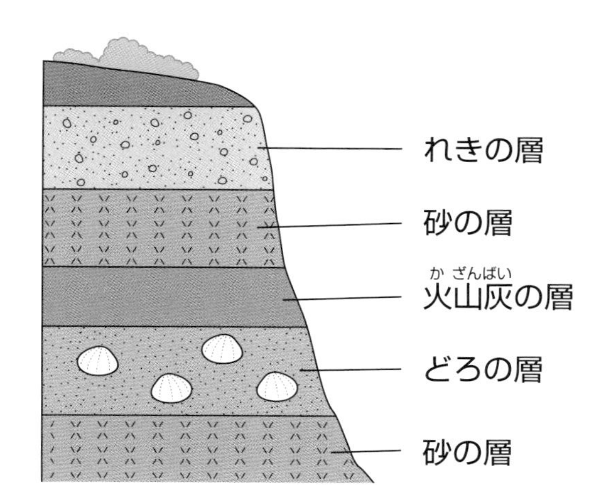

(1) どろの層から、昔の貝が出てきました。このような地層の中に残された生き物の死がいや生活のあとのことを、何といいますか。（　　　）

(2) 火山灰の層ができたころ、近くでどんなことが起こったと考えられますか。
（　　　　　　　　　）

(3) 火山灰のつぶには、どんな特ちょうがありますか。正しいほうに○をつけましょう。
①（　　）丸みがあるものが多い。
②（　　）角ばったものが多い。

(4) れき、砂、どろを、つぶの大きさが大きいものから順にならべましょう。（　　→　　→　　）

6 月の形と見え方を調べました。

(1)は4点、ほかは1つ3点（16点）

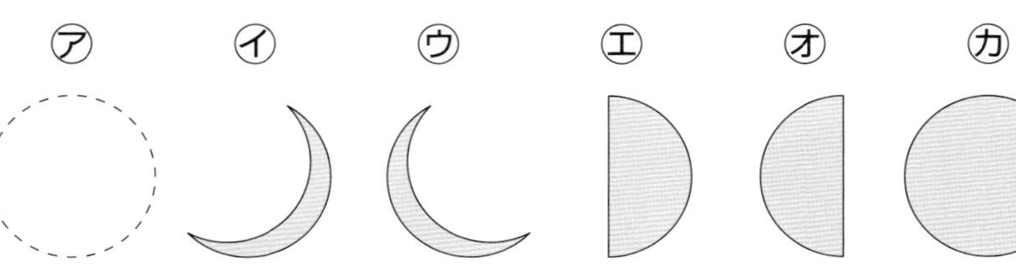

(1) 月の見え方は、毎日少しずつ変わっていきます。㋐の月から、月の形の変化を、正しい順にならべましょう。ただし、㋐の月は見えません。
（㋐→㋑→　→　→　）

(2) ㋑、㋓の形の月を、それぞれ何といいますか。
㋑（　　　）　㋓（　　　）

(3) 月の形は、どのぐらいでもとの形にもどりますか。正しいものに○をつけましょう。
①（　　）およそ1週間
②（　　）およそ10日間
③（　　）およそ1か月間

(4) 月の明るく光っている側にいつもあるのは何ですか。
（　　　）

思考・判断・表現

7 れき、砂、どろを混ぜた土を、水の入った容器に入れ、よくふり混ぜた後、静かに置いておきました。

(1)は全部できて6点、(2)は4点（10点）

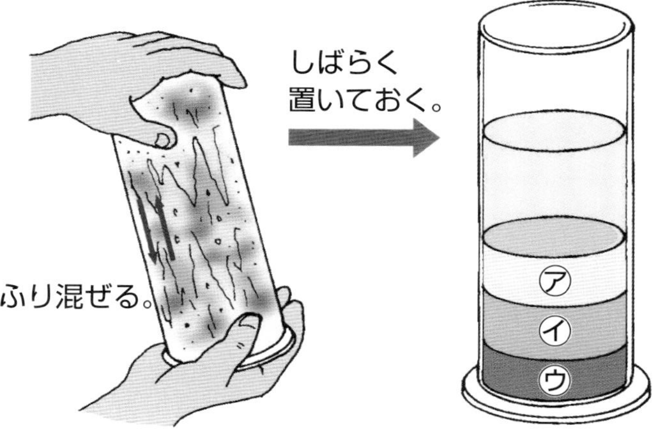

(1) ㋐〜㋒には、それぞれ何が積もっていますか。
㋐（　　　）
㋑（　　　）
㋒（　　　）

(2) (1)から、積もり方にはどんなきまりがあることがわかりますか。次の説明のうち、正しいほうに○をつけましょう。

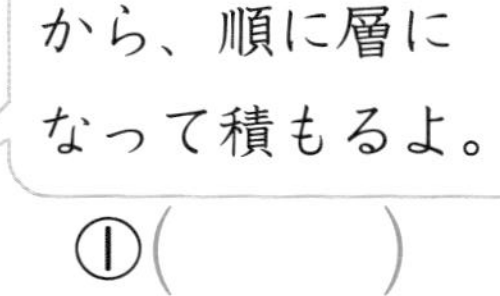
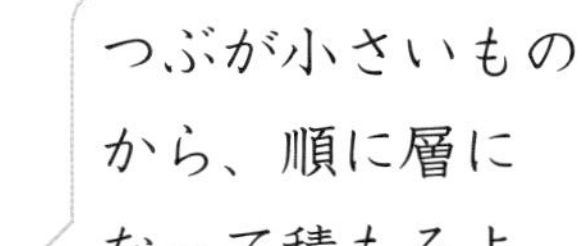

①（　　）

②（　　）

8 月の見え方を、ボールを使って調べました。

(1)は全部できて6点、(4)は6点、ほかは1つ4点（20点）

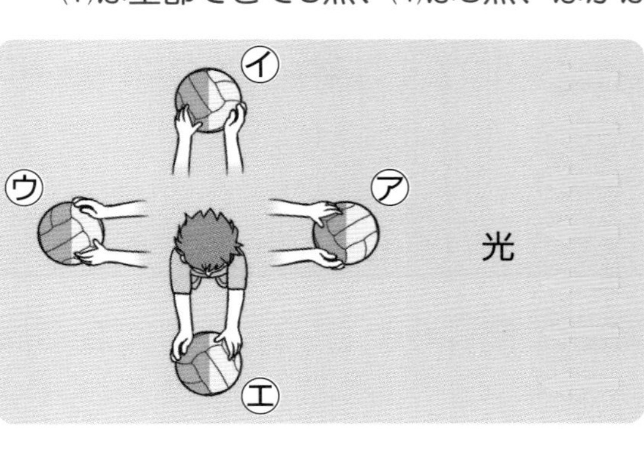

(1) この実験で、人とボールは、地球と月のどちらに見立てられていますか。
人（　　　）　ボール（　　　）

(2) ボールの光っている部分が満月のように見える位置は、㋐〜㋓のどれですか。
（　　）

(3) ㋐の位置では、光っている部分が見えませんでした。このような月を何といいますか。
（　　　）

(4) 記述 この実験から、日によって月の見え方がちがって見えるのは、どのような理由からだといえますか。
（　　　　　　　　　　）

冬のチャレンジテスト

教科書 72〜149ページ

名前　　　　月　　日

時間 40分

知識・技能	思考・判断・表現	合格80点
／70	／30	／100

答え 48〜49ページ

知識・技能

1 生き物どうしのつながりについて調べました。

1つ4点(12点)

㋐ 
㋑ 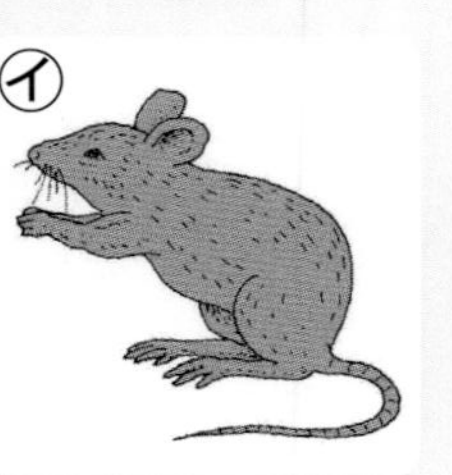
㋒ 

(1) ㋐〜㋒の生き物を、食べられる生き物から食べる生き物の順に並べ、記号でかきましょう。

(　　→　　→　　)

(2) 自分で養分をつくることのできる生き物は、㋐〜㋒のどれですか。

(　　)

(3) 生き物どうしの「食べる・食べられる」という関係のひとつながりを何といいますか。

(　　)

2 てこのはたらきについて調べました。

1つ2点(14点)

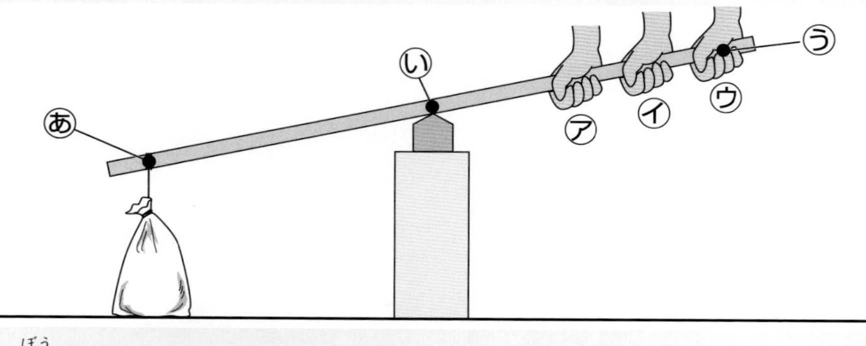

(1) 棒をてことして使ったとき、①〜③にあてはまるのは、あ〜うのどの点ですか。

①棒を支えるところ (　　)

②棒に力を加えるところ (　　)

③棒からものに力をはたらかせるところ (　　)

(2) 棒をてことして使ったとき、あ〜うの点をそれぞれ何といいますか。

あ(　　)

い(　　)

う(　　)

(3) 図の砂ぶくろを持ち上げるとき、うの手ごたえがいちばん小さいのは、㋐〜㋒のどの位置に手があるときですか。

(　　)

3 てこのつりあいについて調べました。

(1)は全部できて3点、(2)は3点(6点)

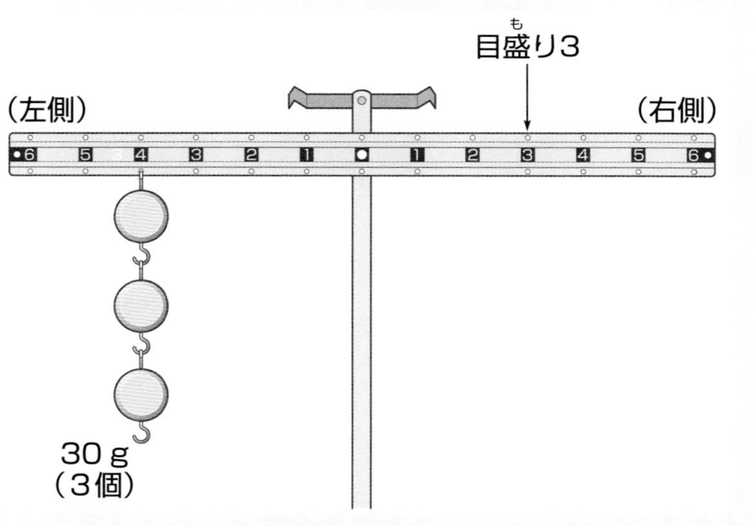

(1) てこをかたむけるはたらきの大きさは、何×何で表されますか。

(　　　　)×(　　　　)

(2) 図のてこを水平にするには、右側の目盛り3のところに、1個10gのおもりを何個つり下げればよいですか。

(　　)

4 岩石について調べました。

1つ3点(12点)

㋐	㋑	㋒
どろが固まってできている。	砂が固まってできている。	れきなどが固まってできている。

(1) ㋐〜㋒はそれぞれ、何という岩石ですか。名前をかきましょう。

㋐(　　)

㋑(　　)

㋒(　　)

(2) ㋐〜㋒の岩石は、何のはたらきでできた岩石ですか。正しいほうに○をつけましょう。

①(　　)火山のふん火のはたらき

②(　　)流れる水のはたらき

うらにも問題があります。

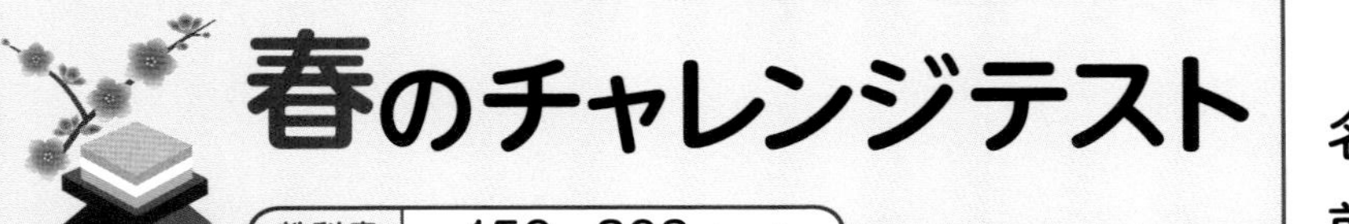

春のチャレンジテスト

教科書 150～203ページ

名前　　　　　月　　日

時間 40分

知識・技能	思考・判断・表現	合格80点
/60	/40	/100

答え 50～51ページ

知識・技能

1 食塩水、うすい塩酸、うすいアンモニア水をリトマス紙につけて、性質を調べました。

1つ2点(14点)

	水溶液㋐	水溶液㋑	水溶液㋒
リトマス紙	青色のリトマス紙を赤く変える。	どちらのリトマス紙の色も変えない。	赤色のリトマス紙を青く変える。

(1) リトマス紙の色の変化から、㋐～㋒の水溶液はそれぞれ、酸性、中性、アルカリ性のどれですか。

㋐(　　　)
㋑(　　　)
㋒(　　　)

(2) ㋐～㋒の水溶液は、それぞれ何ですか。名前をかきましょう。

㋐(　　　)
㋑(　　　)
㋒(　　　)

(3) ㋐～㋒で、気体がとけている水溶液をすべて答えましょう。(　　　)

2 アルミニウムにうすい塩酸を注いで、変化を調べました。

1つ3点(12点)

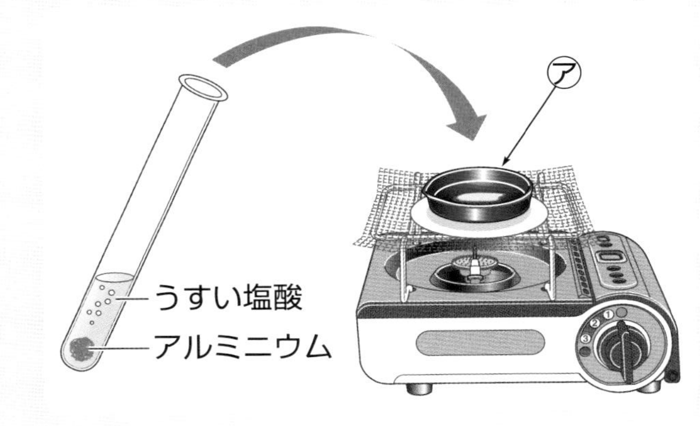

(1) ㋐の器具の名前を答えましょう。(　　　)

(2) うすい塩酸にアルミニウムがとけた液を熱すると、固体が出てきました。この固体は何色ですか。(　　　)

(3) (2)の固体にうすい塩酸を加えると、どうなりますか。正しいものに○をつけましょう。

ア(　　)あわを出してとける。　**イ**(　　)とけない。
ウ(　　)あわを出さないでとける。

(4) (3)の結果から、(2)の固体は元のアルミニウムと同じといえますか、いえませんか。(　　　)

3 手回し発電機のハンドルを回して、発電しました。

1つ3点(15点)

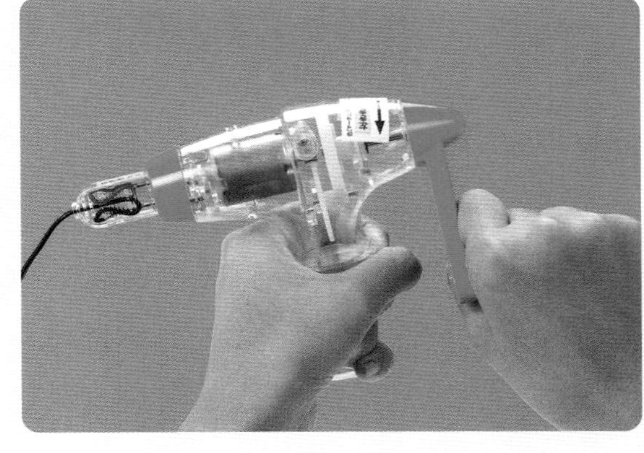

(1) 手回し発電機のハンドルを回す向きを逆にすると、電流の向きはどうなりますか。(　　　)

(2) 手回し発電機をモーターにつなぎました。ハンドルを回す速さを速くすると、モーターはどうなりますか。(　　　)

(3) ①～③の道具はそれぞれ、電気を何に変えていますか。

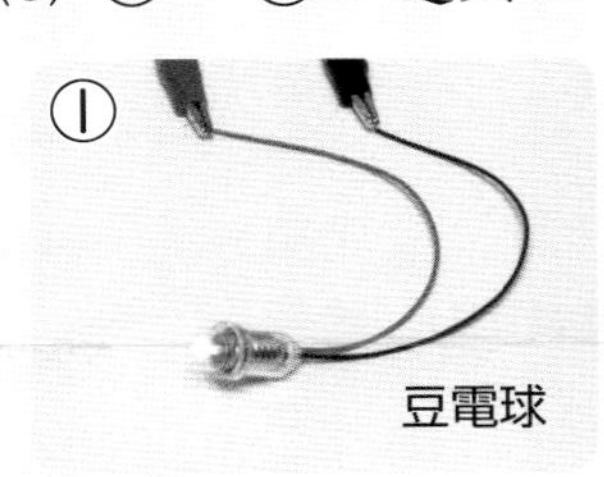

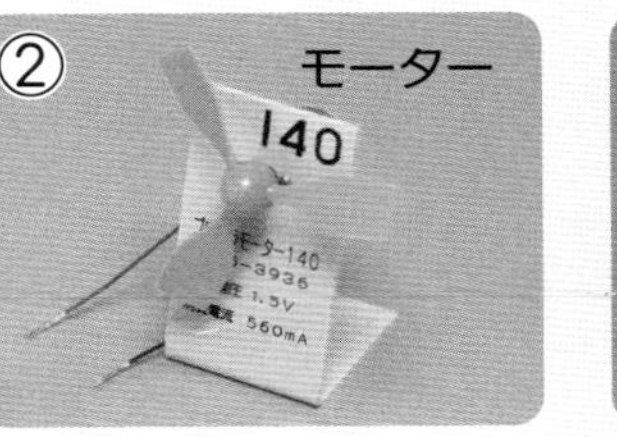

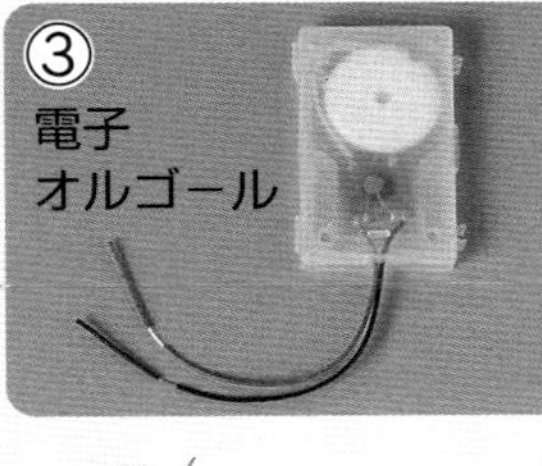

①(　　　)　②(　　　)　③(　　　)

4 あに光を当てると、電気がつくられて、モーターが回りました。

1つ3点(9点)

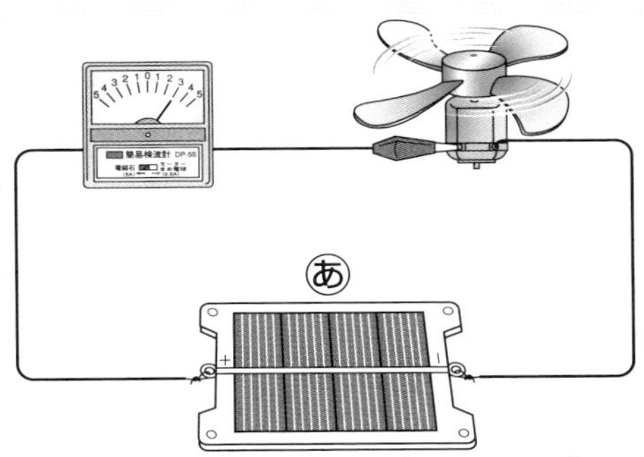

(1) あの器具を何といいますか。(　　　)

(2) あをつなぐ向きを逆にすると、モーターの回る向きはどうなりますか。(　　　)

(3) あに当てる光の強さを変えると、つくられる電気の量は変わりますか、変わりませんか。(　　　)

うらにも問題があります。

5 図の電気自動車は、バッテリーに電気をためて、電気の力でモーターを回して動きます。

(1)、(2)は3点、(3)は4点(10点)

(1) ガソリンなどの燃料を燃やして動く自動車は、空気中に二酸化炭素を出しますか、出しませんか。

(　　　　　　　　)

(2) 電気自動車は、空気中に二酸化炭素を出しますか、出しませんか。

(　　　　　　　　)

(3) 空気中の二酸化炭素を増やさない取り組みが行われているのは、二酸化炭素にどのような効果があると考えられているからですか。

(　　　　　　　　)

思考・判断・表現

6 炭酸水から出る気体を集気びんに集めました。

1つ4点(12点)

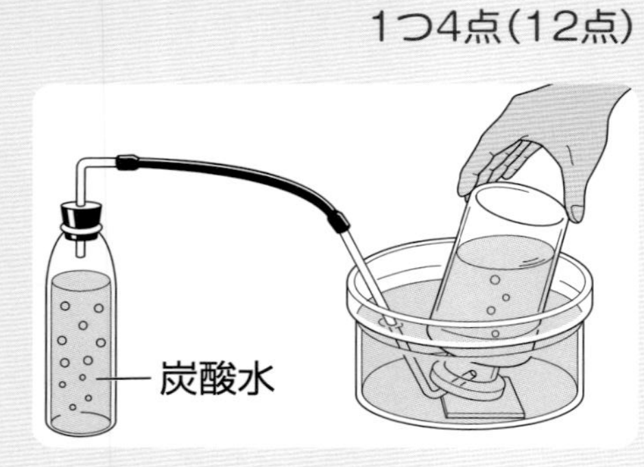

(1) 炭酸水から出る気体を集めた集気びんの中に、火のついた木を入れるとどうなりますか。

(　　　　　　　　)

(2) 炭酸水から出る気体を集めた集気びんの中に、石灰水(せっかいすい)を入れてふると、どうなりますか。

(　　　　　　　　)

(3) (1)、(2)の結果から、炭酸水から出る気体は何だとわかりますか。

(　　　　　　　　)

7 コンデンサーをそれぞれ、豆電球と発光ダイオードにつなぎます。

1つ5点(10点)

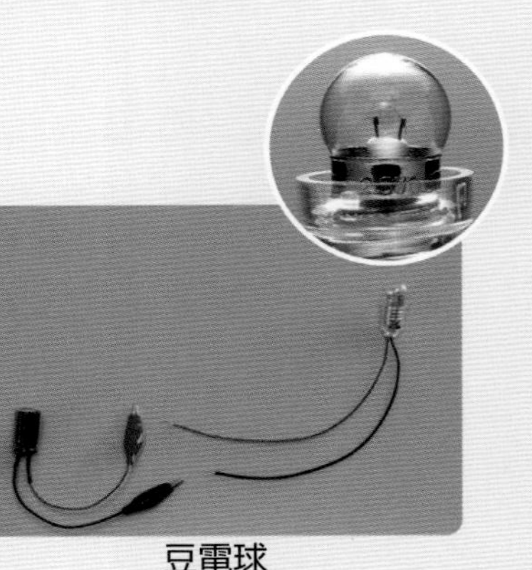

豆電球

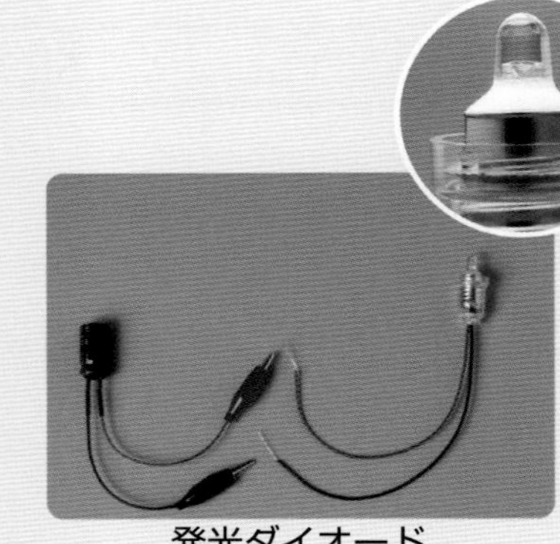

発光ダイオード

(1) 同じ量の電気をためたコンデンサーをそれぞれ、豆電球と発光ダイオードにつなぐと、長く明かりがつくのはどちらですか。

(　　　　　　　　)

(2) 豆電球と発光ダイオードは、どちらが電気を効率よく光に変えているといえますか。

(　　　　　　　　)

8 環境(かんきょう)を守るためにできることを考えます。

(1)は1つ4点、(2)は6点(18点)

(1) 次の(　　)にあてはまる言葉をかきましょう。

> わたしたちの生活に、電気は欠かせません。電気をつくるおもな燃料には、石油や石炭、天然ガスのような(①　　　　　)があります。これらの燃料を燃やすと、(②　　　　　)が使われて、二酸化炭素が出ます。そのため、電気やガスの使用量を減らすことは、環境へのえいきょうを少なくすることにつながります。
>
> また、(③　　　　　)のはたらきで発電する太陽光発電なら、発電するときに燃料を燃やすことがないので、二酸化炭素が出ません。

(2) 記述 図のように、森林の木を切ったあとの場所に、なえ木を植える活動が行われています。この活動は、環境を守るのに、どう役に立ちますか。

(　　　　　　　　　　　　　　　　)

6年 理科のまとめ 学力診断テスト

月　日
名前

時間 40分

合格80点　／100

答え 52〜53ページ

1 上と下にすきまの開いた集気びんの中で、ろうそくを燃やしました。

各2点(12点)

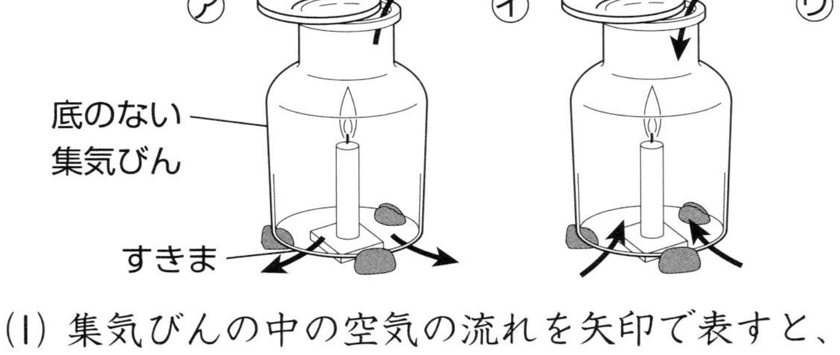
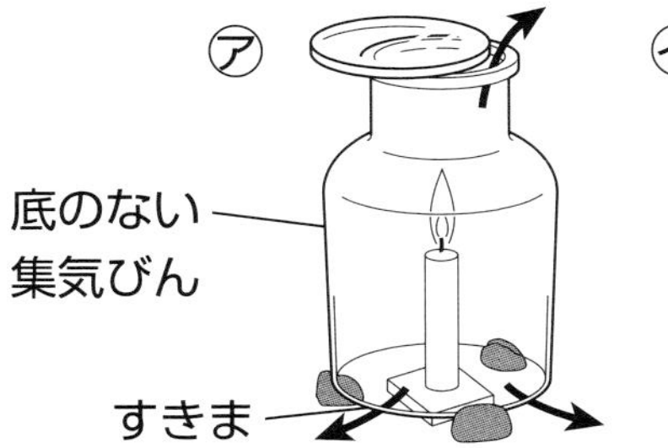

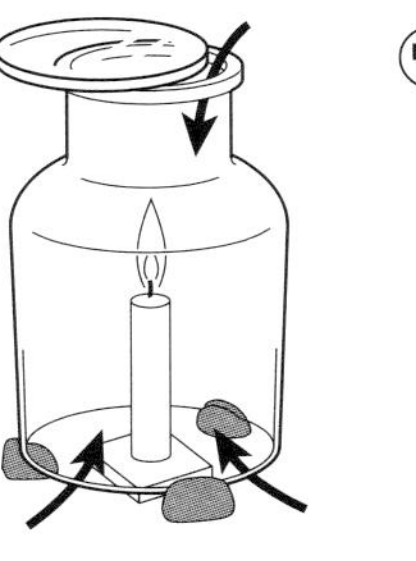

(1) 集気びんの中の空気の流れを矢印で表すと、どうなりますか。正しいものを㋐〜㋒から選んで、記号で答えましょう。
(　　)

(2) 集気びんの上と下のすきまをふさぐと、ろうそくの火はどうなりますか。　(　　　　　　　)

(3) (1)、(2)のことから、ものが燃え続けるためにはどのようなことが必要であると考えられますか。
(　　　　　　　　　　　　)

(4) ろうそくが燃える前とあとの空気の成分を比べて、①増える気体、②減る気体、③変わらない気体は、ちっ素、酸素、二酸化炭素のどれですか。それぞれ答えましょう。
①(　　　　)
②(　　　　)
③(　　　　)

2 ヒトの体のつくりについて調べました。

各2点(8点)

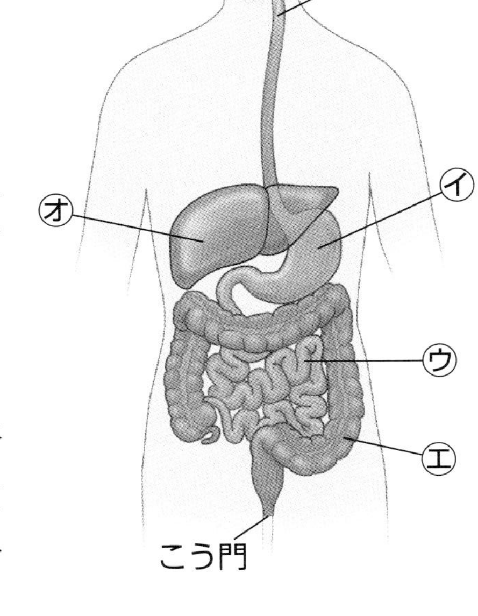
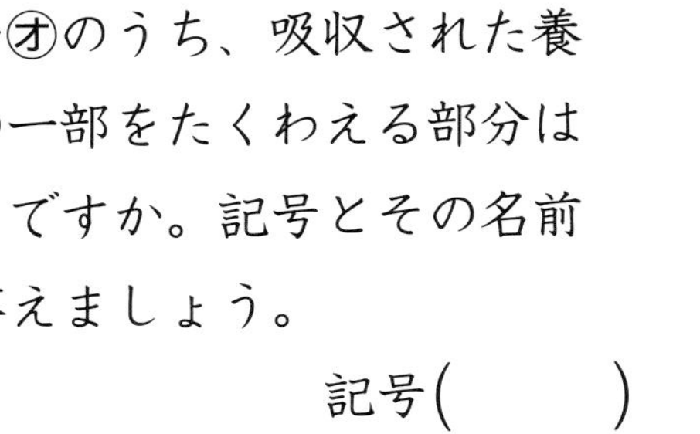

(1) ㋐〜㋔のうち、食べ物が通る部分をすべて選び、記号で答えましょう。
(　　　　　)

(2) 口から取り入れた食べ物は、(1)で答えた部分を通る間に、体に吸収(きゅうしゅう)されやすい養分に変化します。このはたらきを何といいますか。
(　　　　　)

(3) ㋐〜㋔のうち、吸収された養分の一部をたくわえる部分はどこですか。記号とその名前を答えましょう。
記号(　　)　名前(　　　　)

3 水の入ったフラスコにヒメジョオンを入れ、ふくろをかぶせて、しばらく置きました。

各3点(12点)

(1) 15分後、ふくろの内側はどうなりますか。
(　　　　　)

(2) 次の文の(　)にあてはまる言葉をかきましょう。
(1)のようになったのは、おもに葉から、水が(①)となって出ていったからである。このようなはたらきを(②)という。
①(　　　　)　②(　　　　)

(3) ふくろをはずし、そのまま1日置いておくと、フラスコの中の水の量はどうなりますか。
(　　　　)

4 太陽、地球、月の位置関係と、月の形の見え方について調べました。

各3点(12点)

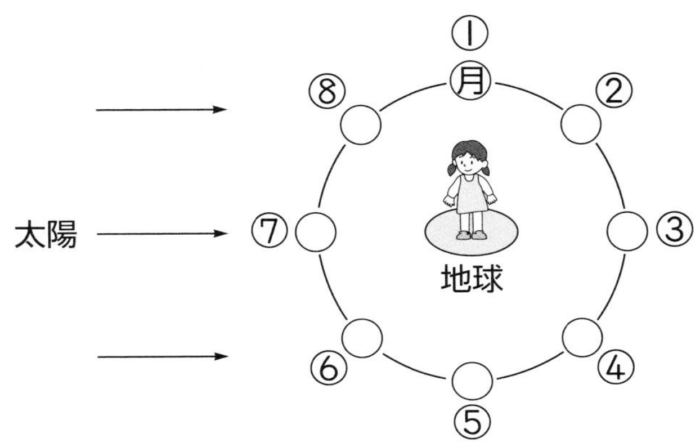

(1) 月が①、③、⑥の位置にあるとき、月は、地球から見てどのような形に見えますか。㋐〜㋗からそれぞれ選び、記号で答えましょう。

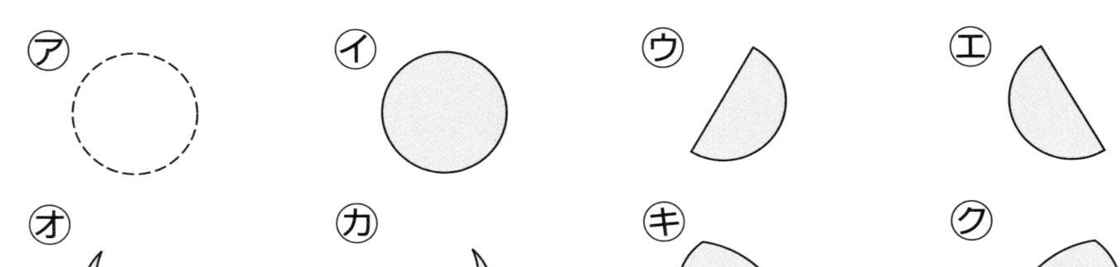

①(　　)　③(　　)　⑥(　　)

(2) 月の光っている部分が丸く見えるのは、月と太陽の位置の関係がどのようなときですか。
(　　　　　　　　　　　　)

うらにも問題があります。

5 地層の重なり方について調べました。

各2点(8点)

川　海　①の層　②の層　③の層

(1) ①〜③の層には、れき・砂・どろのいずれかが積もっています。それぞれ何が積もっていると考えられますか。

①(　　　)
②(　　　)
③(　　　)

(2) (1)のように積み重なるのは、つぶの何が関係していますか。

(　　　)

6 水溶液の性質を調べました。

各3点(12点)

(1) アンモニア水を、赤色、青色のリトマス紙につけると、リトマス紙の色はそれぞれどうなりますか。

①赤色のリトマス紙(　　　)
②青色のリトマス紙(　　　)

(2) リトマス紙の色が、(1)のようになる水溶液の性質を何といいますか。(　　　)

(3) 炭酸水を熱して水を蒸発させても、あとに何も残らないのはなぜですか。理由をかきましょう。

(　　　)

7 空気を通した生物のつながりについて考えました。

各3点(9点)

太陽　日光が当たると　㋐　呼吸　呼吸　㋑　植物　動物

(1) ㋐、㋑の気体は、それぞれ何ですか。気体の名前を答えましょう。

㋐(　　　)
㋑(　　　)

(2) 植物も動物も呼吸を行っていますが、地球上から酸素がなくならないのは、なぜですか。理由をかきましょう。

(　　　)

活用力をみる

8 身のまわりのてこを利用した道具について考えました。

各3点(15点)

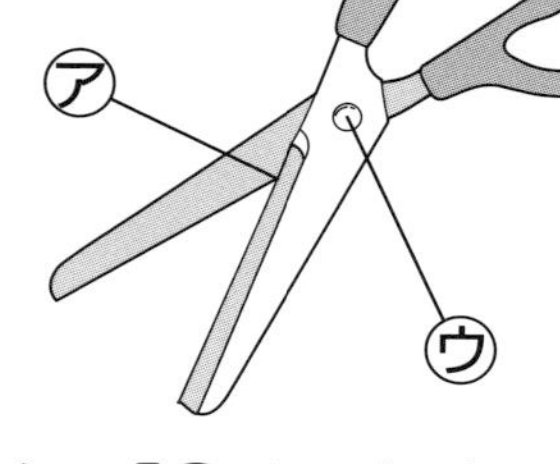

(1) はさみの支点・力点・作用点はそれぞれ、㋐〜㋒のどれにあたりますか。

①支点　(　　　)
②力点　(　　　)
③作用点(　　　)

(2) はさみで厚紙を切るとき、「あはの先」「いはの根もと」のどちらに紙をはさむと、小さな力で切れますか。正しいほうに○をつけましょう。

あはの先で切る

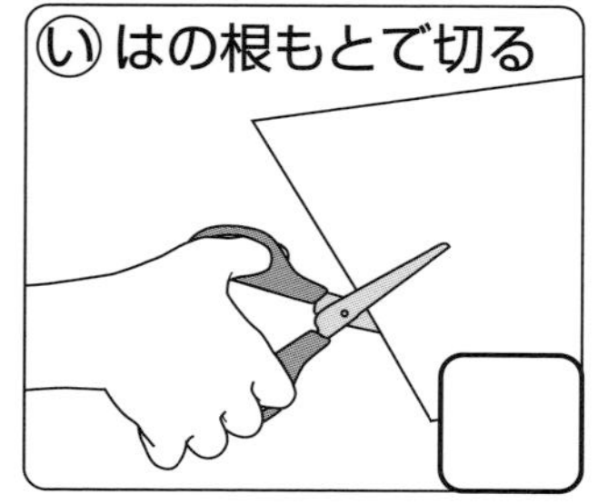

(3) (2)のように答えた理由をかきましょう。

(　　　)

9 電気を利用した車のおもちゃを作りました。

各4点(12点)

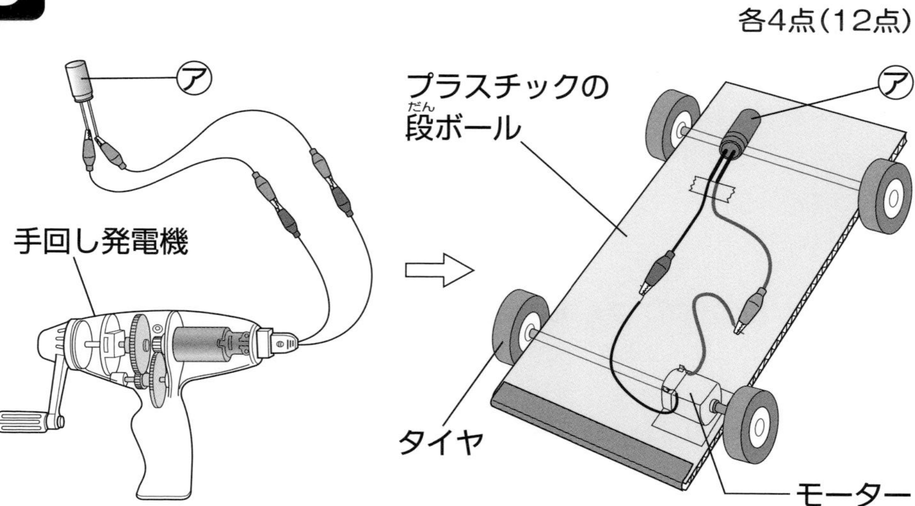

(1) 手回し発電機で発電した電気は、ためて使うことができます。電気をためることができる㋐の道具を何といいますか。

(　　　)

(2) 電気をためた㋐をモーターにつないで、タイヤを回します。この車をより長い時間動かすには、どうすればよいですか。正しいほうに○をつけましょう。

①(　　)手回し発電機のハンドルを回す回数を多くして、㋐にたくわえる電気を増やす。
②(　　)手回し発電機のハンドルを回す回数を少なくして、㋐にたくわえる電気を増やす。

(3) 車が動くとき、㋐にためた電気は、何に変えられますか。

(　　　)

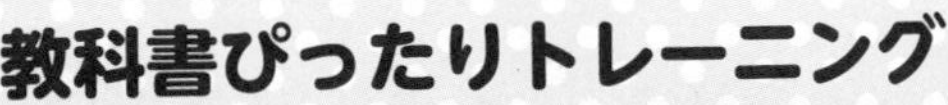

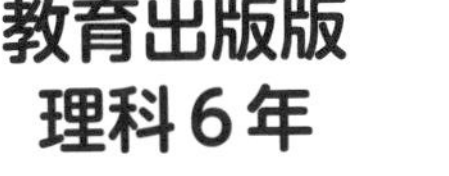

この「丸つけラクラク解答」は
とりはずしてお使いください。

「丸つけラクラク解答」では問題と同じ紙面に、赤字で答えを書いています。

①問題がとけたら、まずは答え合わせをしましょう。

②まちがえた問題やわからなかった問題は、てびきを読んだり、教科書を読み返したりしてもう一度見直しましょう。

おうちのかたへ では、次のようなものを示しています。

- 学習のねらいやポイント
- 他の学年や他の単元の学習内容とのつながり
- まちがいやすいことやつまずきやすいところ

お子様への説明や、学習内容の把握などにご活用ください。

見やすい答え

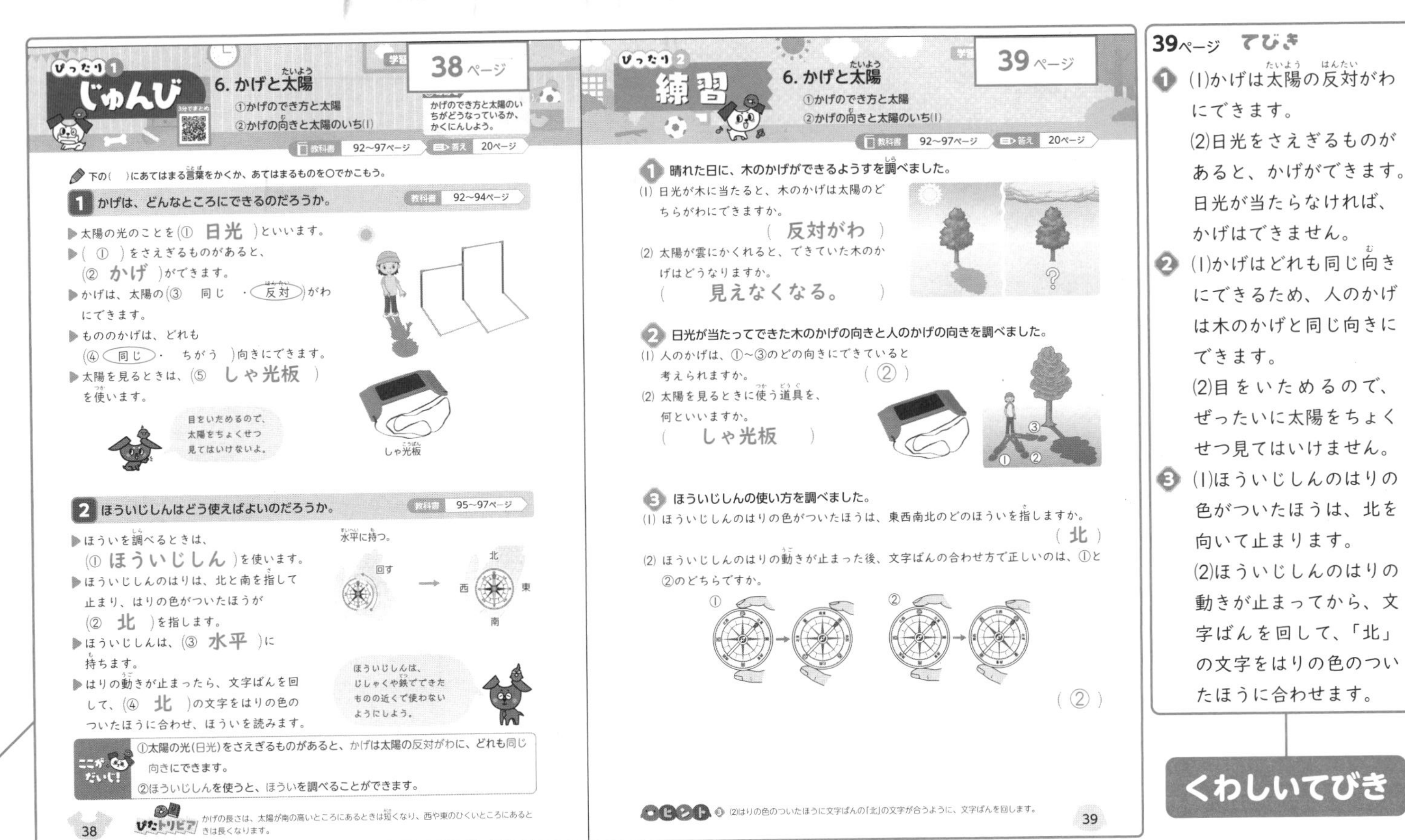

ぴったり1 じゅんび　6. かげと太陽　①かげのでき方と太陽　②かげの向きと太陽のいち(1)　38ページ

教科書 92~97ページ　答え 20ページ

下の(　)にあてはまる言葉をかくか、あてはまるものを○でかこもう。

1 かげは、どんなところにできるのだろうか。　教科書 92~94ページ

- 太陽の光のことを(① 日光)といいます。
- (①)をさえぎるものがあると、(② かげ)ができます。
- かげは、太陽の(③ 同じ・反対)がわにできます。
- もののかげは、どれも(④ 同じ・ちがう)向きにできます。
- 太陽を見るときは、(⑤ しゃ光板)を使います。

目をいためるので、太陽をちょくせつ見てはいけないよ。

2 ほういじしんはどう使えばよいのだろうか。　教科書 95~97ページ

- ほういを調べるときは、(① ほういじしん)を使います。
- ほういじしんのはりは、北と南を指して止まり、はりの色がついたほうが(② 北)を指します。
- ほういじしんは、(③ 水平)に持ちます。
- はりの動きが止まったら、文字ばんを回して、(④ 北)の文字をはりの色のついたほうに合わせ、ほういを読みます。

ほういじしんは、じしゃくや鉄でできたものの近くで使わないようにしよう。

ここがだいじ！
①太陽の光(日光)をさえぎるものがあると、かげは太陽の反対がわに、どれも同じ向きにできます。
②ほういじしんを使うと、ほういを調べることができます。

ぴたトリビア　かげの長さは、太陽が南の高いところにあるときは短くなり、西や東のひくいところにあるときは長くなります。

ぴったり2 練習　6. かげと太陽　①かげのでき方と太陽　②かげの向きと太陽のいち(1)　39ページ

教科書 92~97ページ　答え 20ページ

1 晴れた日に、木のかげができるようすを調べました。
(1) 日光が木に当たると、木のかげは太陽のどちらがわにできますか。(反対がわ)
(2) 太陽が雲にかくれると、できていた木のかげはどうなりますか。(見えなくなる。)

2 日光が当たってできた木のかげの向きと人のかげの向きを調べました。
(1) 人のかげは、①~③のどの向きにできていると考えられますか。(②)
(2) 太陽を見るときに使う道具を、何といいますか。(しゃ光板)

3 ほういじしんの使い方を調べました。
(1) ほういじしんのはりの色がついたほうは、東西南北のどのほういを指しますか。(北)
(2) ほういじしんのはりの動きが止まった後、文字ばんの合わせ方で正しいのは、①と②のどちらですか。(②)

ヒント 3 (2)はりの色のついたほうに文字ばんの「北」の文字が合うように、文字ばんを回します。

38　39

おうちのかたへ

おうちのかたへ　6. かげと太陽
日光により影ができること、太陽が動くと影も動くこと、日なたと日かげではようすが違うことを学習します。太陽と影(日かげ)との関係が考えられるか、日なたと日かげの違いについて考えることができるか、などがポイントです。

39ページ　てびき

1 (1)かげは太陽の反対がわにできます。
(2)日光をさえぎるものがあると、かげができます。日光が当たらなければ、かげはできません。

2 (1)かげはどれも同じ向きにできるため、人のかげは木のかげと同じ向きにできます。
(2)目をいためるので、ぜったいに太陽をちょくせつ見てはいけません。

3 (1)ほういじしんのはりの色がついたほうは、北を向いて止まります。
(2)ほういじしんのはりの動きが止まってから、文字ばんを回して、「北」の文字をはりの色のついたほうに合わせます。

くわしいてびき

※紙面はイメージです。

ぴったり1 準備

1. ものの燃え方と空気

①ものを燃やしたとき

3分でまとめ

学習 2ページ

ものが燃えるときには、空気の性質が変わることを確認しよう。

教科書 8〜12ページ　答え 2ページ

次の(　)にあてはまる言葉をかくか、あてはまるものを〇で囲もう。

1 集気びんの中でろうそくを燃やして、燃え方を比べよう。　教科書 8〜9ページ

- 底のある集気びんの中の火は、
(① 燃え続ける ・ 〇消える)。
- 底のない集気びんの中の火は、
(② 〇燃え続ける ・ 消える)。
- 底のある集気びんの中でろうそくを燃やしても、中の(③ 空気)はなくならない。
- 底のない集気びんでは、燃えたあとの空気が新しい(④ 空気)と入れかわることで、ろうそくは燃え続けることができる。

2 底のある集気びんの中でものを燃やすと火が消えてしまうのは、どうしてだろうか。　教科書 10〜12ページ

- 底のある集気びんの中でろうそくを燃やして、火が消えたあと、もう一度火のついたろうそくを集気びんの中に入れて調べる。

集気びんの中の空気が入れかわらないように、手ぎわよくかぶせる。

集気びんの中でろうそくを燃やした回数と火が消えるまでの時間(例)

集気びんの中でろうそくを燃やした回数	火が消えるまでの時間
1回め	16秒
2回め	0秒

・調べた結果、2回めは火が(① 燃え続けた ・ 〇すぐに消えた)。
- 底のある集気びんの中でものを燃やすと、集気びんの中の空気の性質が変わって、空気にものを(② 燃やす)はたらきがなくなるからだと考えられる。

集気びんの中の空気はなくなっていないよ。

ここが だいじ! ①ものを燃やすことで、空気の性質が変わって、ものを燃やすはたらきがなくなる。

ぴたトリビア　ものが燃えるためには、酸素、燃えるもの、温度が必要です。どれか1つでも取りのぞけば、火を消すことができます。

ぴったり2 練習

1. ものの燃え方と空気

①ものを燃やしたとき

学習 3ページ

教科書 8〜12ページ　答え 2ページ

1 2つのろうそくに火をつけて、一方には底のある集気びんを、もう一方には底のない集気びんをかぶせました。

(1) しばらく様子を見ていると、それぞれの集気びんの中のろうそくの火はどうなりますか。正しいものに〇をつけましょう。

ア(　)　底のある集気びん：火が消える　底のない集気びん：火が消える
イ(〇)　底のある集気びん：火が消える　底のない集気びん：燃え続ける
ウ(　)　底のある集気びん：燃え続ける　底のない集気びん：火が消える

(2) (1)の実験で使った底のある集気びんを、図のように水の入った水そうの中にしずめると、あわが出てきました。このことから、集気びんの中から空気はなくなったといえますか、いえませんか。
(いえない。)

2 底のある集気びんの中でろうそくを燃やしたあと、図のように、その集気びんを火のついたろうそくにかぶせました。

(1) 1回めに集気びんの中でろうそくを燃やしてそのままにしておくと、ろうそくの火はどうなりますか。正しいものに〇をつけましょう。
ア(　)燃え続ける。
イ(〇)しばらくしてから消える。
ウ(　)すぐに消える。

(2) 2回めに集気びんの中でろうそくを燃やしたとき、ろうそくの火はどうなりますか。正しいものに〇をつけましょう。
ア(　)燃え続ける。
イ(　)しばらくしてから消える。
ウ(〇)すぐに消える。

(3) (1)、(2)のようになったのは、集気びんの中の空気のあるはたらきがなくなったからだと考えられます。どのようなはたらきですか。
(ものを燃やすはたらき)

ヒント ❷ (2)2回めなので、集気びんの中の空気の性質は変わっています。

3ページ てびき

❶ (1)(2)底のない集気びんでは、空気が入れかわるので、ろうそくは燃え続けます。底のある集気びんの中の空気はなくなったのではなく、空気の性質が変わったので、火が消えます。

❷ 1回めは、集気びんの中に入っている空気にものを燃やすはたらきがあるので、しばらくしてから消えます。2回めは、集気びんの中の空気から、ものを燃やすはたらきがなくなっているので、火はすぐに消えます。

おうちのかたへ
ものが燃えたあと、空気はものを燃やすはたらきを失うだけで、空気自体がなくなるわけではないことに注意させましょう。

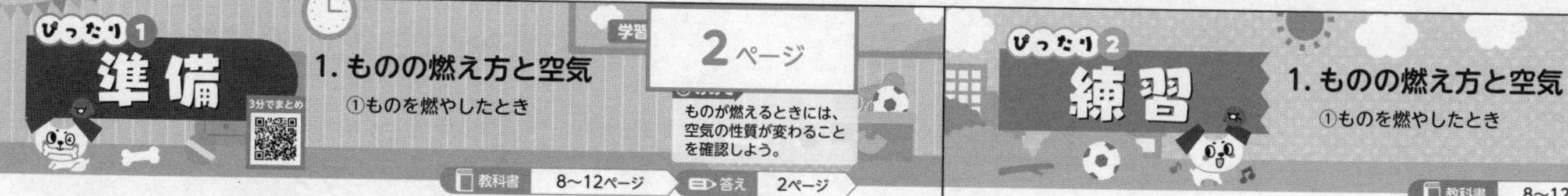

おうちのかたへ　1. ものの燃え方と空気
ものが燃えるときの空気の変化を学習します。ものが燃えるときには空気中の酸素の一部が使われて二酸化炭素ができること、空気には窒素、酸素、二酸化炭素などが含まれていて、酸素にはものを燃やすはたらきがあることを理解しているか、気体検知管や石灰水を使って空気の成分を調べることができるか、などがポイントです。

1. ものの燃え方と空気

②ものを燃やすはたらき(1)

教科書 13〜16ページ　答え 3ページ

次の(　)にあてはまる言葉をかくか、あてはまるものを○で囲もう。

1 ちっ素、酸素、二酸化炭素のうち、どの気体にものを燃やすはたらきがあるだろうか。 教科書 13〜16ページ

▶図は、空気中にふくまれる気体の割合(わりあい)をグラフで表したものである。①〜③にあてはまる言葉を〔 〕から選んで□にかきましょう。

〔　ちっ素　　酸素　　二酸化炭素　〕

その他(約1%)
③ 二酸化炭素 は約0.04％
(約21%)
② 酸素
(約78%)
① ちっ素

▶空気は、ちっ素、酸素、二酸化炭素などの気体が混じり合ったものである。

▶空気は、全体の体積の約(④ 21%・78%)がちっ素、約(⑤ 21%・78%)が酸素である。

▶ちっ素中、酸素中、二酸化炭素中でのものの燃え方を比べる。

・集気びんの中に気体を入れる。その集気びんの中に火のついたろうそくを入れ、燃え方を調べる。

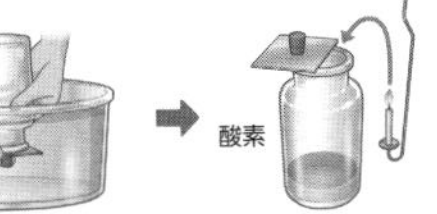

集気びんの中の空気を全て出して、集気びんを水で満たす。 → 少しずつ気体を送りこんで、必要な分だけ気体を集める。 → 集気びんにふたをして、水から取り出す。 → 熱いろうが落ちて集気びんが割(わ)れないように、少量の水を入れる。

・図は酸素の場合。ちっ素、二酸化炭素を入れた集気びんでも、燃え方を調べる。

▶アの集気びんの中は(⑥ ちっ素)であり、(⑥)にはものを燃やすはたらきがない。

▶イの中は(⑦ 酸素)であり、(⑦)にはものを燃やすはたらきがある。

▶ウの中は二酸化炭素であり、二酸化炭素にはものを燃やすはたらきがない。

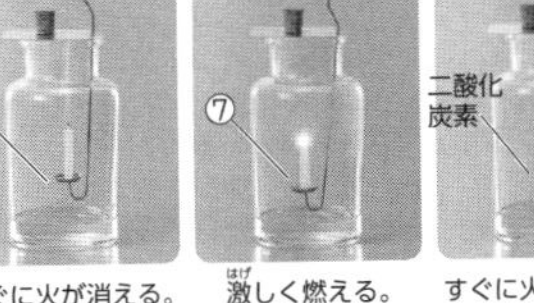

ア すぐに火が消える。　イ 激(はげ)しく燃える。　ウ すぐに火が消える。

ここが だいじ!
①空気は、ちっ素、酸素、二酸化炭素などの気体が混じり合ったものである。
②酸素には、ものを燃やすはたらきがあり、ちっ素や二酸化炭素にはものを燃やすはたらきがない。

ぴたトリビア　空気の成分で、ちっ素、酸素の次に多いのは、アルゴンという気体です。

ぴったり2 練習　学習 5ページ

1. ものの燃え方と空気

②ものを燃やすはたらき(1)

教科書 13〜16ページ　答え 3ページ

1 図は、空気中にふくまれる気体の体積の割合(わりあい)を表したグラフです。

(1) 図の㋐は、空気中にもっとも多くふくまれる気体です。何という気体ですか。　(ちっ素)

(2) 図の㋑は、体積の割合が約21%の気体です。何という気体ですか。　(酸素)

その他(約1%)(二酸化炭素は約0.04%)
㋑ 約21%
㋐ 約78%
空気中にふくまれる気体の体積の割合

2 図のように、気体を水中で集めるときの手順はどのようになりますか。次の㋐〜㋒を正しく並(なら)べましょう。

ちっ素

㋐集気びんを水中にしずめて、中の空気を全て出し、水で満たす。
㋑集めた気体がにげないように、集気びんにふたをして、水中から取り出す。
㋒集気びんを水中に入れたまま、少しずつ気体を送りこみ、必要な量の気体を集める。

(あ → う → い)

3 ㋐〜㋓の集気びんには、ちっ素、酸素、二酸化炭素、空気のどれかが入っています。

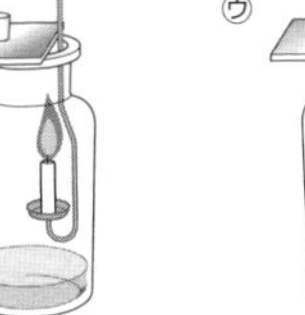

(1) ㋐、㋑の集気びんにそれぞれ火のついたろうそくを入れたところ、㋐ではろうそくの燃え方が集気びんに入れる前とほとんど変わらず、しばらくして火は消えました。㋑ではろうそくの燃え方が激(はげ)しく、やがて火は消えました。㋐、㋑に入っていた気体はそれぞれ何ですか。

㋐(空気)　㋑(酸素)

(2) ㋒、㋓のびんに火のついたろうそくを入れたところ、どちらもすぐに消えました。㋒、㋓に入っていた気体は何ですか。

(ちっ素)と(二酸化炭素)

(3) この実験から、㋑のびんに入っていた気体に、どのようなはたらきがあるといえますか。

(ものを燃やすはたらき)

5ページ てびき

1 空気の成分で、一番多いのはちっ素、次に多いのは酸素です。

2 集気びんの中を水で満たしてから、集めたい気体を送りこんで、その気体を集めます。

3 (1)酸素にはものを燃やすはたらきがあるので、火を入れると激(はげ)しく燃えます。空気の中にも酸素がふくまれているので、火はしばらくの間は燃えます。
(2)ちっ素、二酸化炭素にはものを燃やすはたらきがないので、火を入れるとすぐに消えます。

おうちのかたへ
燃やすものは木やろうそくなど(植物体)で、金属の燃焼は扱いません。また、ものが燃えると、酸素が使われて(減って)、二酸化炭素ができる(増える)ことは扱いますが、重さ(質量)や原子の数による説明は扱いません。原子・分子による説明や化学変化については、中学校理科で学習します。

1. ものの燃え方と空気

②ものを燃やすはたらき(2)

ものを燃やした前後の空気中の気体の変化を確認しよう。

教科書 17〜21、211ページ　答え 4ページ

次の(　)にあてはまる言葉をかこう。

1 ものを燃やす前と燃やしたあとでは、空気の成分はどのように変わるだろうか。 教科書 17〜21、211ページ

▶(① 気体検知管)を使うと、空気にふくまれる酸素や二酸化炭素の量(体積の割合)を調べることができる。
- 検知管の両はしをチップホルダで折り、矢印のついている側を採取器に差しこむ。
- 調べたい気体の入った容器に検知管の先を入れてハンドルを強く引く。
- 色が変わったところの目盛りを読む。

採取器のハンドルを引いて、検知管に気体を取りこむ。

集気びんの中でろうそくを燃やした結果(例)

	酸素の体積の割合(%)	二酸化炭素の体積の割合(%)
燃やす前	約21％	ほとんどなし
燃やしたあと	約17％	約4％

集気びんの中でろうそくを燃やしたときの空気の変化(例)

燃やす前：ちっ素 約78％、酸素 約21％、その他 約1％
燃やしたあと：ちっ素 約78％、酸素 約17％、二酸化炭素 約4％

▶ろうそくを燃やしたあとの空気は、燃やす前と比べて、(② 酸素)が減り、(③ 二酸化炭素)が増えている。
▶ろうそくのほか、木や紙、布など、植物からつくられたものを燃やしても、空気中の(④ 酸素)の一部が使われて減り、(⑤ 二酸化炭素)ができて増える。
▶木や紙、布などは、燃やしたあと、(⑥ 炭)や(⑦ 灰)に変わる。
▶紙や布を燃やしたあと、石灰水の入ったびんにふたをしてふると(⑧ 白く)にごるので、二酸化炭素ができていることがわかる。

ここがだいじ!
①ものが燃えるとき、空気中の酸素の一部が使われて減り、二酸化炭素ができて増える。
②植物からつくられたものは、燃やすと炭や灰に変わる。

ぴたトリビア 底のある集気びんの中では火のついたろうそくの火はやがて消えますが、酸素のすべてが使われるわけではありません。

ぴったり2 練習

1. ものの燃え方と空気

②ものを燃やすはたらき(2)

教科書 17〜21、211ページ　答え 4ページ

1 図1の器具を使って、ものを燃やす前後の空気にふくまれる気体の体積の割合を調べました。図2はその結果を表しています。

図1

(1) 図1は、酸素や二酸化炭素の量を調べるものです。これを何といいますか。
(気体検知管)

(2) 図2の気体㋐〜㋒はそれぞれ何という気体ですか。
㋐(ちっ素)
㋑(酸素)
㋒(二酸化炭素)

図2 空気にふくまれる気体の体積の割合

燃やす前：気体㋐ 約78％、気体㋑ 約21％、その他 約1％
燃やしたあと：気体㋐ 約78％、気体㋑ 約17％、気体㋒ 約4％

(3) ものを燃やしたあとの空気で、ものを燃やす前の空気より増えた気体と減った気体は、それぞれ何ですか。正しいものに○をつけましょう。
①増えた気体　ア(　)酸素　イ(○)二酸化炭素
②減った気体　ア(○)酸素　イ(　)二酸化炭素

2 集気びんの中に火のついた木を入れて、燃え方を調べました。

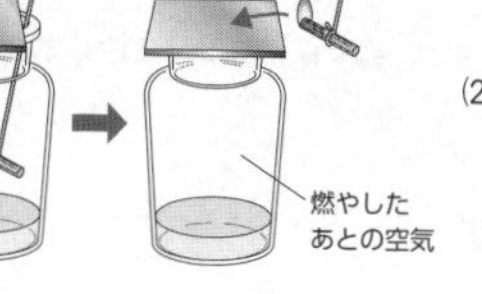

(1) 初めに火が消えたとき、木の燃やした部分は何に変わっていましたか。(炭(灰))
(2) 燃やしたあとの空気の中に、再び火のついた木を入れると、どのようになりますか。次の㋐〜㋒から選びましょう。(㋒)
㋐燃やす前の空気中よりも激しく燃える。
㋑燃やす前の空気中と同じくらい燃える。
㋒火はすぐに消える。
(3) (2)のようになるのはなぜですか。その理由として、正しいものに○をつけましょう。
ア(○)木を燃やすのに、空気中の酸素が使われたから。
イ(　)木を燃やすのに、空気中のちっ素が使われたから。
ウ(　)木を燃やすのに、空気中の二酸化炭素が使われたから。
(4) 初めに入れるものとして、火のついた新聞紙を使い、同じような実験をします。新聞紙の火が消えてから、火のついた木を入れると、どのようになりますか。(2)の㋐〜㋒から選びましょう。(㋒)

ヒント 1 (2)ものを燃やしたあと、気体㋑は減って、気体㋒は増えています。

7ページ てびき

1 (2)(3)空気中に一番多くふくまれているのはちっ素で、燃やす前と後でその量は変わりません。燃やしたあと、酸素は減り、二酸化炭素は増えます。

2 (2)(3)木を燃やしたとき、空気中の酸素の一部が使われるので、燃やしたあとの空気では、酸素が少なくなっています。そのため、燃やしたあとの空気の中では、木は燃えません。
(4)植物からつくられる木、紙、布などのどれを燃やしても、酸素の一部が使われて減り、二酸化炭素ができて増えます。

おうちのかたへ
ものが燃えたあとの空気中では、ものを燃やすことはできませんが、酸素がなくなったわけではないことに注意させましょう。教科書の実験では、ものが燃えたあとの空気中の酸素の体積の割合は約17％となっています。

1. ものの燃え方と空気

/100　合格70点

教科書 8~23ページ　答え 5ページ

1 集気びんの中でろうそくの火が消えるまでの時間をはかり、そのあと、もう一度火のついたろうそくに集気びんをかぶせて、火が消えるまでの時間をはかりました。　各5点(25点)

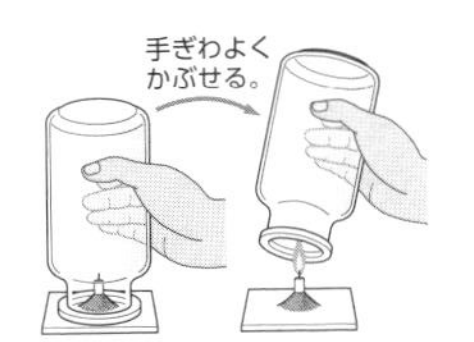

(1) 下の図は、火が消えるまでの時間を記録したメモですが、何回めかをかくのをわすれてしまいました。このメモをもとに、表の①、②にあてはまる時間をかきましょう。

火が消えるまでの時間

18秒	0秒

集気びんの中でろうそくを燃やした回数と火が消えるまでの時間

集気びんの中でろうそくを燃やした回数	火が消えるまでの時間
1回め	(① 18秒)
2回め	(② 0秒)

(2) 空気にふくまれる気体の量を調べるために使われる、右の図の器具を何といいますか。(気体検知管)

(3) (2)の器具を用いて、1回めのあとの酸素と二酸化炭素の量を調べました。このときの結果は、㋐、㋑のどちらですか。酸素、二酸化炭素それぞれについて答えましょう。

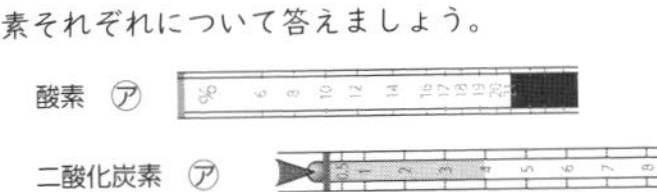
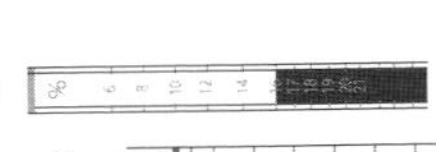

酸素(㋑)　二酸化炭素(㋐)

よく出る

2 集気びんの中で木を燃やす前と燃やしたあとで、それぞれの空気にふくまれる気体の体積の割合を調べました。　各5点(30点)

燃やす前	ちっ素 約78%	酸素 約21%（その他 約1%）
燃やしたあと	ちっ素 約78%	酸素 約17%（二酸化炭素 約4%）

(1) 木を燃やしたあとの空気で、増えている気体は何ですか。(二酸化炭素)

(2) 木を燃やしたあとの空気で、減っている気体は何ですか。(酸素)

(3) 木を燃やす前と燃やしたあとの空気で、割合が変わらない気体は何ですか。(ちっ素)

(4) ものを燃やすはたらきがある気体は何ですか。(酸素)

(5) 木のように、植物からつくられたものが燃えると、何に変わりますか。2つ答えましょう。(炭)(灰)

3 集気びんに酸素と二酸化炭素を集めました。　技能 各7点(21点)

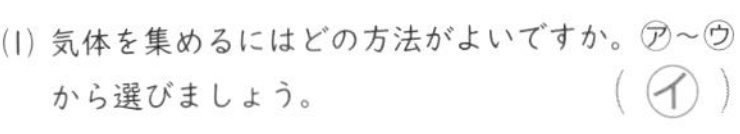
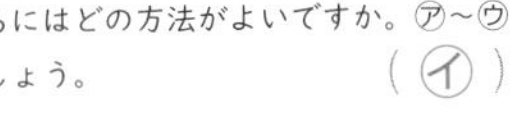
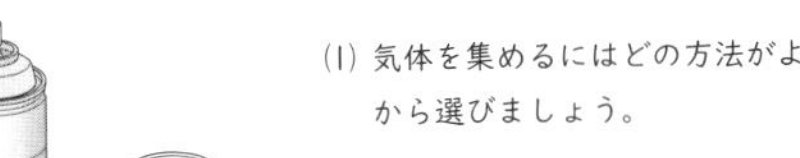

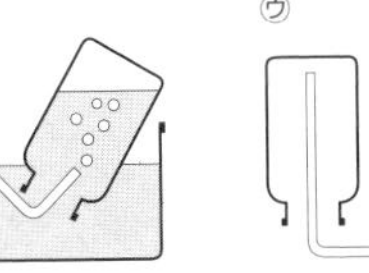

(1) 気体を集めるにはどの方法がよいですか。㋐~㋒から選びましょう。(㋑)

(2) 二酸化炭素があるかどうかを調べる水溶液を何といいますか。(石灰水)

(3) (2)と二酸化炭素が入ったびんにふたをしてふると、どのような変化が見られますか。(白くにごる。)

できたらスゴイ!

4 あきかんに入れた割りばしを、㋐~㋒の方法で燃やします。　思考・表現 各8点(24点)

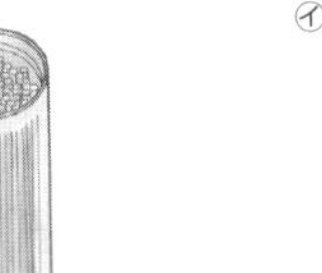
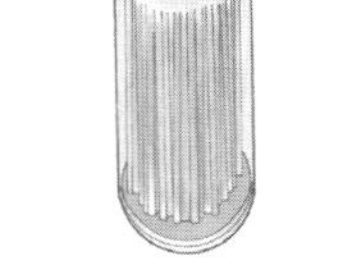

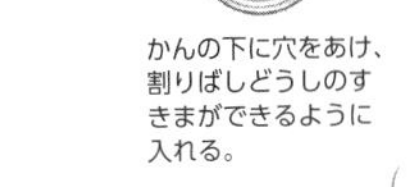

㋐ かんの下に穴をあけ、割りばしをできるだけ多く入れる。

㋑ ふたを半分だけあけ、割りばしをできるだけ多く入れる。

㋒ かんの下に穴をあけ、割りばしどうしのすきまができるように入れる。

(1) いちばんよく燃えるのは、㋐~㋒のどれですか。(㋒)

(2) 記述 (1)がいちばんよく燃える理由を説明しましょう。

上と下があいていて、割りばしどうしにもすきまがあり、空気がよく入れかわるから。
※「空気がよく入れかわる」は、「新しい空気にふれやすい」と書いていても○

(3) 割りばしを燃やしたあとにできる黒っぽい部分を何といいますか。(炭)

ふりかえり
❷がわからないときは、6ページの❶にもどって確認しましょう。
❹がわからないときは、2ページの❶にもどって確認しましょう。

8~9ページ　てびき

1 (1)1回めは、火はしばらく燃えてから消えますが、2回めはすぐに消えます。

2 (1)~(3)燃やす前と燃やしたあとの帯グラフの長さ、または、それぞれの気体の割合を比べます。

(4)燃やす前と燃やしたあとで、酸素の割合が減っていることから、燃やすときに酸素が使われたと考えられます。

(5)紙や布なども、燃やすと炭や灰に変わります。

3 (1)酸素や二酸化炭素を集めるときは、気体が集まっている様子が見えるように、水の中で集めます。

(2)(3)石灰水が二酸化炭素にふれると、白くにごります。

4 (1)(2)空気の出入りや入れかわりがしやすいかどうかに注目します。

(3)割りばしは木でできており、木を燃やすと、黒い炭(や灰色っぽい灰)になります。

おうちのかたへ
水に溶けやすい気体は、水中では集められません。気体の性質や集め方について、より詳しくは中学校理科で学習します。

ぴったり1 準備

2. 人や他の動物の体

①体の中に取り入れた空気

10ページ

学習日

肺で酸素と二酸化炭素の交かんをしていることを確認しよう。

3分でまとめ

教科書 26〜31ページ　答え 6ページ

次の(　)にあてはまる言葉をかくか、あてはまるものを○で囲もう。

1 人は、息をすることによって、体の中で、空気中の何を取り入れ、何を出しているのだろうか。　教科書 26〜31ページ

▶気体検知管や石灰水を使って、吸いこむ空気とはき出した息を調べた。

	用意	気体検知管で調べた結果	石灰水の様子
吸いこむ空気	空気をふくろに集める。	ちっ素 約78％／酸素 約21％／二酸化炭素 ほとんどなし／その他 約1％	(①変化しない・白くにごる)。
はき出した息	息をふくろにはき出す。	ちっ素 約78％／酸素 約18％／二酸化炭素 約3％／その他 約1％	(② 変化しない・白くにごる)。

・はき出した息では、吸いこむ空気よりも、(③　二酸化炭素　)が多く、(④　酸素　)が少なくなっている。

・体の中に酸素を取り入れ、外に二酸化炭素を出すことを(⑤　呼吸　)という。

〈吸いこむ空気〉

鼻や口

↓

(⑥　気管　)

↓

(⑦　肺　)

鼻

口

▶吸いこんだ空気は、(⑦)に送られ、その中の(⑧　酸素　)の一部が、肺で血液中に取り入れられて、体じゅうに送り出される。

▶体の中でできた不要な(⑨　二酸化炭素　)は、肺で血液中から出され、息としてはき出される。

▶はき出したあとの息には、吸いこむ空気よりも、(⑩　二酸化炭素　)や(⑪　水蒸気　)が多くふくまれる。

ここがだいじ！

①人は呼吸によって、空気中の酸素の一部を血液中に取り入れて、血液中から出された二酸化炭素をふくむ息を出している。

②人が鼻や口から吸いこんだ空気は、気管を通って、胸にある肺に送られる。

ぴたトリビア　多くのこん虫の胸や腹には「気門」という穴があります。こん虫はこの気門から空気をとり入れて呼吸しています。

ぴったり2 練習

2. 人や他の動物の体

①体の中に取り入れた空気

11ページ

学習日

教科書 26〜31ページ　答え 6ページ

1 気体検知管と石灰水を使って、吸いこむ空気とはき出した息のちがいを調べました。㋐、㋑は「吸いこむ空気」と「はき出した息」のいずれかを表しています。

	気体検知管①	気体検知管②	石灰水
㋐	約21％	(ほとんどなし)	ア
㋑	約18％	約3％	イ

(1) 気体検知管①、②は何という気体を調べた結果ですか。それぞれ答えましょう。
①(　酸素　)　②(　二酸化炭素　)

(2)「はき出した息」の結果を示しているのは、㋐、㋑のどちらですか。(　㋑　)

(3) ㋑の空気が入ったふくろに、石灰水を入れてよくふります。石灰水はどうなりますか。
(　白くにごる。　)

(4) この結果から、呼吸によって体に取り入れられた気体は何とわかりますか。
(　酸素　)

2 人が空気を吸いこんだりはき出したりするしくみを調べました。

(1) ㋐、㋑をそれぞれ何といいますか。
㋐(　気管　)　㋑(　肺　)

(2) ㋑は、どのようなはたらきをしていますか。正しいものに○をつけましょう。

ア(　)新しい血液をつくっている。

イ(　)酸素の少ない空気を二酸化炭素の多い空気に取りかえている。

ウ(　)酸素を出し、吸いこんだ空気から二酸化炭素を取り入れている。

エ(○)二酸化炭素を出し、吸いこんだ空気から酸素を取り入れている。

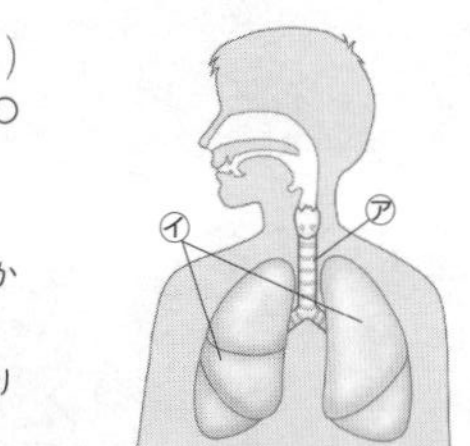

(3) (2)のはたらきを何といいますか。(　呼吸　)

ヒント　1 (3)石灰水は、二酸化炭素にふれると、白くにごる性質があります。

11ページ てびき

1 (1)空気中に酸素は約21％ふくまれています。

(2)はき出した息は、吸いこむ空気と比べて、酸素が少なく、二酸化炭素が多くなります。

(3)はき出した息(㋑)は二酸化炭素が多いので、石灰水は白くにごります。

(4)呼吸では、体の中に酸素を取り入れ、外に二酸化炭素を出します。

2 (1)吸いこんだ空気は気管を通って、肺に送られます。

(2)(3)肺の中では、吸いこんだ空気にふくまれる酸素の一部が血液中に取り入れられます。また、血液中から二酸化炭素が出されます。このはたらきを呼吸といいます。

おうちのかたへ

二酸化炭素が石灰水を白くにごらせる性質をもつことは「1. ものの燃え方と空気」で学習しました。

おうちのかたへ　2. 人や他の動物の体

人や動物の体のつくりと呼吸、消化・吸収、血液の循環のはたらきを学習します。ここでは、肺で酸素を取り入れ、二酸化炭素を排出していること、消化管を通る間に食べ物が消化・吸収されること、心臓のはたらきで血液は体内を巡り、養分や酸素、二酸化炭素を運ぶことを理解しているか、などがポイントです。

2. 人や他の動物の体
②体の中に取り入れた食べ物(1)

でんぷんは、だ液のはたらきで、別のものに変わることを確認しよう。

教科書 32~35ページ　答え 7ページ

次の(　)にあてはまる言葉をかくか、あてはまるものを○で囲もう。

1 食べ物は、だ液のはたらきによって、別のものに変化するのだろうか。 教科書 32~35ページ

▶ご飯を口の中でよくかむと、だ液が出て、しだいに(① あまく)感じられるようになる。

▶ご飯にヨウ素液をかけると、ヨウ素液がかかった部分の色が変化する。これは、ご飯に(② でんぷん)が多くふくまれているためである。

ヨウ素液　ヨウ素液
だ液入り　だ液なし
約35℃の湯
色は(④ 変わる・(変わらない))。　色は(⑤ (変わる)・変わらない)。

▶すりつぶしたご飯の上ずみ液を使って、だ液のはたらきを調べる。
- 2本の試験管にヨウ素液を加えたとき、ヨウ素液の色が変化したりしなかったりする様子のちがいから、でんぷんは、(⑥ だ液)のはたらきによって、別のものに変化することがわかる。
- このとき、でんぷんは、水にとけやすい(⑦ 養分)に変化し、あまく感じられるようになる。

口の中でよくかむのと同じように、ご飯をすりつぶしたり、試験管を温めたりしておくんだね。

▶食べ物を歯で細かくくだいたり、だ液などで体に吸収(きゅうしゅう)されやすい養分に変えたりすることを、(⑧ 消化)という。

▶だ液のように、消化に関わっている液体を、(⑨ 消化液)という。

ここがだいじ!
①でんぷんは、だ液のはたらきによって、水にとけやすい養分に変化し、あまく感じられるようになる。
②食べ物をくだいたり、体に吸収されやすい養分に変えたりすることを消化という。
③だ液のように、消化に関わっている液体を消化液という。

ぴたトリビア　養分は体をつくる材料となったり、体を動かすエネルギーとして使われたりします。

ぴったり2
練習

2. 人や他の動物の体
②体の中に取り入れた食べ物(1)

教科書 32~35ページ　答え 7ページ

1 ご飯にふくまれている養分を調べました。

(1) 口の中に入れる前のご飯に、ヨウ素液を加えると、どうなりますか。次の㋐~㋒から選びましょう。 (㋑)
㋐ 白くにごる。
㋑ 色が変わる。
㋒ 変化しない。

(2) (1)から、ご飯にふくまれている養分は何であると考えられますか。 (でんぷん)

(3) ご飯を口の中でかみ続けると、どのようになりますか。正しいものに○をつけましょう。
ア(○)ご飯は細かくなり、しだいにあまく感じる。
イ(　)ご飯はかたくなり、しだいに苦く感じる。
ウ(　)ご飯は冷たくなり、しだいにすっぱく感じる。

(4) (3)のご飯に、ヨウ素液を加えると、どうなりますか。(1)の㋐~㋒から選びましょう。
※でんぷんは、だ液のはたらきによって、別のものに変わります。 (㋒)

2 図のような手順で、ご飯が消化されるしくみを調べました。

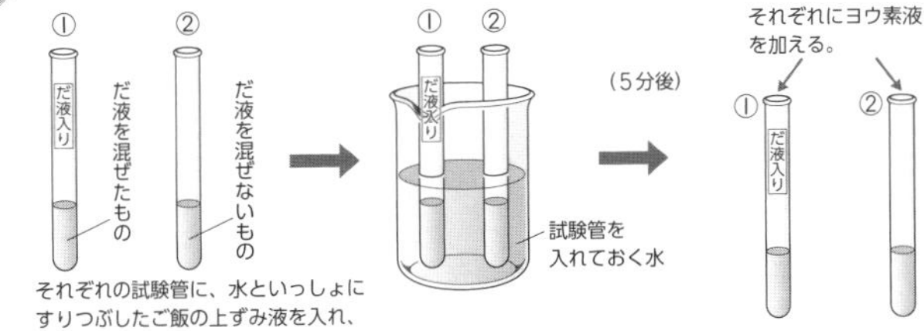

それぞれの試験管に、水といっしょにすりつぶしたご飯の上ずみ液を入れ、よくかき混ぜる。

※ご飯をすりつぶすのは、歯で細かくくだかれた状態にするためです。

(1) 試験管を入れておく水の温度は、どれぐらいにしますか。正しいものに○をつけましょう。
ア(　)実験をする部屋の温度　イ(　)試験管に入れる前のご飯の温度
ウ(　)水がふっとうする温度　エ(○)口の中と同じくらいの温度

(2) 5分後にヨウ素液を加えたとき、変化が見られたのは①、②のどちらですか。 (②)

(3) (2)で変化が見られないものがあるのは、何のはたらきによるためと考えられますか。正しいものに○をつけましょう。
ア(　)ご飯といっしょにすりつぶした水　イ(○)だ液　ウ(　)ヨウ素液

13ページ　てびき

1 (1)(2)ご飯にはでんぷんが多くふくまれます。でんぷんにヨウ素液を加えると、色が変わります。
(3)(4)だ液には、でんぷんを水にとけやすくてあまい養分に変化させるはたらきがあるので、口の中でかみ続けたご飯はあまく感じられるようになり、ヨウ素液の色は変化しなくなります。

2 (1)実験では、口の中の様子になるべく近づけます。
(2)(3)①では、だ液のはたらきによって、ご飯にふくまれていたでんぷんが別のものに変化しています。よって、ヨウ素液を加えても変化がありません。②では、5分後もでんぷんが残っているので、ヨウ素液を加えると、色が変わります。

おうちのかたへ
消化や吸収を扱っていますが、養分は「でんぷん」のみを扱います。また、「でんぷん」が変化することは扱いますが、何に分解されるかは扱いません。詳しくは、中学校理科で学習します。

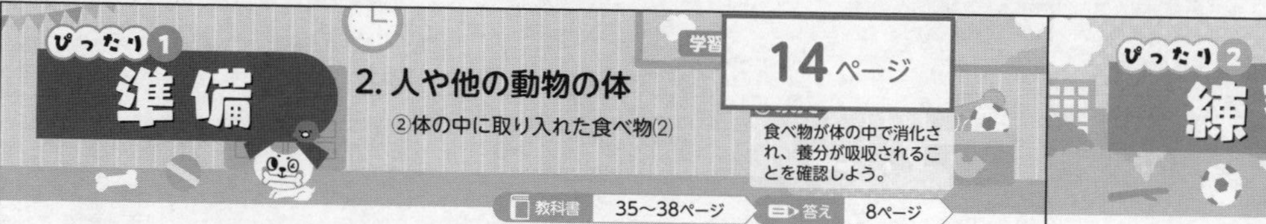

ぴったり1 準備

2. 人や他の動物の体

②体の中に取り入れた食べ物(2)

14ページ

学習 食べ物が体の中で消化され、養分が吸収されることを確認しよう。

教科書 35~38ページ　答え 8ページ

次の(　)にあてはまる言葉をかこう。

1 食べ物は体の中のどこを通っていくのだろうか。　教科書 35~38ページ

▶図は、体における食べ物の通り道を表したものです。①~⑤にあてはまる言葉を〔　〕から選んで、□にかきましょう。

〔 胃　小腸　食道　肝臓　大腸 〕

口
☆だ液が出る。

① 食道

② 胃
☆(⑥ 胃液)という消化液が出て、さらに食べ物が消化される。

③ 肝臓
☆血液中の養分の一部をたくわえたり、必要なときに養分を血液中に送り出したりしている。

④ 小腸
☆(⑦ 養分)や水を吸収する。

⑤ 大腸
☆水分を吸収する。

こう門

▶口からこう門までつながっている食べ物の通り道を(⑧ 消化管)という。

▶人の体の中の様子を調べます。⑨~⑫にあてはまる言葉を〔　〕から選んで(　)にかきましょう。

〔 臓器　肝臓　養分　小腸 〕

・肺や胃、小腸、大腸のように、体の中で、ある決まったはたらきをするものを(⑨ 臓器)という。

・(⑩ 肝臓)は、主に(⑪ 小腸)で吸収された(⑫ 養分)の一部をたくわえるなどの大切なはたらきをしています。

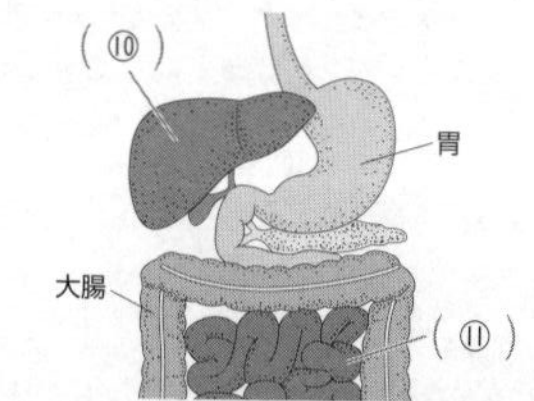

ここがだいじ!
①口→食道→胃→小腸→大腸→こう門とつながっている食べ物の通り道を消化管という。
②肝臓では、血液中の養分の一部をたくわえたり、必要なときに養分を血液中に送り出したりしている。

ぴたトリビア　昔の日本では、ヒトの内臓には体調や心の状態を変化させる虫がすみついているという考えがありました。「虫の知らせ」などの慣用句はその考え方の名残という説があります。

ぴったり2 練習

2. 人や他の動物の体

②体の中に取り入れた食べ物(2)

15ページ

教科書 35~38ページ　答え 8ページ

1 人の体の中の食べ物の通り道を調べました。

(1) 図の㋐~㋕などのように、体の中にあり、それぞれ決まったはたらきをするものを何といいますか。
(臓器)

(2) ㋐~㋕をそれぞれ何といいますか。
㋐(口)　㋑(食道)
㋒(胃)　㋓(肝臓)
㋔(大腸)　㋕(小腸)

(3) ㋐からこう門までつながっている、食べ物の通り道を何といいますか。
(消化管)

(4) 食べ物を消化するために、㋐、㋒でそれぞれ出される消化液を何といいますか。
㋐(だ液)　㋒(胃液)

2 人の体のつくりを調べます。

(1) 主に、養分を吸収する臓器はどれですか。㋐~㋔から選びましょう。
(㋔)

(2) 血液中に吸収された養分の一部をたくわえる臓器はどれですか。㋐~㋔から選びましょう。
(㋒)

(3) (2)の臓器の様子やはたらきを説明した文として、正しいものに○をつけましょう。

ア(　)養分や酸素を取り入れた血液を、体じゅうに行きわたらせる。
イ(○)胃の横にあって、消化や吸収に関係している。
ウ(　)吸いこんだ空気の通り道で、とちゅうで大きく2つに枝分かれしている。
エ(　)酸素を血液中に取り入れ、二酸化炭素を血液中から出す。

15ページ　てびき

1 (1)(2)臓器は、呼吸、消化、吸収など、それぞれで決まったはたらきをしますが、たがいに深く関わり合ってもいます。
(3)口→食道→胃→小腸→大腸→こう門と続く消化管で、食べ物を消化・吸収します。吸収されずに残ったものは、便として体の外に出されます。
(4)消化に関わっている液体を消化液といいます。歯で食べ物を細かくくだいたりするのも、消化の1つといえます。

2 (1)主に小腸で、消化された養分や水分が吸収されます。
(2)(3)肝臓は、胃の横にある人体最大の臓器で、消化や吸収に関わるはたらきをします。血液中の養分の一部をたくわえたり、必要なときに養分を血液中に送り出したりします。

おうちのかたへ
肝臓は消化と吸収に関わるはたらきをしていますが、消化管には入らないことに注意させましょう。

ぴったり1 準備

2. 人や他の動物の体

③血液中に取り入れられたもののゆくえ

16ページ

血液が体の中をどのように流れて、何を運んでいるかを確認しよう。

3分でまとめ

教科書 39～45ページ　答え 9ページ

次の(　)にあてはまる言葉をかこう。

1 血液は、体の中をどのように流れて、酸素や養分を運んでいるだろうか。 教科書 39～45ページ

▶血液の流れる向きを→や→で表します。①～⑥にあてはまる言葉を［　］から選んで、(　)にかきましょう。

［ 心臓　肺　血管　血液　酸素　二酸化炭素 ］

- 心臓は、(① 血液)を全身に送り出すポンプの役割をしている。
- (② 血管)は全身に張りめぐらされていて、血液を体中に送っている。
- 血液は、体の各部分に(③ 酸素)や養分をわたして、かわりに、(④ 二酸化炭素)などを取り入れる。
- 血液は、体の各部分で(③)や養分をわたしたあと、別の血管を流れて(⑤ 心臓)にもどる。
- (⑤)にもどった血液は(⑥ 肺)に送られて、(④)を出し、再び(③)を取り入れる。

頭やうでから　頭やうでへ　肺へ　肺から　肺へ　肺から　心臓　どうやあしから　どうやあしへ　肺　肺　心臓　小腸　肝臓　腎臓

2 腎臓はどのようなはたらきをしているのだろうか。 教科書 41ページ

▶(① 腎臓)は、背中側に左右1つずつある。
▶(①)では、血液中から体に不要なものが取り除かれて、(② 尿)がつくられる。
▶(②)は(③ ぼうこう)にためられる。

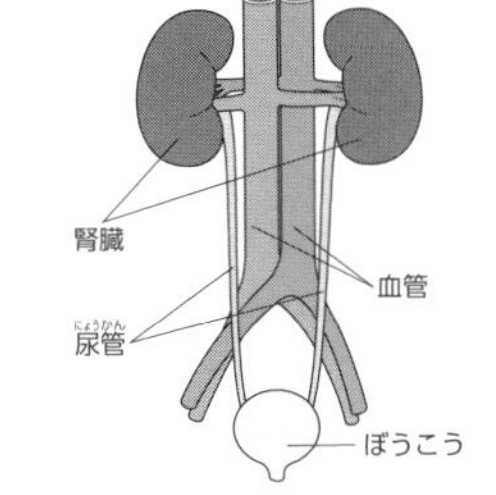

ここがだいじ!
①心臓は血液を全身に送り出し、血液は血管を流れて、体の各部分に酸素や養分をわたして、かわりに二酸化炭素などを取り入れる。
②腎臓では、血液中から体に不要なものが取り除かれ、尿がつくられる。

ぴたトリビア　血液は液体のようですが、赤血球などの固形成分もふくまれます。赤血球は酸素を運ぶはたらきがあります。

ぴったり2 練習

2. 人や他の動物の体

③血液中に取り入れられたもののゆくえ

17ページ

教科書 39～45ページ　答え 9ページ

1 血液が体中を流れる様子を調べました。

(1) 心臓は、血液に対してどのようなはたらきをしていますか。正しいものに○をつけましょう。

ア(○)全身に送り出す。
イ(　)一時的にたくわえる。
ウ(　)不要なものを取り除く。

(2) あの血管を流れる血液の向きは、㋐、㋑のどちらですか。　(㋑)

(3) いの血管を流れる血液の向きは、㋒、㋓のどちらですか。　(㋓)

(4) 図で、酸素を多くふくんでいる血液が流れる血管は、赤色、青色のどちらで表されていますか。　(赤色)

(5) うの臓器を何といいますか。　(肺)

(6) (5)の部分を血液が流れるとき、①、②にあてはまるものをそれぞれかきましょう。

①血液に取り入れられるもの　(酸素)
②血液から出されるもの　(二酸化炭素)

心臓　うの臓器　えの臓器　小腸の血管

2 図は、血液中に取り入れたもののやり取りに関わる、人の体のある臓器を表しています。

心臓へ　心臓から　㋐　血管　尿管　㋑

(1) ㋐、㋑の臓器をそれぞれ何といいますか。

㋐(腎臓)
㋑(ぼうこう)

(2) 次の文は、㋐の様子やはたらきを説明したものです。(　)にあてはまる言葉として、正しいほうを○で囲みましょう。

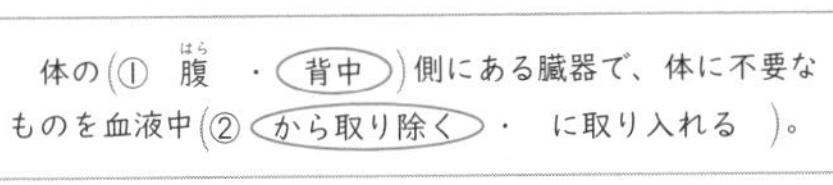

体の(① 腹・〔背中〕)側にある臓器で、体に不要なものを血液中(② 〔から取り除く〕・に取り入れる)。

(3) (2)から、体に不要なものが少ない血液が流れる血管は、図で、赤色、青色のどちらで表されていると考えられますか。ただし、体に不要なものとして、二酸化炭素は考えないこととします。

(青色)

17ページ てびき

1 (1)～(6)肺で酸素を取り入れた血液は、心臓に運ばれたあと、体中へ送り出されます。体の各部分で酸素をわたして、二酸化炭素を取り入れた血液は、心臓へもどったあと、肺に運ばれます。そして、肺で血液中の酸素と二酸化炭素を入れかえて、心臓にもどり、再び体中へ送り出されます。

2 (1)(2)腎臓からは、ぼうこうに続く尿管が出ており、腎臓で血液中から取り除かれた不要なものは、尿管を通って、ぼうこうにためられ、尿として出されます。
(3)腎臓で不要なものが取り除かれるので、腎臓から心臓へもどる血液のほうが、不要なものは少なくなります。

おうちのかたへ
心臓から送り出される血液には酸素が多く含まれ、心臓にもどってくる血液には二酸化炭素が多く含まれていることに注意させましょう。

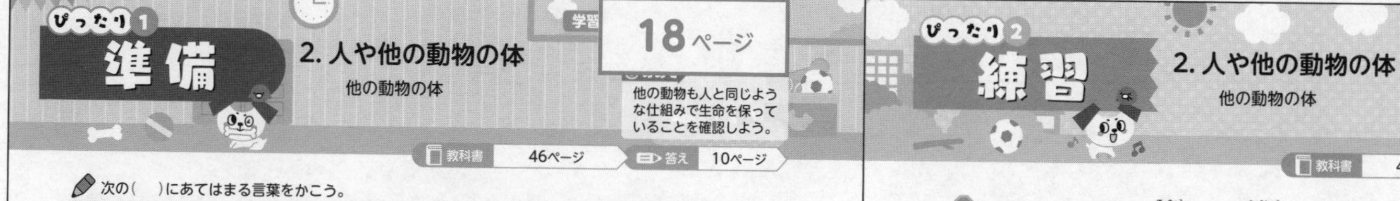

ぴったり1 準備 2. 人や他の動物の体

他の動物の体

学習 18ページ

他の動物も人と同じような仕組みで生命を保っていることを確認しよう。

教科書 46ページ ／ 答え 10ページ

次の(　)にあてはまる言葉をかこう。

1 他の動物の呼吸や消化・吸収、血液が流れる仕組みは、どうなっているのだろうか。 教科書 46ページ

▶イヌやフナの呼吸、消化・吸収、血液の流れる仕組みの人とのちがいを調べる。

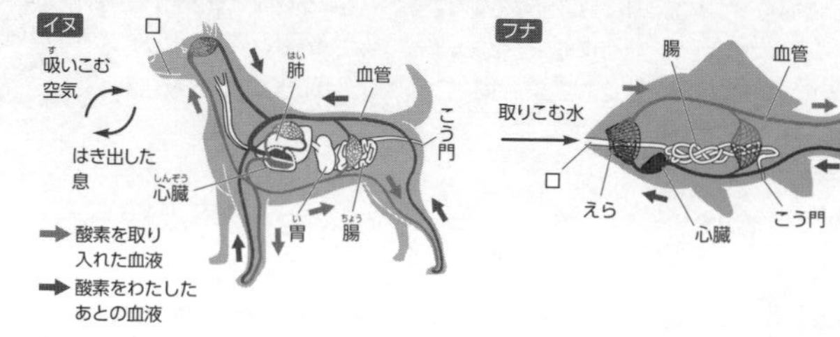

○イヌ
- 人と同じように、(① 肺)で空気中の酸素を血液中に取り入れている。
- 人と同じように、消化管で食べ物を消化し、養分を吸収している。
- 人と同じように、(② 心臓)のはたらきによって、血液が酸素、二酸化炭素、養分を運んでいる。

○フナ
- 人とちがって、(③ えら)で水中の酸素を血液中に取り入れている。
- 人と同じように、消化管で食べ物を消化し、養分を吸収している。
- 人と同じように、(④ 心臓)のはたらきによって、血液が酸素、二酸化炭素、養分を運んでいる。

ここがだいじ！ ①体の中のさまざまな仕組みがたくみに関わり合って、他の動物も人と同じように、生命を保っている。

ぴたトリビア 人とイヌは同じほ乳類のなかまです。一方、フナは魚類のなかまです。

ぴったり2 練習 2. 人や他の動物の体

他の動物の体

学習 19ページ

教科書 46ページ ／ 答え 10ページ

1 イヌとフナについて、呼吸や消化・吸収、血液が流れる仕組みを調べました。

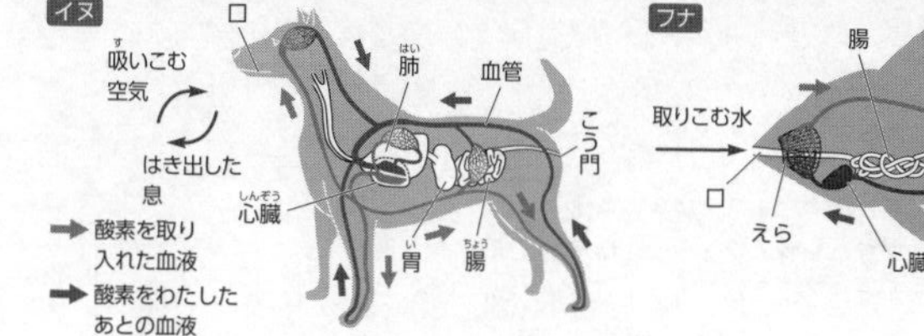

(1) 次の文は、イヌとフナの呼吸の仕組みを説明したものです。(　)にあてはまる言葉をかきましょう。

イヌは吸いこんだ空気中の(① 酸素)を(② 肺)で血液中に取り入れている。
フナは取りこんだ水の中の(③ 酸素)を(④ えら)で血液中に取り入れている。

(2) 呼吸の仕組みが人と同じであるのはイヌとフナのどちらですか。

(イヌ)

(3) イヌもフナも人と同じように、口からこう門までつながっている食べ物の通り道で食べ物を消化し、養分を吸収しています。この食べ物の通り道を何といいますか。

(消化管)

(4) イヌとフナの血液が流れる仕組みについて説明した文として、正しいものに○をつけましょう。

ア(○)人と同じように、心臓のはたらきによって、血液が酸素、二酸化炭素、養分を運んでいる。
イ(　)人と同じように、えらのはたらきによって、血液が酸素、二酸化炭素、養分を運んでいる。
ウ(　)人とちがって、心臓のはたらきによって、血液が酸素、二酸化炭素、養分を運んでいる。
エ(　)人とちがって、えらのはたらきによって、血液が酸素、二酸化炭素、養分を運んでいる。

ヒント ❶ (2)人は吸いこんだ空気を肺に送り、酸素を血液中に取り入れています。

19ページ てびき

❶ (1)(2)イヌは人と同じように、吸いこんだ空気を肺に送り、酸素を血液中に取り入れています。フナは、取りこんだ水の中の酸素をえらで血液中に取り入れています。
(3)消化・吸収の仕組みは、イヌもフナも人と似ています。
(4)イヌもフナも心臓のはたらきによって血液が体中に送り出され、酸素、二酸化炭素、養分を運んでいます。

おうちのかたへ
他の動物の体も人と同じような仕組みで生命を保っていることについて学習をしましたが、食べ物を通しての人や他の生物どうしのつながりについては、「4. 生き物と食べ物・空気・水」で学習します。

2. 人や他の動物の体

20ページ

／100 合格70点

教科書 24〜49ページ　答え 11ページ

よく出る

1 吸いこむ空気とはき出した息のちがいを調べました。 技能 各4点(20点)

図1

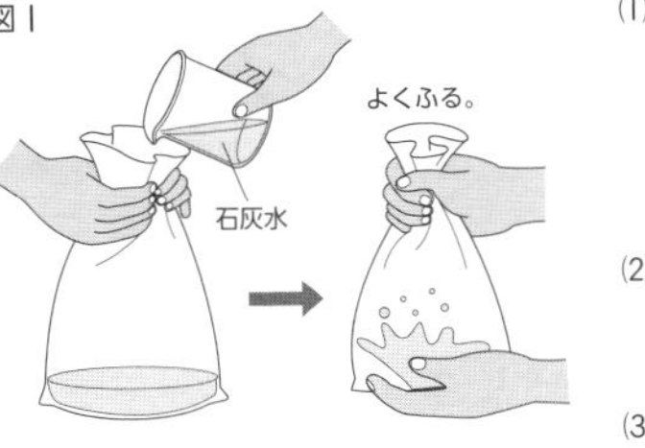

(1) ①吸いこむ空気、②はき出した息をふくろに集めて、図1のように、石灰水を入れてよくふると、石灰水は、それぞれどのようになりますか。

①（ 変化しない。 ）
②（ 白くにごる。 ）

(2) (1)から、はき出した息には、吸いこむ空気よりも何が多くふくまれているといえますか。（ 二酸化炭素 ）

(3) 図2で、はき出した息の割合を表しているのは㋐、㋑のどちらですか。（ ㋑ ）

図2

㋐ その他 約1％　酸素 約21％　ちっ素 約78％
㋑ 二酸化炭素 約3％　その他 約1％　酸素 約18％　ちっ素 約78％

(4) (3)のように考えられる理由は何ですか。正しいものに○をつけましょう。

ア（ ）ちっ素の割合が変わっていないから。
イ（ ）酸素が多く、二酸化炭素が少ないから。
ウ（ ◯ ）酸素が少なく、二酸化炭素が多いから。

よく出る

2 ご飯と水を乳ばちに入れて、乳棒ですりつぶし、上ずみ液を2本の試験管㋐、㋑に入れました。㋐には水、㋑にはだ液を加え、それぞれ約35℃の湯で温め、5分後にヨウ素液を数てき加えました。 各6点(24点)

(1) ご飯をすりつぶした理由とよく関係する体の部分はどこですか。正しいものに○をつけましょう。

ア（ ）のど　イ（ ）気管
ウ（ ）食道　エ（ ◯ ）歯

㋐水　㋑だ液　約35℃の湯

(2) ヨウ素液を加えたとき、色が変化したのは㋐、㋑のどちらですか。（ ㋐ ）

(3) (2)で答えた試験管には何があるといえますか。（ でんぷん ）

(4) 記述 この実験から、だ液にはどのようなはたらきがあると考えられますか。 思考・表現

（ でんぷんを別のものに変えるはたらき。 ）

21ページ

3 全身の血液の流れを調べます。 各4点(28点)

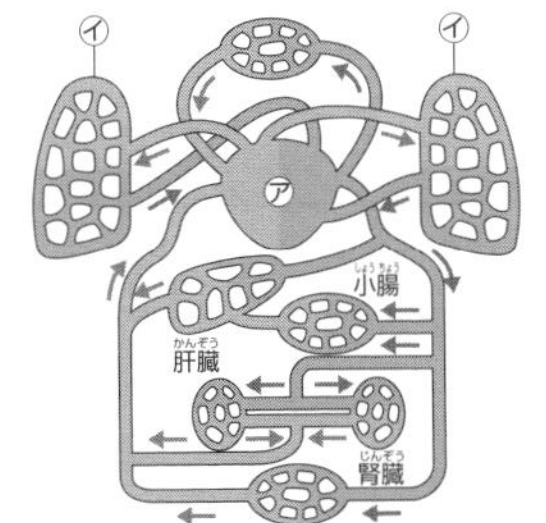

(1) 血液を体中に送り出すはたらきをする、㋐の臓器を何といいますか。（ 心臓 ）

(2) 次の文は、㋐から送り出された血液が体の各部分で行うはたらきを説明したものです。（ ）にあてはまる言葉をかきましょう。

体の各部分に（① 養分 ）や（② 酸素 ）をわたして、かわりに（③ 二酸化炭素 ）を取り入れるはたらき。

(3) 呼吸によって、気体をやりとりする㋑の臓器を何といいますか。（ 肺 ）

(4) あ〜うのうち、①肝臓、②腎臓のはたらきを説明したものはどれですか。1つずつ選びましょう。①肝臓（ う ） ②腎臓（ あ ）

あ血液中から体に不要なものを取り除き、尿をつくる。
い消化された養分や水分を吸収する。
う血液中の養分の一部をたくわえ、必要なときに養分を血液中に送り出す。

できたらスゴイ！

4 人とフナの臓器のつくりやはたらきを調べました。 各4点(28点)

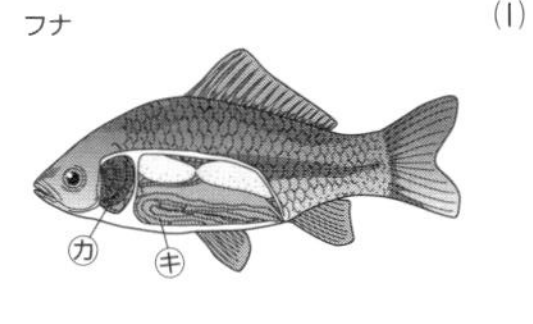

(1) ㋐〜㋒、㋕、㋖の臓器をそれぞれ何といいますか。

㋐（ 食道 ）
㋑（ 胃 ）
㋒（ 大腸 ）
㋕（ えら ）
㋖（ 腸 ）

(2) 人の口の中で出る消化液を何といいますか。（ だ液 ）

(3) 記述 人では㋑〜㋓などが、フナでは㋖などが、それぞれ行うはたらきについて、どのようなところが同じといえますか。「消化」という言葉を使って説明しましょう。 思考・表現

（ 食べ物を消化し、養分などを吸収しているところ。 ）

ふりかえり　2の問題がわからないときは、12ページの1にもどって確認しましょう。
4の問題がわからないときは、14ページの1、18ページの1にもどって確認しましょう。

20〜21ページ てびき

1 (1)(2)石灰水に二酸化炭素を通すと白くにごります。はき出した息には、吸いこむ空気よりも二酸化炭素が多くふくまれているので、石灰水は白くにごります。

2 (1)だ液のはたらきを調べるために、口の中の様子に近づけて実験をします。
(2)(3)ご飯にはでんぷんが多くふくまれます。でんぷんがあるかどうかはヨウ素液で調べることができます。
(4)だ液のはたらきで、でんぷんは水にとけやすい養分に変わります。

3 (2)(3)体の各部分で酸素と養分をわたして、不要な二酸化炭素を取り入れた血液は、心臓にもどったのち、肺に運ばれて、酸素と二酸化炭素のやりとりを行います。

4 (3)消化管では、食べ物を消化し、養分を吸収します。フナに胃はありませんが、腸(㋖)があり、食べ物が通ります。

おうちのかたへ
人の呼吸、消化・吸収、血液の循環の仕組みについて詳しくは中学校理科で学習します。

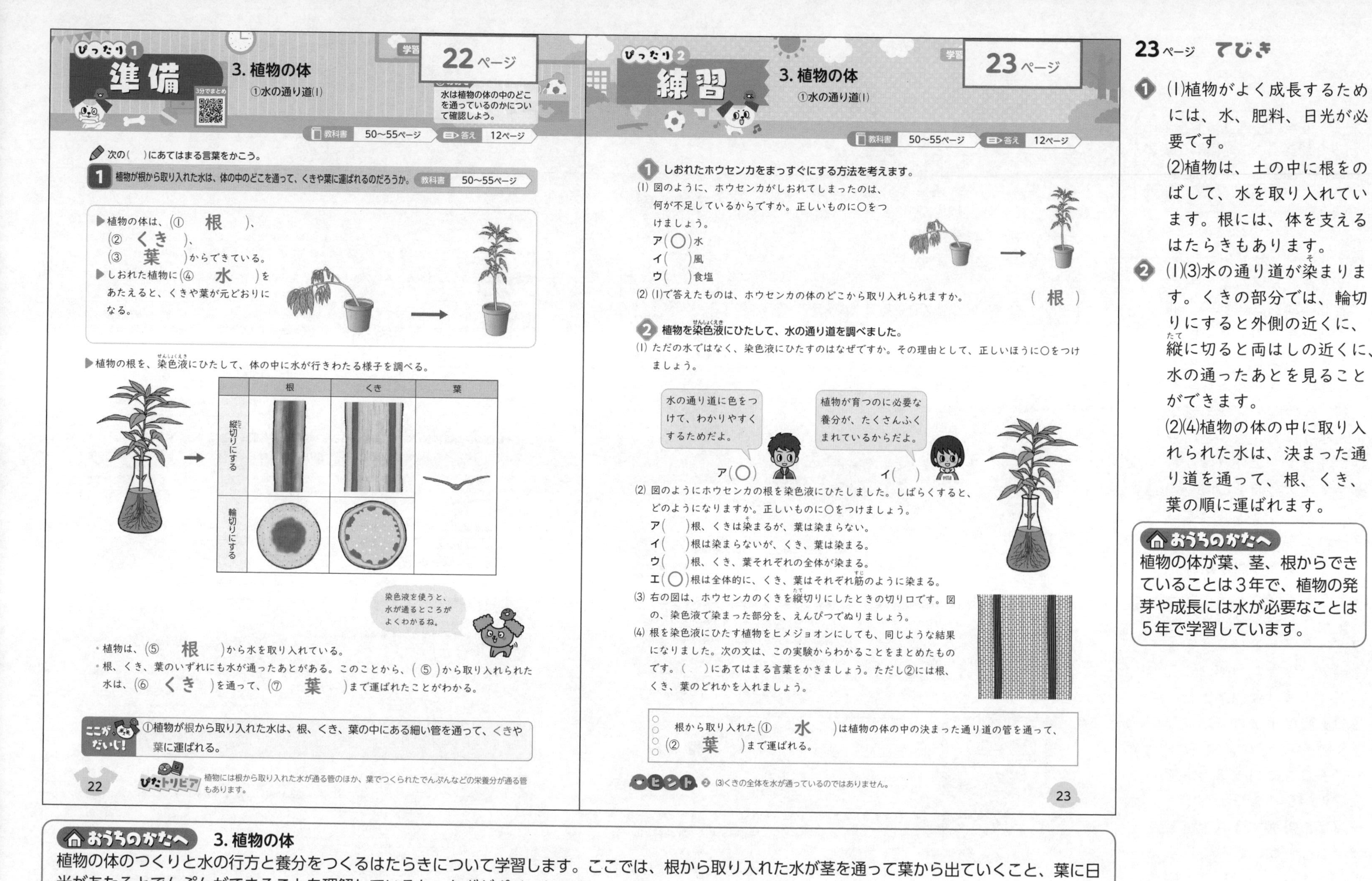

ぴったり1 準備

3. 植物の体

①水の通り道(1)

22ページ

水は植物の体の中のどこを通っているのかについて確認しよう。

教科書 50〜55ページ　答え 12ページ

次の(　)にあてはまる言葉をかこう。

1 植物が根から取り入れた水は、体の中のどこを通って、くきや葉に運ばれるのだろうか。 教科書 50〜55ページ

▶植物の体は、(① 根)、(② くき)、(③ 葉)からできている。

▶しおれた植物に(④ 水)をあたえると、くきや葉が元どおりになる。

▶植物の根を、染色液にひたして、体の中に水が行きわたる様子を調べる。

	根	くき	葉
縦切りにする			
輪切りにする			

染色液を使うと、水が通るところがよくわかるね。

・植物は、(⑤ 根)から水を取り入れている。

・根、くき、葉のいずれにも水が通ったあとがある。このことから、(⑤)から取り入れられた水は、(⑥ くき)を通って、(⑦ 葉)まで運ばれたことがわかる。

ここがだいじ! ①植物が根から取り入れた水は、根、くき、葉の中にある細い管を通って、くきや葉に運ばれる。

ぴたトリビア 植物には根から取り入れた水が通る管のほか、葉でつくられたでんぷんなどの栄養分が通る管もあります。

22

ぴったり2 練習

3. 植物の体

①水の通り道(1)

23ページ

教科書 50〜55ページ　答え 12ページ

1 しおれたホウセンカをまっすぐにする方法を考えます。

(1) 図のように、ホウセンカがしおれてしまったのは、何が不足しているからですか。正しいものに○をつけましょう。

ア(○)水

イ(　)風

ウ(　)食塩

(2) (1)で答えたものは、ホウセンカの体のどこから取り入れられますか。 (根)

2 植物を染色液にひたして、水の通り道を調べました。

(1) ただの水ではなく、染色液にひたすのはなぜですか。その理由として、正しいほうに○をつけましょう。

水の通り道に色をつけて、わかりやすくするためだよ。

植物が育つのに必要な養分が、たくさんふくまれているからだよ。

ア(○)　イ(　)

(2) 図のようにホウセンカの根を染色液にひたしました。しばらくすると、どのようになりますか。正しいものに○をつけましょう。

ア(　)根、くきは染まるが、葉は染まらない。

イ(　)根は染まらないが、くき、葉は染まる。

ウ(　)根、くき、葉それぞれの全体が染まる。

エ(○)根は全体的に、くき、葉はそれぞれ筋のように染まる。

(3) 右の図は、ホウセンカのくきを縦切りにしたときの切り口です。図の、染色液で染まった部分を、えんぴつでぬりましょう。

(4) 根を染色液にひたす植物をヒメジョオンにしても、同じような結果になりました。次の文は、この実験からわかることをまとめたものです。(　)にあてはまる言葉をかきましょう。ただし②には根、くき、葉のどれかを入れましょう。

根から取り入れた(① 水)は植物の体の中の決まった通り道の管を通って、(② 葉)まで運ばれる。

ヒント 2 (3)くきの全体を水が通っているのではありません。

23

23ページ　てびき

1 (1)植物がよく成長するためには、水、肥料、日光が必要です。

(2)植物は、土の中に根をのばして、水を取り入れています。根には、体を支えるはたらきもあります。

2 (1)(3)水の通り道が染まります。くきの部分では、輪切りにすると外側の近くに、縦に切ると両はしの近くに、水の通ったあとを見ることができます。

(2)(4)植物の体の中に取り入れられた水は、決まった通り道を通って、根、くき、葉の順に運ばれます。

おうちのかたへ

植物の体が葉、茎、根からできていることは3年で、植物の発芽や成長には水が必要なことは5年で学習しています。

おうちのかたへ　3. 植物の体

植物の体のつくりと水の行方と養分をつくるはたらきについて学習します。ここでは、根から取り入れた水が茎を通って葉から出ていくこと、葉に日光があたるとでんぷんができることを理解しているか、などがポイントです。

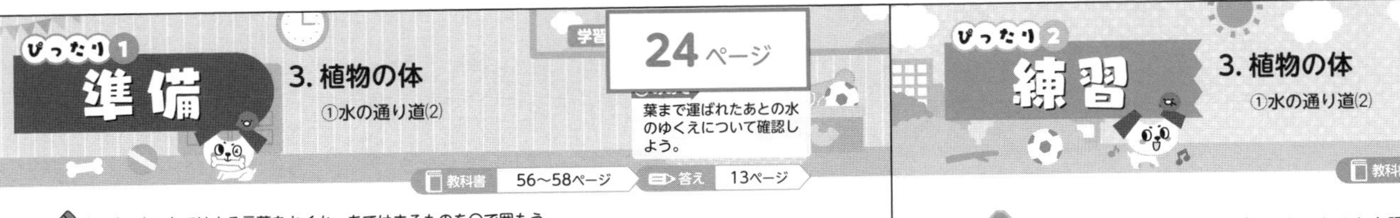

ぴったり1 準備

3. 植物の体
①水の通り道(2)

24ページ

学習日

葉まで運ばれたあとの水のゆくえについて確認しよう。

教科書 56～58ページ　答え 13ページ

次の(　)にあてはまる言葉をかくか、あてはまるものを○で囲もう。

1 葉まで運ばれた水は、そのあと、どのようになるのだろうか。　教科書 56～58ページ

▶ホウセンカの2つの枝のうち、そのまま葉を残した枝㋐と、葉を取り除いた枝㋑に、ふくろをかぶせる。

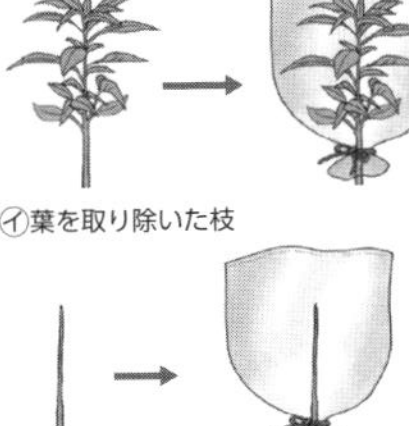

・しばらくして、ふくろの中の様子を調べると、㋐のほうには水てきが(① (ついた) ・ ほとんどつかなかった)が、㋑のほうには水てきが
(② ついた ・ (ほとんどつかなかった))。

・実験の結果から、根から取り入れられて葉まで運ばれた水は、(③ 水蒸気)になって、葉から出ていくことがわかる。

▶葉の裏側のうすい皮をけんび鏡で観察する。

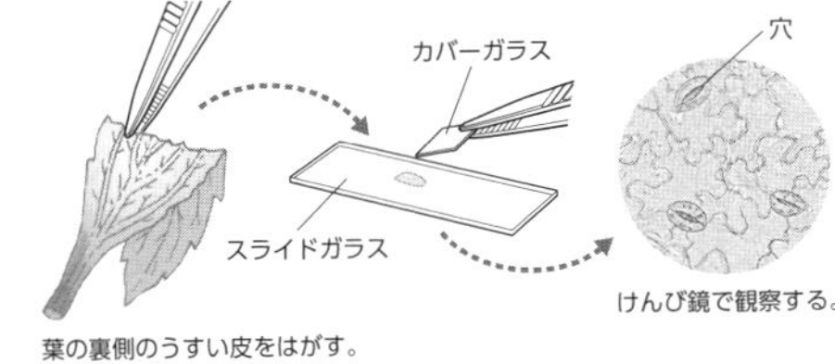

・葉まで運ばれた水は、(④ 水蒸気)となって、主に葉にある小さい穴から、体の外に出ていく。

・植物の体から(④)が出ていく現象を(⑤ 蒸散)という。

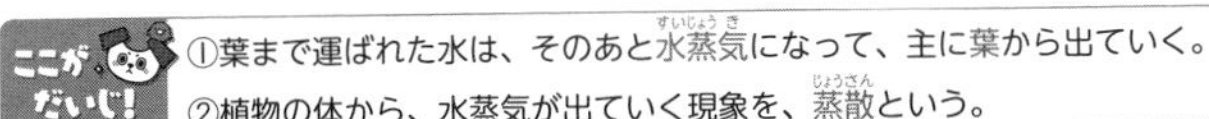

ここがだいじ!
①葉まで運ばれた水は、そのあと水蒸気になって、主に葉から出ていく。
②植物の体から、水蒸気が出ていく現象を、蒸散という。

ぴたトリビア　動物の体に吸収された水は、尿以外にも、皮ふから出たり、息をはき出すときに水蒸気として体外に出たりもしています。

ぴったり2 練習

3. 植物の体
①水の通り道(2)

25ページ

学習日

教科書 56～58ページ　答え 13ページ

1 葉まで行きわたった水が、どのようになるかを調べました。

(1) 図のように、1つのホウセンカで葉を残した枝と、葉を全て取り除いた枝それぞれにポリエチレンのふくろをかぶせます。しばらくして、ふくろの中に水てきが多くついていたのは、㋐、㋑のどちらですか。　(㋐)

(葉あり／葉なし、葉を残した枝／葉を取り除いた枝)

(2) この実験から、植物に取り入れられた水について、どのようなことがわかりますか。正しいものに○をつけましょう。

ア(○)主に、葉から水が出ていく。
イ(　)主に、くきから水が出ていく。
ウ(　)葉とくきから、同じくらいの量の水が出ていく。

2 植物の体のある部分のうす皮をはがして、けんび鏡で観察しました。

(1) 図は、ホウセンカのある部分をけんび鏡で観察したもので、この部分には、㋐のような小さな穴がたくさんあることがわかりました。観察したのは、ホウセンカのどの部分ですか。根、くき、葉のどれかを答えましょう。

(葉)

(2) 次の文は、主に㋐の部分で起こる現象を説明したものです。(　)にあてはまる言葉をかきましょう。

植物が(① 根)から体の中に取り入れた水は、主に㋐のような小さな穴から、(② 水蒸気)として出される。
このように、植物の体から(②)が出ていく現象を、(③ 蒸散)という。

(3) ヒメジョオンやツユクサについて、同じ部分を観察すると、㋐のような小さな穴は見られますか、見られませんか。

(見られる。)

ヒント　1 (2)葉がある、ない以外の条件は同じです。

25ページ　てびき

1 (2)葉を取り除いた㋑より、葉がついたままの㋐のほうが、ふくろの中に水てきが多くついていたことにより、植物は、取り入れた水を葉から出していると考えられます。

2 (1)(2)植物の体の中に取り入れられた水は、主に葉にある小さな穴から、水蒸気となって出ていきます。この現象を蒸散といいます。
(3)ほとんどの植物に、同じように小さな穴があります。

おうちのかたへ
葉にある小さい穴(気孔)は葉の裏側に多く分布していることは扱いません。蒸散の詳しい仕組みについては、中学校理科で学習します。

3. 植物の体

②植物とでんぷん

学習 26ページ

葉のでんぷんは、どのような条件のときにつくられるかについて確認しよう。

教科書 59〜63ページ　答え 14ページ

次の(　)にあてはまる言葉をかくか、正しいほうを○で囲もう。

1 葉のでんぷんは、どのようなときにつくられるのだろうか。 教科書 59〜63ページ

▶葉にでんぷんがあるかを調べます。

- 葉を湯の中に入れてやわらかくする。
- 葉をろ紙にはさむ。
- 上から木づちでたたいたあと、ろ紙から葉をはがして、ろ紙に(① ヨウ素液)をかける。

▶日光を当てた葉と当てない葉で、でんぷんがあるかどうかを調べる。

	調べる前日の午後	調べる日の朝	(日光)	調べる日の午後
㋐	葉におおいをしておく。	アルミニウムはくを外し、でんぷんがあるかどうかを調べる。		
㋑		アルミニウムはくをはずす。	日光を当てる。	でんぷんがあるかどうかを調べる。
㋒		そのまま。	日光を当てない。	アルミニウムはくをはずし、でんぷんがあるかどうかを調べる。

・ヨウ素液を使って、葉にでんぷんがあるかどうかを調べる。

(② ある ・(ない))　(③(ある)・ ない)　(④ ある ・(ない))

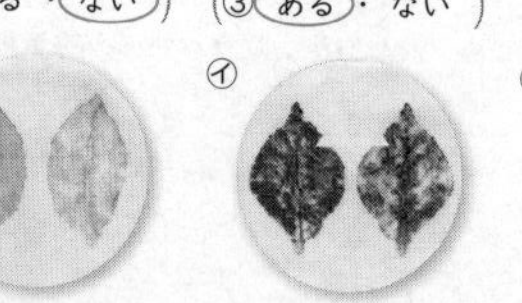

▶葉の(⑤ でんぷん)は、(⑥ 日光)が当たっているときにつくられる。

ここが だいじ！ ①葉のでんぷんは、日光が当たっているときにつくられる。

ぴたトリビア 植物の葉に日光が当たるとでんぷんができるはたらきを光合成といいます。

ぴったり2 練習

3. 植物の体

②植物とでんぷん

学習 27ページ

教科書 59〜63ページ　答え 14ページ

1 天気のよい日の朝、前の夜からアルミニウムはくで包んでおいた葉を3枚用意し、図のような実験をしました。

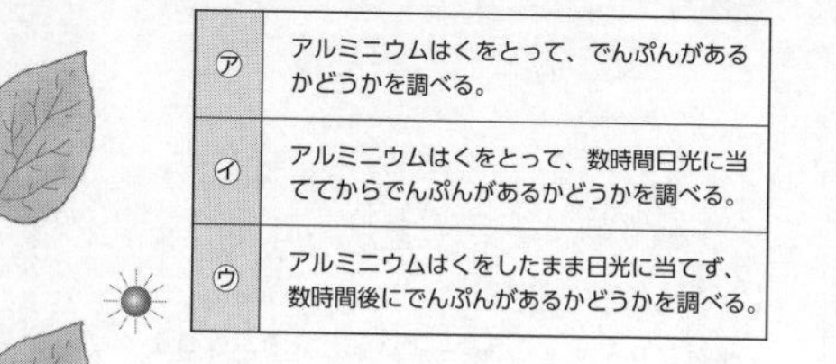

㋐	アルミニウムはくをとって、でんぷんがあるかどうかを調べる。
㋑	アルミニウムはくをとって、数時間日光に当ててからでんぷんがあるかどうかを調べる。
㋒	アルミニウムはくをしたまま日光に当てず、数時間後にでんぷんがあるかどうかを調べる。

(1) 葉にでんぷんがあるかどうかを調べるために使う薬品は何ですか。
(ヨウ素液)

(2) でんぷんに(1)の薬品をつけるとどうなりますか。
(色が変わる。)

(3) 湯の中に入れてやわらかくした葉をろ紙ではさみ、それを段ボール紙などをしいて木づちでたたきました。そのあと、葉をはがしたろ紙にヨウ素液をかけると、下の写真のようになりました。この中で㋐は色が変わりませんでした。残る2つのうち㋑、㋒はそれぞれどちらですか。(　)に記号をかきましょう。

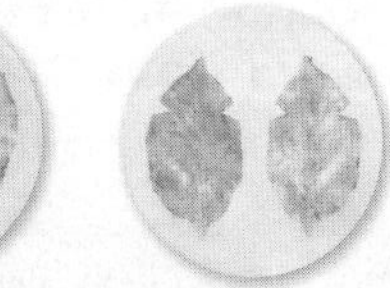

㋐　①(㋒)　②(㋑)

(4) この実験から、葉にでんぷんができているのは、㋐〜㋒のどれですか。 (㋑)

(5) この実験からどんなことがわかりますか。正しいもの1つに○をつけましょう。

ア(○)植物の葉に日光が当たると、でんぷんがつくられる。
イ(　)植物は日光に関係なく、でんぷんをつくることができる。
ウ(　)植物はでんぷんをつくることができない。

27ページ てびき

❶ (1)(2)でんぷんにヨウ素液をつけると、色が変わります。この性質を利用して、でんぷんがあるかどうかを調べることができます。

(3)(4)ヨウ素液につけて、色が変わったのは②です。よって、㋑の結果が②で、葉にでんぷんがあることがわかります。

(5)朝、㋐の葉にはでんぷんがなかったので、㋑と㋒の葉にもでんぷんがないことがわかります。そして、㋑と㋒の結果から、葉に日光が当たると、でんぷんができるといえます。

おうちのかたへ
㋐の実験は、㋑の葉にあったでんぷんが、日光に当てる前からあったものではないことを確かめるための実験です。

3. 植物の体

③植物と気体

日光が当たっている植物の気体の出入りについて確認しよう。

教科書 64~67ページ　答え 15ページ

次の(　)にあてはまる言葉をかこう。

1 日光が当たっている植物は、何の気体を取り入れて、何の気体を出しているのだろうか。

教科書 64~67ページ

▶植物に日光を当てる前後で、酸素と二酸化炭素の体積の割合を調べる。

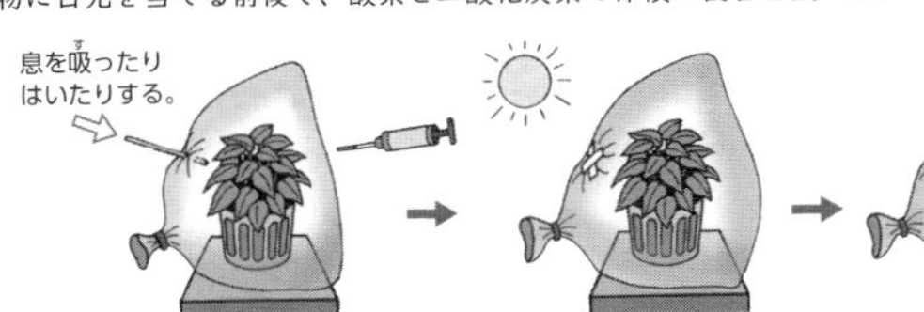

植物にふくろをかぶせて息をふきこみ、気体検知管で気体の量を調べる。 → 穴をふさいで、1時間日光に当てる。 → 気体検知管で再び調べる。

(③二酸化炭素) 約3%など

(② 酸素)

初め	(①ちっ素) 約78%	約18%
1時間後	約78%	約20%

(③) 約1%など

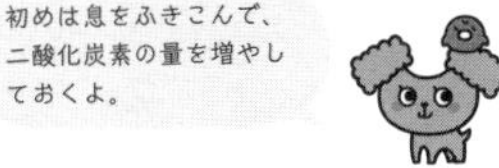

・実験の結果から、日光が当たっている植物は、(④ 二酸化炭素)を取り入れて、(⑤ 酸素)を出していることがわかる。

2 日光と植物の気体のやりとりに関係はあるのだろうか。

教科書 66ページ

▶植物も(① 呼吸)をしているので、空気中の(② 酸素)を取り入れて、(③ 二酸化炭素)を出している。

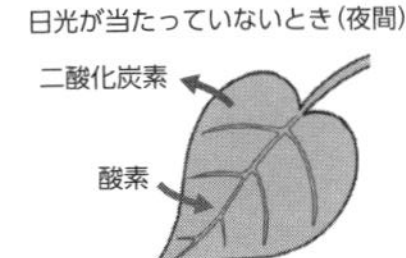

▶日光が当たっているときは、植物がつくり出す酸素の量のほうが、呼吸で取り入れる酸素の量より多いので、全体としてみると(④ 酸素)を出していることになる。

ここがだいじ! ①日光が当たっている植物は、二酸化炭素を取り入れて、酸素を出している。
②植物も呼吸をしていて、酸素を取り入れ、二酸化炭素を出している。

ぴたトリビア 約46億年前に地球ができたときには酸素がほとんどありませんでしたが、植物の二酸化炭素を取り入れて酸素を出すはたらきによって、今のような酸素の多い空気になりました。

ぴったり2
練習

3. 植物の体

③植物と気体

教科書 64~67ページ　答え 15ページ

1 植物をふくろに入れて、日光を当てる前後で、ふくろの中の空気を調べました。

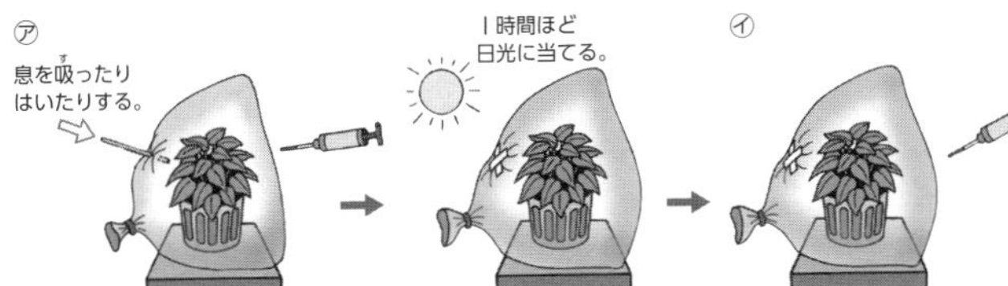

(1) 図のように、植物を入れたふくろに息をふきこみ、㋐、㋑のように、ふくろの中にふくまれる気体の体積の割合を調べます。このときに何という器具を使えばよいですか。

(気体検知管)

(2) ①~④は、(1)の器具を使って、㋐、㋑のふくろの中にふくまれる酸素、二酸化炭素の割合を調べた結果を表しています。それぞれ何について調べたものですか。記号の(　)には、㋐、㋑のどちらかを、名前の(　)には、酸素、二酸化炭素のどちらかをかきましょう。

① (約3%) 記号(㋐)名前(二酸化炭素)

② (約20%) 記号(㋑)名前(酸素)

③ (約18%) 記号(㋐)名前(酸素)

④ (約1%) 記号(㋑)名前(二酸化炭素)

2 図は、植物が夜間または昼間に行う気体のやりとりを表したものです。

(1) 夜間の気体のやりとりを表しているのは、㋐、㋑のどちらですか。

(㋑)

㋐ 酸素 二酸化炭素　㋑ 二酸化炭素 酸素

(2) 次の文は、植物が行う気体のやりとりについてまとめたものです。(　)にあてはまる言葉として、正しいほうに○をつけましょう。

植物も(① 消化・〇呼吸)をしているので、日光が当たっていないとき、(②〇酸素・二酸化炭素)を取り入れて、(③ 酸素・〇二酸化炭素)を出している。しかし、日光が当たっているとき、(④〇酸素・二酸化炭素)については、取り入れる量よりも出す量のほうが多くなるので、全体としての気体のやりとりは、日光が当たっていないときの逆になる。

29ページ てびき

1 (1)(2)㋐のふくろには息をふきこんでいるので、はき出した息と同じ割合で気体がふくまれていると考えられます。はき出した息にふくまれる酸素は約18%、二酸化炭素は約3%です。植物を日光に当てると、二酸化炭素の割合は減り、逆に酸素の割合は増えます。

2 (1)夜間は日光が当たらないので、呼吸により植物は酸素を取り入れて、二酸化炭素を出します。

(2)植物も常に呼吸をしていますが、日光が当たっているときには、取り入れる酸素<出す酸素、出す二酸化炭素<取り入れる二酸化炭素となるので、全体としてみると、二酸化炭素を取り入れて、酸素を出していることになります。

おうちのかたへ
植物が二酸化炭素を取り入れて酸素を出すはたらきなど、空気を通した生き物と周囲の環境の関わりについては、「4. 生き物と食べ物・空気・水」で学習します。

ぴったり3
確かめのテスト。 3. 植物の体

30ページ

/100 合格70点

教科書 50~69ページ ➡答え 16ページ

よく出る

1 図１のように、体全体をほり取ったホウセンカの根を、染色液（せんしょくえき）にひたして、水の通り道を調べます。 各5点(30点)

(1) ホウセンカが水を取り入れるところはどこですか。㋐~㋒から選びましょう。 （ ㋒ ）

(2) 記述 図２は、くきを輪切りにした断面を表しています。水の通り道は、㋓、㋔のどちらですか。また、そのように考えた理由をかきましょう。 思考・表現

記号（ ㋓ ）

理由（植物が取り入れた水が通るところは染まるから。）

(3) 体の中に取り入れた水は、主にどこから出ていきますか。図１の㋐~㋒から選びましょう。 （ ㋐ ）

(4) 図３は、(3)の部分をけんび鏡で観察したものです。体の中に取り入れた水は、図３の㋕から何になって外に出ていきますか。 （ 水蒸気 ）

(5) 植物の体から(4)のようになって水が出ていく現象を何といいますか。 （ 蒸散 ）

図１ 図２ 図３

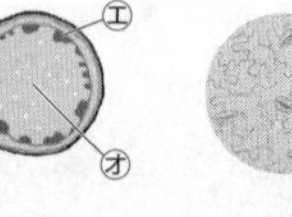

2 日光を当てた葉と当てなかった葉で、でんぷんのでき方のちがいを調べました。 技能

各5点、(1)は全部できて5点(15点)

㋐ ろ紙の間にはさむ。 ㋑ 葉を湯に入れる。 ㋒ 葉をはがしたろ紙にヨウ素液をかける。 ㋓ 木づちで上からたたく。

(1) どのような順で実験をしますか。図の㋐~㋓を正しく並べましょう。 （ ㋑ → ㋐ → ㋓ → ㋒ ）

(2) ㋑のようにするのはなぜですか。 （葉をやわらかくするため。）

(3) 日光を当てた葉と当てなかった葉で、㋒のようにしたとき、ヨウ素液の色が変わったのはどちらですか。 （（日光を）当てた葉）

学習 31ページ

よく出る

3 日光を当てた植物が行う気体のやりとりを調べました。 技能 各5点(15点)

㋐ 息を吸ったりはいたりする。 １時間ほど日光に当てる。 ㋑ ㋒

(1) 図の㋐、㋑で、いろいろな気体の体積の割合を調べるために使う器具㋒を何といいますか。 （ 気体検知管 ）

(2) ㋐で、ふくろの中に息をふきこむのはなぜですか。その理由として、正しいものに○をつけましょう。

ア（ ）ふくろの中にふくまれるちっ素の体積の割合を増やすため。
イ（ ）ふくろの中にふくまれる酸素の体積の割合を増やすため。
ウ（ ○ ）ふくろの中にふくまれる二酸化炭素の体積の割合を増やすため。
エ（ ）ふくろの中にふくまれる水分の量を増やすため。

(3) ㋑で、体積の割合が増えていた気体は何ですか。 （ 酸素 ）

この本の終わりにある「夏のチャレンジテスト」をやってみよう！

できたらスゴイ！

4 植物の葉にできたでんぷんが、時間がたつにつれてどのようになるかを調べました。 思考・表現 各10点(40点)

葉を取った時刻	午前５時	午後２時	午後１１時
葉をヨウ素液にひたしたときの色の変化	変わらなかった。	青むらさき色になった。	少し青色っぽくなった。

(1) よく晴れた日に、同じ植物から時刻を変えて葉を取り、ヨウ素液にそれぞれひたしたときの色の変化を見ました。表は、その結果をまとめたものです。葉にできたでんぷんが最も多いのは、どの時刻に調べたものですか。 （ 午後２時 ）

(2) 次の日も、午前５時に葉を取って調べると、ヨウ素液の色は変わりませんでした。そこで、植物におおいをして、前日と同じように実験をしました。このとき、午後２時と午後１１時で、ヨウ素液の色は変わりませんでした。次の①~③で、２日間の実験からわかることとして、正しいものには○、まちがっているものには×、実験からはわからないことには△をかきましょう。

①（ × ）植物の葉には、昼間になると必ずでんぷんができる。
②（ ○ ）植物の葉にあったでんぷんは、日光が当たらないと減っていく。
③（ △ ）植物の葉ででんぷんがつくり出されるためには、水が必要である。

ふりかえり ❸の問題がわからないときは、28ページの❶にもどって確認しましょう。
❹の問題がわからないときは、26ページの❶にもどって確認しましょう。

30~31ページ てびき

1 (2)植物の根を染色液にひたすと、水の通り道が染まります。
(3)~(5)体の中に取り入れられた水は、くきや葉まで運ばれ、主に葉にある小さな穴から水蒸気となって出ていきます。

2 (3)植物は日光が当たっている葉ででんぷんなどの養分をつくります。

3 (2)ふくろの中に息をふきこみ、二酸化炭素を多くした状態から実験を始めます。

4 (1)ヨウ素液にひたしたときの色の変化から、でんぷんが最も多くふくまれているのは、午後２時に調べたものであることがわかります。
(2)１日め(前日)と２日め(次の日)の実験でちがう条件は、昼間に日光を当てたかどうかです。

おうちのかたへ
植物の葉に日光が当たるとでんぷんがつくられることは学習しますが、「光合成」の用語は扱いません。植物が水や養分を運ぶ詳しいしくみや、養分をつくる詳しいしくみについては、中学校理科で学習します。

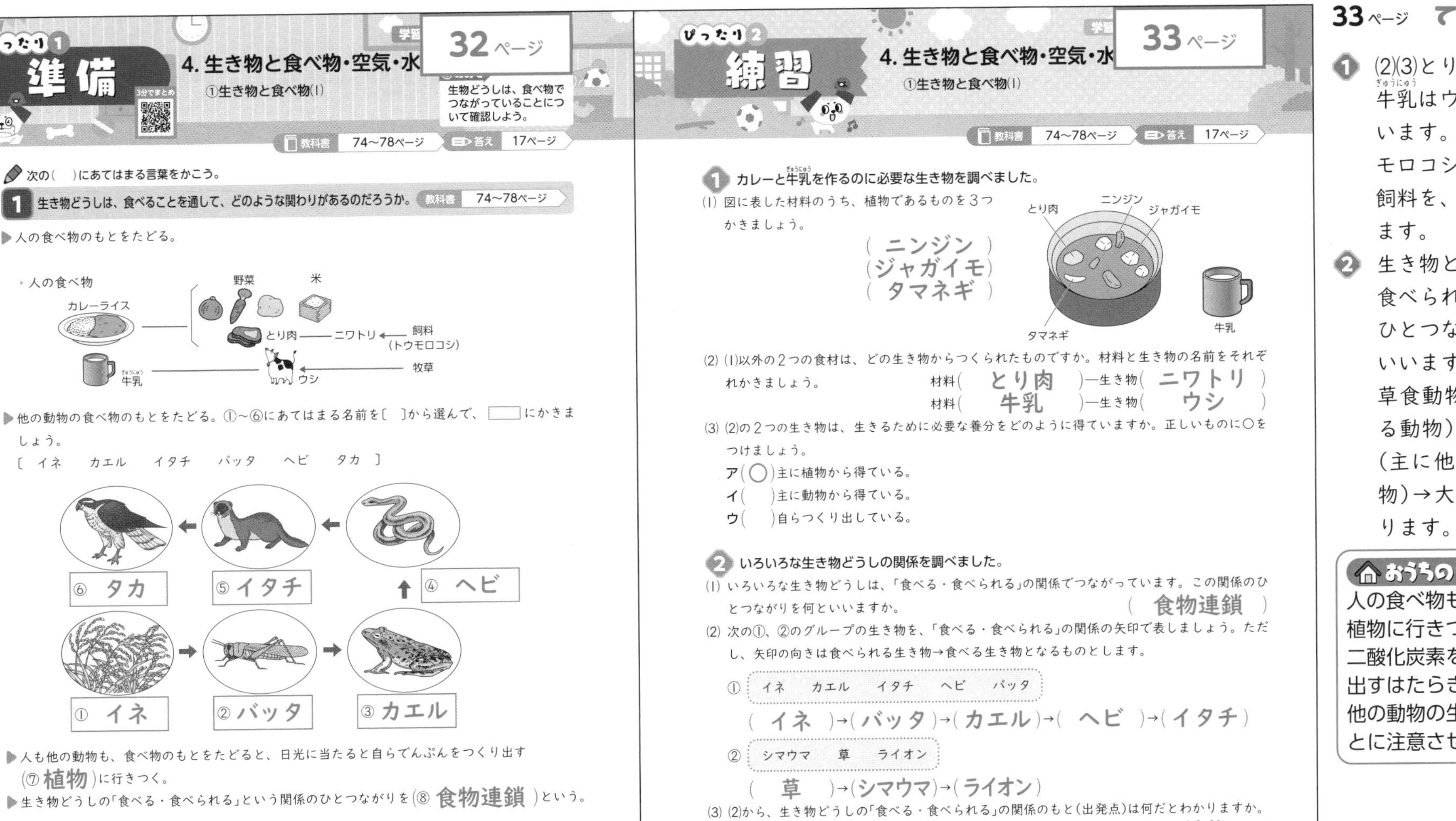

ぴったり1 準備

4. 生き物と食べ物・空気・水

①生き物と食べ物(1)

32ページ

生物どうしは、食べ物でつながっていることについて確認しよう。

教科書 74～78ページ　答え 17ページ

次の(　)にあてはまる言葉をかこう。

1 生き物どうしは、食べることを通して、どのような関わりがあるのだろうか。 教科書 74～78ページ

▶人の食べ物のもとをたどる。

・人の食べ物

カレーライス ― 野菜　米

とり肉 ― ニワトリ ← 飼料(トウモロコシ)

牛乳 ― ウシ ← 牧草

▶他の動物の食べ物のもとをたどる。①～⑥にあてはまる名前を〔　〕から選んで、□にかきましょう。

〔 イネ　カエル　イタチ　バッタ　ヘビ　タカ 〕

⑥ タカ ← ⑤ イタチ ← ④ ヘビ

① イネ → ② バッタ → ③ カエル

▶人も他の動物も、食べ物のもとをたどると、日光に当たると自らでんぷんをつくり出す(⑦ 植物)に行きつく。

▶生き物どうしの「食べる・食べられる」という関係のひとつながりを(⑧ 食物連鎖)という。

ここがだいじ!

①人や他の動物も、食べ物のもとをたどると、植物に行きつく。

②生き物どうしは、「食べる・食べられる」という関係でつながっている。この関係のひとつながりを食物連鎖という。

ぴたトリビア　多くの動物は色々な植物や動物を食べます。このため、1種類の生物が多くの食物連鎖に関係し、食物連鎖は複雑にからみ合っています。

32

ぴったり2 練習

4. 生き物と食べ物・空気・水

①生き物と食べ物(1)

33ページ

教科書 74～78ページ　答え 17ページ

1 カレーと牛乳を作るのに必要な生き物を調べました。

(1) 図に表した材料のうち、植物であるものを3つかきましょう。

(ニンジン)
(ジャガイモ)
(タマネギ)

とり肉　ニンジン　ジャガイモ　タマネギ　牛乳

(2) (1)以外の2つの食材は、どの生き物からつくられたものですか。材料と生き物の名前をそれぞれかきましょう。

材料(とり肉)―生き物(ニワトリ)

材料(牛乳)―生き物(ウシ)

(3) (2)の2つの生き物は、生きるために必要な養分をどのように得ていますか。正しいものに○をつけましょう。

ア(○)主に植物から得ている。

イ(　)主に動物から得ている。

ウ(　)自らつくり出している。

2 いろいろな生き物どうしの関係を調べました。

(1) いろいろな生き物どうしは、「食べる・食べられる」の関係でつながっています。この関係のひとつながりを何といいますか。(食物連鎖)

(2) 次の①、②のグループの生き物を、「食べる・食べられる」の関係の矢印で表しましょう。ただし、矢印の向きは食べられる生き物→食べる生き物となるものとします。

① イネ　カエル　イタチ　ヘビ　バッタ

(イネ)→(バッタ)→(カエル)→(ヘビ)→(イタチ)

② シマウマ　草　ライオン

(草)→(シマウマ)→(ライオン)

(3) (2)から、生き物どうしの「食べる・食べられる」の関係のもと(出発点)は何だとわかりますか。(植物)

ヒント 2 (2)②シマウマは草を食べます。

33

33ページ てびき

1 (2)(3)とり肉はニワトリが、牛乳はウシがもとになっています。ニワトリは、トウモロコシなどから作られた飼料を、ウシは牧草を食べます。

2 生き物どうしの「食べる・食べられる」という関係のひとつながりを食物連鎖といいます。ふつう、植物→草食動物(主に植物を食べる動物)→小型の肉食動物(主に他の動物を食べる動物)→大型の肉食動物となります。

おうちのかたへ

人の食べ物も、もとをたどると、植物に行きつきます。植物は、二酸化炭素を取り入れて酸素を出すはたらきによっても、人や他の動物の生命を支えていることに注意させましょう。

おうちのかたへ　4. 生き物と食べ物・空気・水

生き物どうしの食べ物を通したつながり、空気や水を通したつながりについて学習します。ここでは、生き物どうしが食物連鎖という「食べる・食べられる」の関係でつながっていること、酸素や二酸化炭素、水は生き物の体を出たり入ったりしていることを理解しているか、などがポイントです。

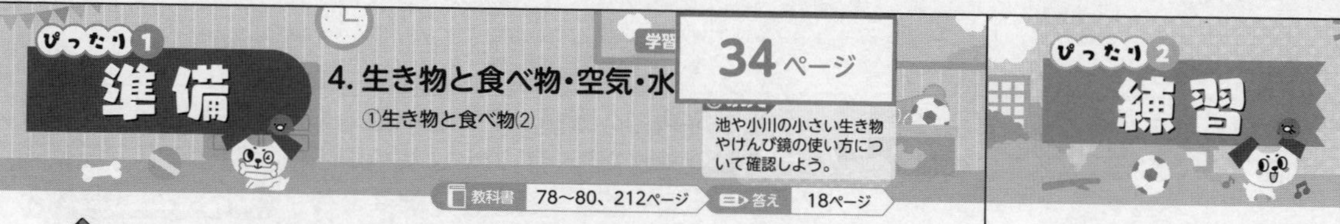

ぴったり1 準備

4. 生き物と食べ物・空気・水

①生き物と食べ物(2)

学習 34ページ

池や小川の小さい生き物やけんび鏡の使い方について確認しよう。

教科書 78〜80、212ページ　答え 18ページ

次の(　)にあてはまる言葉をかくか、あてはまるものを○で囲もう。

1 池や小川などにすむメダカは、何を食べているのだろうか。　教科書 78〜80、212ページ

目の細かいあみを使って、池の中の水草などをすくい取り、水を入れたコップに移す。

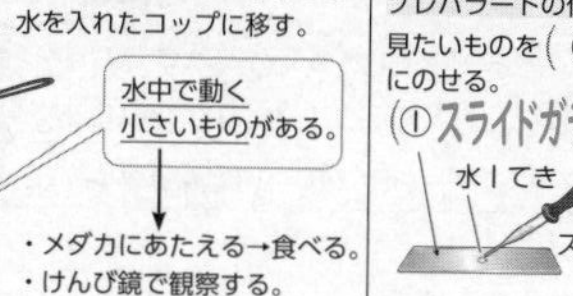

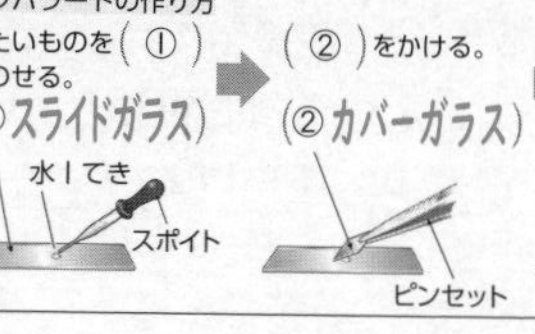

ミジンコ　ゾウリムシ　アオミドロ

▶池や川などには小さい生き物がすんでいて、メダカなどの魚は、これらの小さい生き物を(③ 食べる ・ 食べない)。

▶メダカと水の中の小さい生き物とは、(④ 食物連鎖)の関係にある。

(「食べる・食べられる」)

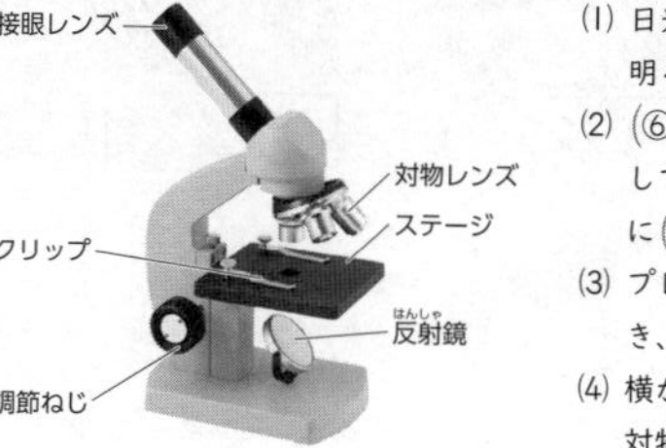

(1) 日光が直接(⑤ 当たる ・ 当たらない)明るいところに置く。

(2) (⑥ 対物)レンズをいちばん低い倍率にして、接眼レンズをのぞき、明るく見えるように(⑦ 反射鏡)の向きを変える。

(3) プレパラートを(⑧ ステージ)の中央に置き、クリップでとめる。

(4) 横から見ながら(⑨ 調節ねじ)を回して、対物レンズとステージとの間を近づける。

(5) 接眼レンズをのぞきながら調節ねじを回して、対物レンズとステージとの間を(⑩ 近づけて ・ 遠ざけて)いき、はっきり見えたところで止める。

(6) 観察するものが小さいときには、倍率の高い(⑪ 接眼 ・ 対物)レンズにかえる。

▶ (⑫ 接眼)レンズの倍率 × 対物レンズの倍率 ＝ けんび鏡の倍率

対物レンズをかえたあとは、(4)、(5)をくり返す。

ここがだいじ！ ①池や小川などにすむメダカは、水の中にいる小さい生き物を食べている。

ぴたトリビア 水中では、例えば「ミカヅキモ→ミジンコ→メダカ→ザリガニ」という食物連鎖があります。

ぴったり2 練習

4. 生き物と食べ物・空気・水

①生き物と食べ物(2)

学習 35ページ

教科書 78〜80、212ページ　答え 18ページ

1 池の水をけんび鏡で観察しました。

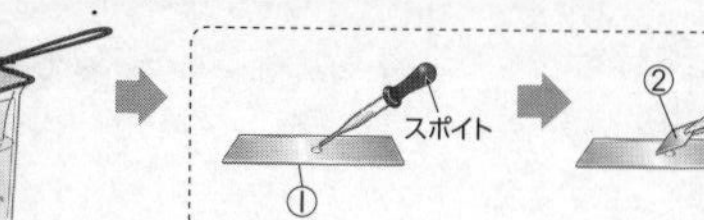

目の細かいあみを使って、池の中の水草などをすくい取り、水を入れたコップに移す。

(1) 次の文は、上の図の[ ]を説明しています。①〜③にあてはまる言葉をそれぞれの(　)にかきましょう。

コップの水の中の動く小さいものを(①スライドガラス)にのせ、(②カバーガラス)をかけて、はみ出した水をろ紙ですい取って、(③プレパラート)を作った。

(2) けんび鏡で観察すると、㋐、㋑の生き物が見られました。名前をそれぞれかきましょう。

㋐(ミジンコ) ㋑(ゾウリムシ)

(3) ㋐の生き物を飼っているメダカにあたえると、メダカは食べますか。(食べる。)

(4) 自然の池や川にすんでいるメダカなどの魚は、何を食べていると考えられますか。

((水中の)小さい生き物)

2 けんび鏡について、次の問いに答えましょう。

(1) ㋐〜㋕の部分の名前をそれぞれかきましょう。

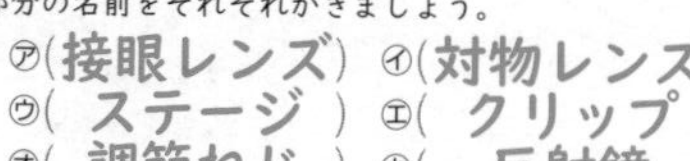

㋐(接眼レンズ) ㋑(対物レンズ)
㋒(ステージ) ㋓(クリップ)
㋔(調節ねじ) ㋕(反射鏡)

(2) 次の文は、けんび鏡の使い方を説明したものです。正しい順になるように、ア〜カに1〜6の番号をつけましょう。

ア(4)プレパラートをステージに置き、クリップでとめる。
イ(1)日光が当たらない明るいところに置く。
ウ(5)横から見ながら、対物レンズとステージの間を近づける。
エ(2)対物レンズをいちばん低い倍率にする。
オ(6)接眼レンズをのぞきながら、対物レンズとステージの間を遠ざけていき、はっきり見えたところで止める。
カ(3)接眼レンズをのぞき、明るく見えるように反射鏡の向きを変える。

35ページ てびき

1 (1)けんび鏡で観察するためには、プレパラートを作らなければなりません。
(4)自然の池や川の水中には小さい生き物がいて、メダカなどの魚の食べ物になっています。

2 (1)けんび鏡は、2つのレンズ(接眼レンズ・対物レンズ)で大きく見えるようにしています。
(2)対物レンズとステージの間を近づけるとき、接眼レンズをのぞいていると、対物レンズとプレパラートがぶつかってこわれる危険があります。横から見ながら2つを近づけておいて、接眼レンズをのぞいて、2つを遠ざけながらはっきり見えるようにします。

おうちのかたへ
水中にいる小さい生物も、植物と動物の種類に分けることができます。小さい生物について詳しくは、中学校理科で学習します。

ぴったり1 準備

学習 36ページ

4. 生き物と食べ物・空気・水

②生き物と空気・水

めあて 空気や水を通した、生き物と周囲の環境との関わりについて確認しよう。

教科書 81～84ページ　答え 19ページ

次の(　)にあてはまる言葉をかくか、あてはまるものを○で囲もう。

1 生き物は、空気や水を通して、周囲の環境とどのように関わっているのだろうか。 教科書 81～84ページ

▶人や他の動物は、空気中の(① 酸素)を取り入れて、二酸化炭素を出している。

▶(② 日光)が当たった植物は、二酸化炭素を取り入れて、酸素を出している。これは、人や他の動物と(③ 同じ ・ (逆))のやりとりである。

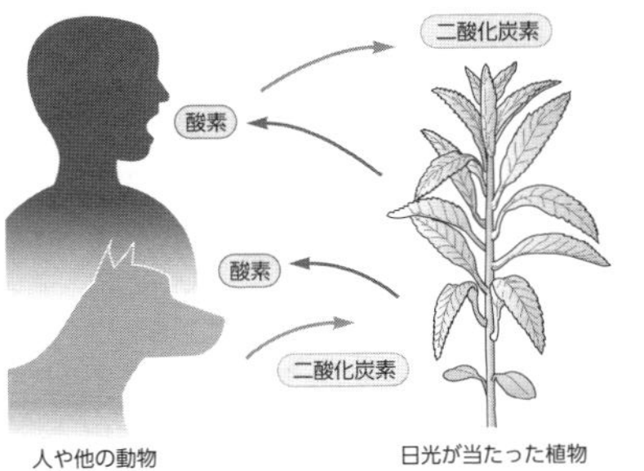

▶地球上を循環する水の姿をまとめる。④～⑧にあてはまる言葉を〔　〕から選んで、□にかきましょう。

〔 川　雨　海　雲　水蒸気 〕

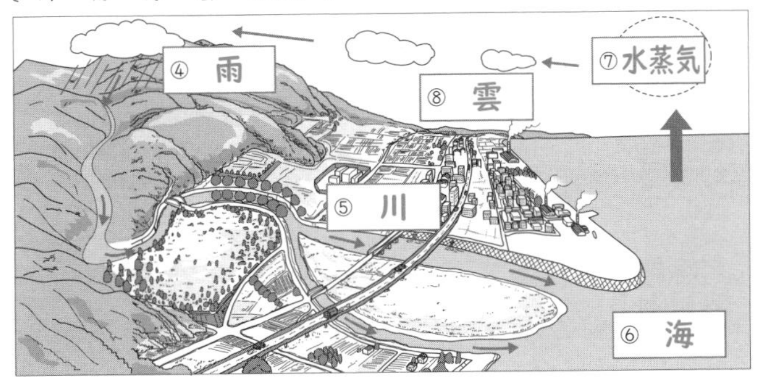

ここがだいじ!
①人や他の動物と日光が当たった植物は、逆の気体のやりとりをする。
②水は姿を変えながら循環していて、人や他の動物、植物は、さまざまな場所で水を取り入れている。

ぴたトリビア 地球上にある水の97%以上は海にあります。水は地球の全ての生物の命を支える大切なものです。

ぴったり2 練習

学習 37ページ

4. 生き物と食べ物・空気・水

②生き物と空気・水

教科書 81～84ページ　答え 19ページ

1 図は、動物と植物の気体のやりとりを表しています。

(1) 図の㋐、㋑にあてはまる気体は、それぞれ何ですか。
㋐(二酸化炭素)
㋑(酸素)

(2) ㋑の気体を取り入れて、㋐の気体を出すような気体のやりとりを何といいますか。
(呼吸)

(3) 次の文は、動物と植物の関わりについて説明したものです。(　)にあてはまる言葉をかきましょう。

植物が行う㋐の気体を取り入れて、㋑の気体を出すような気体のやりとりがなければ、(① 酸素)が減っていき、生き物は地球上に暮らすことができなくなる。このように、動物と植物は、(② 空気)を通してたがいに関わり合いながら生きている。

2 図は、地球上での水の移動を表しています。

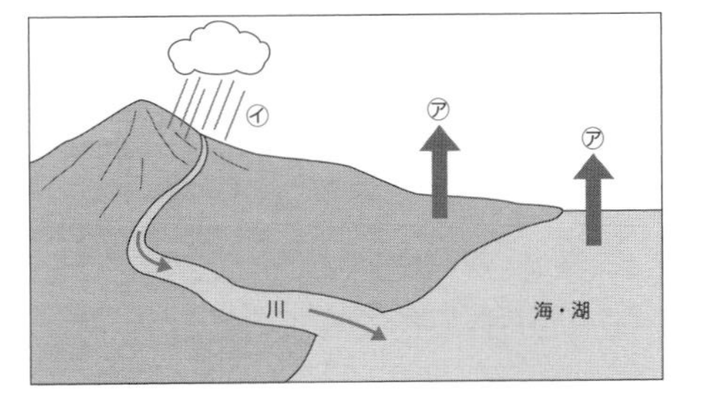

(1) ㋐は、地面や水面からの水の移動を表したものです。この移動を何といいますか。
(蒸発)

(2) (1)によって、水は何に変わりますか。
(水蒸気)

(3) 次の文は、(1)のあとの水の移動について説明したものです。(　)にあてはまる言葉をかきましょう。

水は、(1)のあと、空の上のほうで(① 雲)に姿を変えて、㋑のように、(② 雨)や(③ 雪)として再び地上にもどってくる。

ヒント ❶ (1)動物の気体のやりとりは、1とおりだけです。

37ページ てびき

❶ (1)(2)呼吸は全ての生き物が行っている気体のやりとりです。よって、動物と植物のどちらにも取り入れられている㋑の気体が酸素、どちらからも出されている㋐の気体が二酸化炭素になります。

❷ (1)(2)水が蒸発すると水蒸気になります。
(3)水蒸気が空の上のほうで冷やされると、雲に姿を変えて、目にも見えるようになります。雲は雨や雪を降らせ、再び水が地上にもどっていきます。このように、水は、いろいろな姿で地球上を循環しています。

おうちのかたへ
水(液体)は、あたためると水蒸気(気体)に、冷やすと氷(固体)に姿を変えることは、4年で学習しています。

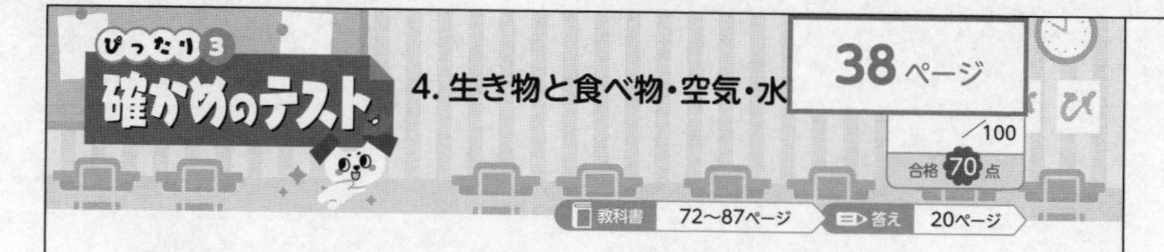

4. 生き物と食べ物・空気・水

38ページ

/100 合格70点

教科書 72～87ページ　答え 20ページ

1 図は、生き物どうしの「食べる・食べられる」という関係を表したものです。　各7点(14点)

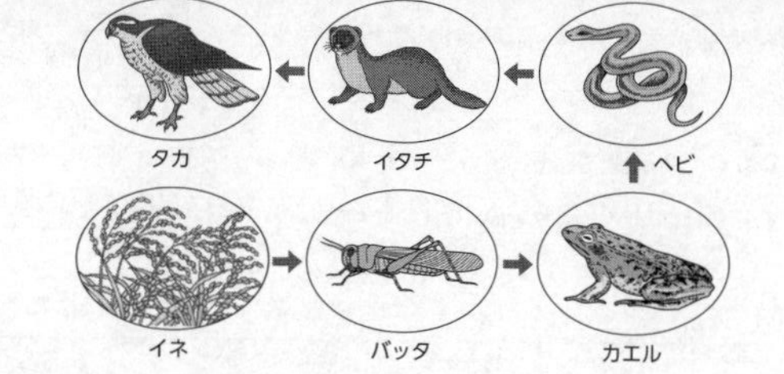

(1) 生き物どうしの「食べる・食べられる」関係のひとつながりを、何といいますか。
（　食物連鎖　）

(2) (1)のもと(出発点)は、どのような生き物ですか。
（　植物　）

よく出る

2 図は、空気と食べ物についての生き物どうしの関わりを表したものです。①～③にあてはまる言葉を［ ］から選んで□にかきましょう。　各8点(24点)

［ 酸素　二酸化炭素　養分 ］

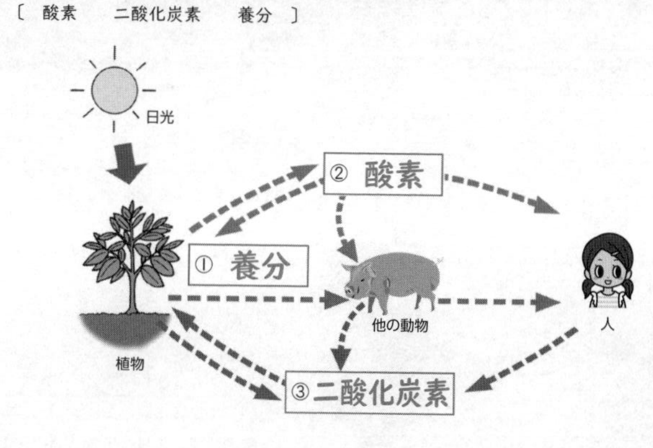

学習 39ページ

3 メダカの食べ物について、調べました。　各5点(25点)

(1) 池や川の水をけんび鏡で見ると、次のような生き物が見られました。これらの生き物の名前は何ですか。それぞれかきましょう。

ア　イ　ウ

ア（ミジンコ）
イ（ミカヅキモ）
ウ（ゾウリムシ）

(2) たまごからかえったばかりの子メダカは、2～3日の間、どのようにして育ちますか。正しいものに○をつけましょう。

ア（　）水を養分にして育つ。
イ（○）何も食べないで育つ。
ウ（　）水中の小さな生き物を食べて育つ。

(3) 池や川の水中に見られた(1)のアの生き物を育ったメダカにあたえると、メダカは食べますか。
（　食べる。　）

4 地球上の水の循環について調べました。　各8点(16点)

(1) 地球上の水は、水蒸気、雲、雨や雪などに姿を変えながら移動しています。水が水蒸気になる場合について、地面や水面からの蒸発のほかに、植物の体から水蒸気になって出ていく現象があります。この現象を何といいますか。
（　蒸散　）

(2) 海面から蒸発した水が再び海にもどってくるまでの水の移動について、アから始めて正しい順になるようにイ～エを並べましょう。

ア海面から蒸発して水蒸気になる。
イ川の水になって移動する。
ウ空の高いところで雲になる。
エ雨や雪となって地上に降ってくる。

（ ア → ウ → エ → イ ）

できたらスゴイ!

5 動物や植物の空気の出入りについて書かれた文章について、（　）にあてはまる言葉をかきましょう。　思考・表現　各7点(21点)

動物は、昼でも夜でも、空気を吸ったり、はき出したりして、(①酸素)を取り入れ、二酸化炭素を出している。このはたらきは、植物もしている。
しかし、植物は、葉に(② 日光)が当たっている昼間は、二酸化炭素を取り入れ、(①)を出している。
(②)が当たっている昼間は、植物が出す(③ 酸素)の量が、取り入れる(③)の量より多いので、全体として(③)を出していることになる。

ふりかえり　**2**の問題がわからないときは、36ページの**1**にもどって確認しましょう。
5の問題がわからないときは、36ページの**1**にもどって確認しましょう。

38～39ページ　てびき

1 生き物どうしの「食べる・食べられる」という関係のひとつながりを食物連鎖といい、そのもととなるのは植物です。

2 植物が出した酸素を、人や他の動物、植物も呼吸によって取り入れています。

3 (3)自然の池や川にすんでいるメダカなどの魚は、水中の小さい生き物を食べています。

4 (2)海の水が蒸発して水蒸気になり、空の高いところで冷やされて雲になります。雲から雨や雪となって地上に降り、川の水として移動して再び海にもどってきます。

5 植物は、日光が当たる昼間は、酸素を出して、二酸化炭素を取り入れているように見えます。

おうちのかたへ
人の生活と空気・水との関わりや、人の生活が周囲の環境に与える影響などについて、「★人の生活と自然環境」で学習します。

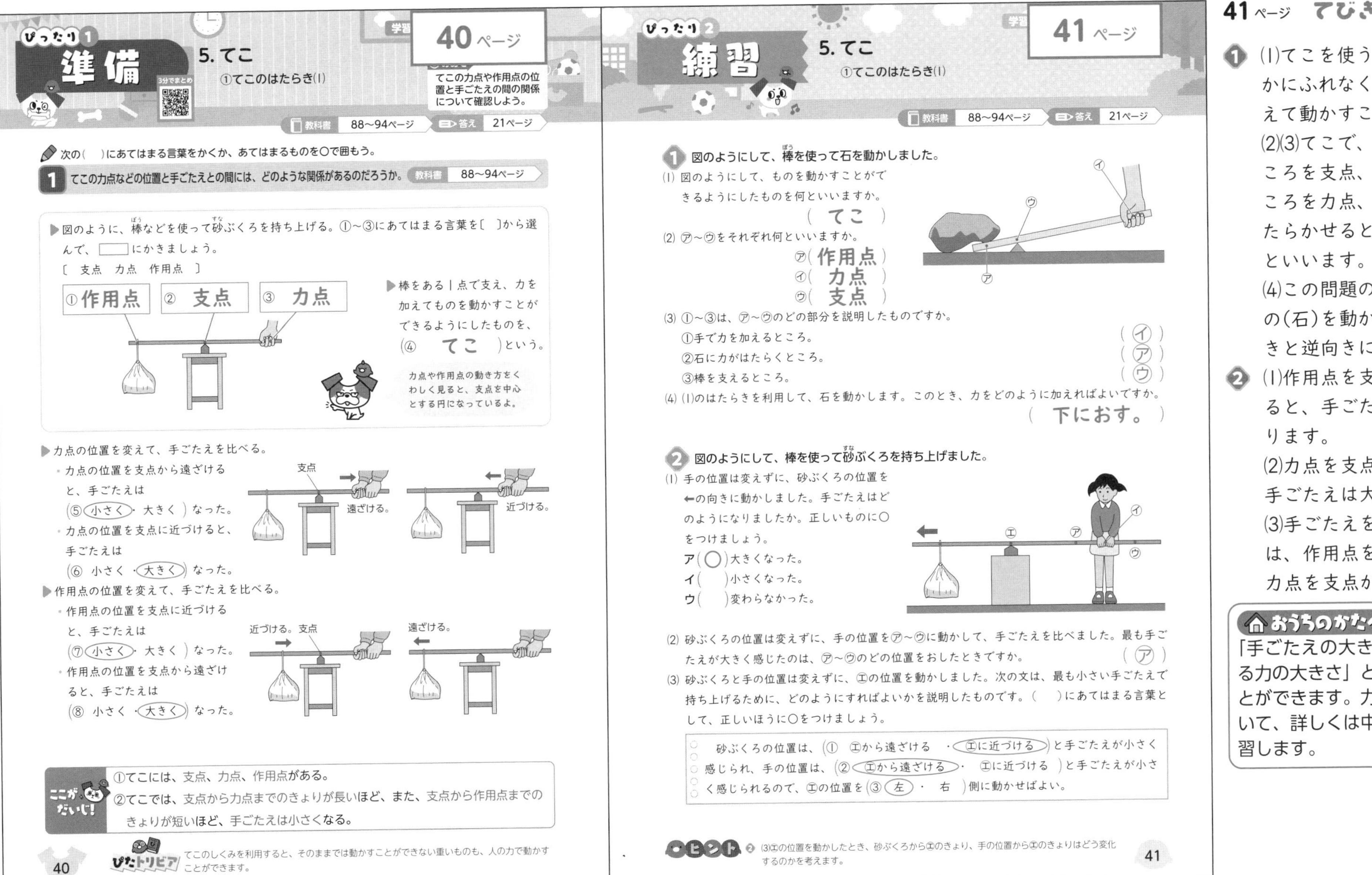

40ページ

ぴったり1 準備 5. てこ ①てこのはたらき(1)

てこの力点や作用点の位置と手ごたえの間の関係について確認しよう。

教科書 88〜94ページ　答え 21ページ

次の(　)にあてはまる言葉をかくか、あてはまるものを〇で囲もう。

1 てこの力点などの位置と手ごたえとの間には、どのような関係があるのだろうか。 教科書 88〜94ページ

▶図のように、棒などを使って砂ぶくろを持ち上げる。①〜③にあてはまる言葉を〔　〕から選んで、□にかきましょう。

〔 支点　力点　作用点 〕

①作用点　②支点　③力点

▶棒をある1点で支え、力を加えてものを動かすことができるようにしたものを、(④ てこ)という。

力点や作用点の動き方をくわしく見ると、支点を中心とする円になっているよ。

▶力点の位置を変えて、手ごたえを比べる。

・力点の位置を支点から遠ざけると、手ごたえは(⑤〔小さく〕・大きく)なった。

・力点の位置を支点に近づけると、手ごたえは(⑥ 小さく・〔大きく〕)なった。

支点　遠ざける。　近づける。

▶作用点の位置を変えて、手ごたえを比べる。

・作用点の位置を支点に近づけると、手ごたえは(⑦〔小さく〕・大きく)なった。

・作用点の位置を支点から遠ざけると、手ごたえは(⑧ 小さく・〔大きく〕)なった。

近づける。支点　遠ざける。

ここがだいじ！
①てこには、支点、力点、作用点がある。
②てこでは、支点から力点までのきょりが長いほど、また、支点から作用点までのきょりが短いほど、手ごたえは小さくなる。

ぴたトリビア　てこのしくみを利用すると、そのままでは動かすことができない重いものも、人の力で動かすことができます。

40

41ページ

ぴったり2 練習 5. てこ ①てこのはたらき(1)

教科書 88〜94ページ　答え 21ページ

1 図のようにして、棒を使って石を動かしました。

(1) 図のようにして、ものを動かすことができるようにしたものを何といいますか。　(てこ)

(2) ㋐〜㋒をそれぞれ何といいますか。
㋐(作用点)
㋑(力点)
㋒(支点)

(3) ①〜③は、㋐〜㋒のどの部分を説明したものですか。
①手で力を加えるところ。　(㋑)
②石に力がはたらくところ。　(㋐)
③棒を支えるところ。　(㋒)

(4) (1)のはたらきを利用して、石を動かします。このとき、力をどのように加えればよいですか。
(下におす。)

2 図のようにして、棒を使って砂ぶくろを持ち上げました。

(1) 手の位置は変えずに、砂ぶくろの位置を←の向きに動かしました。手ごたえはどのようになりましたか。正しいものに〇をつけましょう。
ア(〇)大きくなった。
イ(　)小さくなった。
ウ(　)変わらなかった。

(2) 砂ぶくろの位置は変えずに、手の位置を㋐〜㋒に動かして、手ごたえを比べました。最も手ごたえが大きく感じたのは、㋐〜㋒のどの位置をおしたときですか。　(㋐)

(3) 砂ぶくろと手の位置は変えずに、㋓の位置を動かしました。次の文は、最も小さい手ごたえで持ち上げるために、どのようにすればよいかを説明したものです。(　)にあてはまる言葉として、正しいほうに〇をつけましょう。

砂ぶくろの位置は、(① ㋓から遠ざける・〔㋓に近づける〕)と手ごたえが小さく感じられ、手の位置は、(②〔㋓から遠ざける〕・㋓に近づける)と手ごたえが小さく感じられるので、㋓の位置を(③〔左〕・右)側に動かせばよい。

ヒント 2 (3)㋓の位置を動かしたとき、砂ぶくろから㋓のきょり、手の位置から㋓のきょりはどう変化するのかを考えます。

41

41ページ てびき

1 (1)てこを使うと、ものにじかにふれなくても、力を加えて動かすことができます。

(2)(3)てこで、棒を支えるところを支点、力を加えるところを力点、ものに力をはたらかせるところを作用点といいます。

(4)この問題のてこでは、もの(石)を動かそうとする向きと逆向きに力を加えます。

2 (1)作用点を支点から遠ざけると、手ごたえは大きくなります。

(2)力点を支点に近づけると、手ごたえは大きくなります。

(3)手ごたえを小さくするには、作用点を支点に近づけ、力点を支点から遠ざけます。

おうちのかたへ
「手ごたえの大きさ」は「加える力の大きさ」と言いかえることができます。力の大きさについて、詳しくは中学校理科で学習します。

おうちのかたへ　5. てこ
てこの規則性について学習します。力を加える位置や大きさを変えたときのてこのはたらきの変化を理解しているか、てこを利用した道具を見つけることができるか、などがポイントです。

教科書 95～99ページ 答え 22ページ

✎次の(　)にあてはまる言葉をかくか、表にかきこもう。

1 てこを使ってものを持ち上げるとき、どのようなきまりがあるのだろうか。 教科書 95～99ページ

▶図の(① **実験用てこ**)という装置を使うと、てこのきまりをくわしく調べることができる。

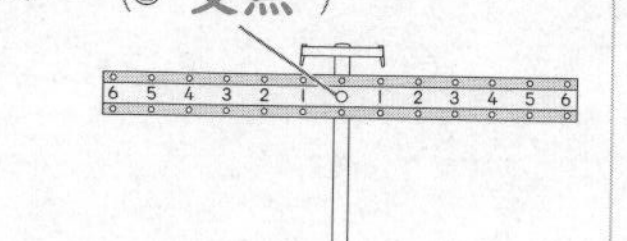

▶てこのきまりを調べる。

・③表のかたむきのらんに、棒のかたむきを「／」「—」「＼」でかこう。

作用点(左側)		力点(右側)		かたむき
おもりの重さ(g)	支点からのきょり	おもりの重さ(g)	支点からのきょり	
10	3	30	1	—
20	2	10	3	／
30	5	40	4	＼
30	2	10	6	—

・てこの左右におもりをつり下げ、棒が水平につりあった場合は、(おもりの重さ)×((④ **支点からのきょり**))が棒の左右で等しくなる。

・図のように、棒が水平につりあっているとき、てこを左側にかたむけるはたらきは20×(⑤ **1**)、右側にかたむけるはたらきは10×(⑥ **2**)で、棒の左右で等しい。

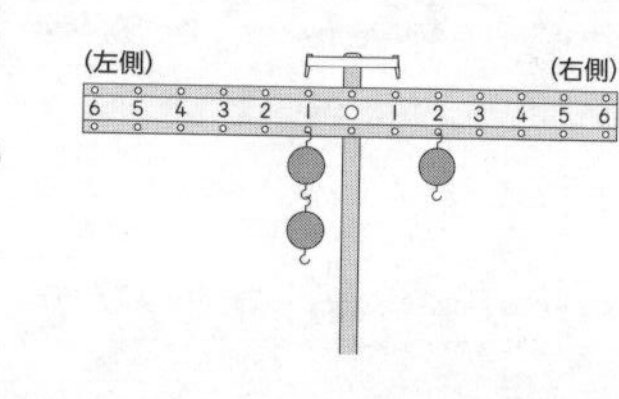

ここがだいじ! ①てこを使ってものを持ち上げるとき、棒が水平につりあった場合には、(おもりの重さ)×(支点からのきょり)が棒の左右で等しくなるというきまりがある。

ぴたトリビア 上皿てんびんは、左右のうでの長さが同じなので、左右に同じ重さのものをのせると水平につりあうことを利用して、重さをはかる道具です。

1 実験用てこを使って、棒のかたむきを調べます。

(1) ㋐の部分を何といいますか。 (**支点**)

(2) 図1のように、左側の目盛り5のところに10gのおもり2個をつり下げます。このとき、棒を左側にかたむけるはたらきの大きさは、どのような式で表されますか。正しいものに○をつけましょう。

ア(　)20+5=25　イ(○)20×5=100
ウ(　)20−5=15　エ(　)20÷5=4

(3) 図2のように、左側の目盛り4のところに10gのおもり3個、右側の目盛り6のところに10gのおもり2個をつり下げます。このとき、棒はどのようになりますか。

※30×4=20×6 (**水平につりあう。**)

(4) 図2で、左右のおもりをそれぞれ1個ずつ取ります。このとき、棒はどのようになりますか。

※20×4>10×6 (**左にかたむく。**)

図1 (左側) (右側) ㋐ 6 5 4 3 2 1 ○ 1 2 3 4 5 6

図2 (左側) (右側) 6 5 4 3 2 1 ○ 1 2 3 4 5 6

2 実験用てこを使って、棒が水平につりあう場合を調べました。

(1) 次の文は、てこのきまりを説明したものです。(　)にあてはまる言葉をかきましょう。

棒の左右で、(おもりの重さ)×(支点からのきょり)が(① **等しい**)とき、棒は水平につりあう。また、棒が水平につりあうとき、左側にかたむけるはたらきの大きさと右側にかたむけるはたらきの大きさは(② **等しい**)。このことから、おもりが棒をかたむけるはたらきの大きさは、(おもりの(③ **重さ**))×(支点からの(④ **きょり**))で表される。

(2) 表は、実験用てこを使って、棒が水平につりあうようにおもりの重さやつり下げる位置をさまざまに変えたときの結果を表しています。(　)にあてはまる数をかきましょう。

左側		右側	
おもりの重さ(g)	支点からのきょり	おもりの重さ(g)	支点からのきょり
20	2	10	(① **4**)
40	3	(② **30**)	4
30	(③ **6**)	90	2
(④ **100**)	2	40	5

43ページ てびき

1 (2)棒をかたむけるはたらきの大きさは、(おもりの重さ)×(支点からのきょり)で表されます。

(3)左右で棒をかたむけるはたらきの大きさが等しいので、棒は水平につりあいます。

(4)棒をかたむけるはたらきの大きさは、左側のほうが大きいので、棒は左にかたむきます。

2 (2)棒をかたむけるはたらきの大きさは、(おもりの重さ)×(支点からのきょり)で表され、これが左右で等しくなるようにします。

20×2＝10×(①)より、①は4です。

40×3＝(②)×4より、②は30(g)です。

30×(③)＝90×2より、③は6です。

(④)×2＝40×5より、④は100(g)です。

おうちのかたへ
てこを使ってものを持ち上げるときの決まりと実験用てこが水平につりあうときの決まりは同じであることに注意させましょう。

5. てこ
②身のまわりのてこ

44ページ

身のまわりで、てこのはたらきが利用されている道具について確認しよう。

教科書 100～103ページ　答え 23ページ

次の(　)にあてはまる言葉をかこう。

1 **身のまわりの道具には、てこのはたらきがどのように利用されているのだろうか。** 教科書 100～103ページ

▶はさみやくぎぬきに利用されているてこのはたらきを調べる。

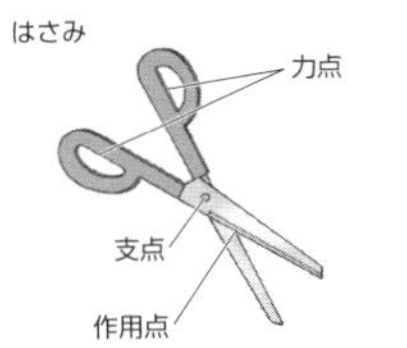

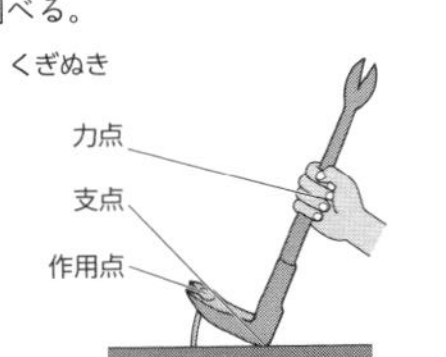

・はさみには、(① **作用点**)を支点に近づけると、(② **力点**)の手ごたえが小さくなるというてこのはたらきが利用されている。

・くぎぬきは、(③ **力点**)を支点から遠ざけると、(④ **力点**)の手ごたえが小さくなるというてこのはたらきが利用されている。

▶てこのはたらきを利用しているもののしくみを調べる。⑤～⑬にあてはまる言葉を〔　〕から選んで□にかきましょう。

〔 支点　力点　作用点 〕

・ペンチ

⑤ **支点**
⑥ **作用点**
⑦ **力点**

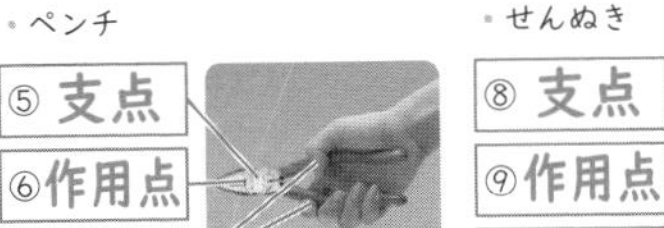

(ほかの例)はさみ
プルタブ
くぎぬき

・せんぬき

⑧ **支点**
⑨ **作用点**
⑩ **力点**

(ほかの例)空きかんつぶし機
穴あけパンチ

・ピンセット

⑪ **支点**
⑫ **力点**
⑬ **作用点**

(ほかの例)パンばさみ
はし
和ばさみ

てこのはたらきが利用されているものをさがしてみよう。

ここがだいじ! ①てこを利用した道具は、支点・力点・作用点の並び方や位置をくふうすることで、はたらく力を大きくしたり小さくしたりしている。

ぴたトリビア　自転車のハンドルやブレーキ、ペダルとギヤにも、てこが利用されています。

ぴったり2
練習

5. てこ
②身のまわりのてこ

45ページ

教科書 100～103ページ　答え 23ページ

1 **くぎぬきに利用されているてこのはたらきを調べます。**

(1) ㋐～㋒は、それぞれてこのどの部分になりますか。正しいものを線で結びましょう。

㋐・　・支点
㋑・　・力点
㋒・　・作用点

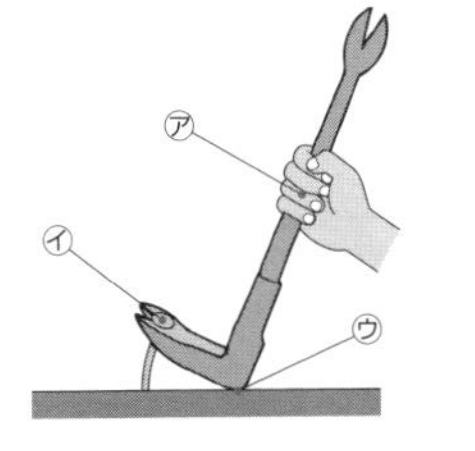

(2) くぎをより小さい力でぬくためには、どのようにすればよいですか。正しいものに○をつけましょう。

ア(○)㋐の手でにぎっている部分を先(上)のほうに動かす。
イ(　)㋑のくぎをひっかけている部分を先のほうに動かす。
ウ(　)㋒の地面についている部分を地面からはなす。

2 **図は、身のまわりにあるてこのはたらきを利用した道具です。**

㋐

㋑

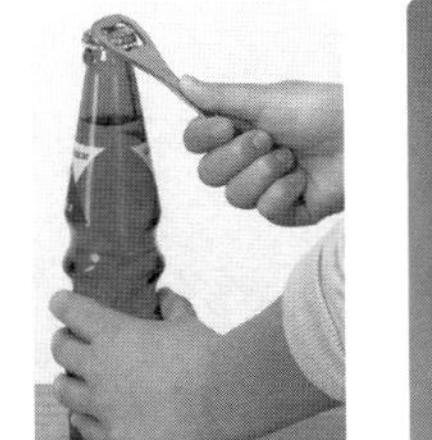

㋒

(1) ㋐～㋒の道具について、支点、力点、作用点の位置の関係はどのようになっていますか。正しいものを線で結びましょう。

㋐・　・力点が支点と作用点の間にある。
㋑・　・作用点が支点と力点の間にある。
㋒・　・支点が作用点と力点の間にある。

(2) ㋐～㋒の道具は、①、②のどちらにあてはまりますか。①、②からそれぞれ選びましょう。

①小さい力で、作用点に大きい力をはたらかせることができる。
②作用点にはたらかせる力を小さくすることができる。

㋐(①)　㋑(①)　㋒(②)

45ページ　てびき

1 (1)板の上で支えているところ(㋒)が支点、手で力を加えるところ(㋐)が力点、くぎをぬくところ(㋑)が作用点です。

(2)力点を支点から遠ざけると、力点の手ごたえは小さくなります。

2 (1)動かないところが支点、力を加えるところが力点、力がはたらくところが作用点です。

(2)㋐のペンチは、小さい力で逆向きにものを動かす道具です。㋑のせんぬきは、小さい力で同じ向きにものを動かす道具です。㋒のピンセットは大きい力を細かく調節することができる道具です。

おうちのかたへ
てこには、支点・力点・作用点の並び方によって3種類あり、てこを利用した道具は、その目的によって、てこの種類が違います。

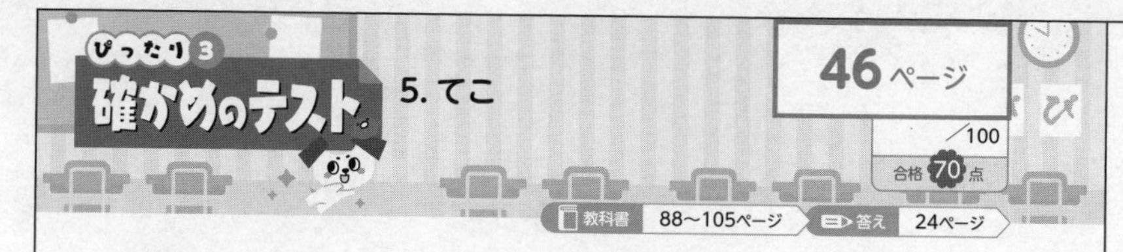

5. てこ

46ページ

100
合格 70 点

教科書 88~105ページ　答え 24ページ

1 棒を使って砂ぶくろを持ち上げ、必要な力の大きさを比べます。 各5点(10点)

(1) 手の位置を動かして、持ち上げるのに必要な力の大きさを比べます。㋐~㋒のうち、最も小さい力で砂ぶくろを持ち上げることができるのはどこをおしたときですか。 (㋒)

(2) 記述 手の位置は㋑にしたままで、㋓の位置を動かすとき、より小さい力で砂ぶくろを持ち上げるには、㋓の位置をどのように動かせばよいですか。

(㋓の位置を手の位置から遠ざけ、砂ぶくろの位置に近づける。)

よく出る

2 実験用てこを使って、おもりがてこをかたむけるはたらきを調べました。 各5点、(2)、(4)は全部できて5点(20点)

(1) ㋑の位置を何といいますか。 (支点)

(2) 図のように、㋐におもり2個、㋒におもり1個をつり下げたとき、棒が水平につりあいました。それぞれにつり下げたおもりについて、棒をかたむけるはたらきの大きさを決めているものは何ですか。正しいものすべてに○をつけましょう。

(左側) ㋐ ㋑ ㋒ (右側)

ア(○)㋐、㋒につり下げたおもりの数
イ(　)㋐から㋒までのきょり
ウ(　)地面から㋐、㋒までの高さ
エ(○)㋐、㋒にかかれている目盛りの数字

(3) 次の式は、てこの棒が水平につりあっているとき、てこの左側と右側に成り立っている関係を表したものです。(　)にあてはまる記号をかきましょう。

左側にかたむけるはたらきの大きさ(＝)右側にかたむけるはたらきの大きさ

(4) 右側につり下げるおもりの数と位置を自由に変えて、棒が水平につりあうようにします。このとき、おもりの数をどのようにしても棒が水平につりあわない位置はどこですか。あてはまる目盛りの数字をすべてかきましょう。ただし、おもり1個の重さはどれも同じものとします。

右側の目盛りの数字	1	2	3	4	5	6
右側のおもりの数	4	2	×	1	×	×

(3、5、6)

学習 47ページ

3 図1は洋ばさみ、図2は和ばさみです。 技能 各6点(30点)

(1) てこのはたらきを利用して、厚い紙などを切るときに必要な力を小さくしているのは、洋ばさみと和ばさみのどちらですか。

図1　図2

(洋ばさみ)

(2) ①洋ばさみと②和ばさみのてこのつくりは、どのようになっていますか。㋐~㋒からそれぞれ選びましょう。

㋐ 作用点・支点・力点　㋑ 支点・力点・作用点　㋒ 支点・作用点・力点

①(㋐) ②(㋑)

(3) 身のまわりにある道具で、てこのはたらきを利用したしくみとして、①洋ばさみ、②和ばさみと支点、力点、作用点の並び方が同じものを、それぞれかきましょう。

①((例)くぎぬき(ペンチ))
②((例)ピンセット(パンばさみ))

できたらスゴイ!

4 実験用てこを使って、棒が水平につりあうようにおもりをつり下げます。ただし、おもりは全て同じもので、20個まで使ってもよいものとします。 思考・表現 各10点、(4)は全部できて10点(40点)

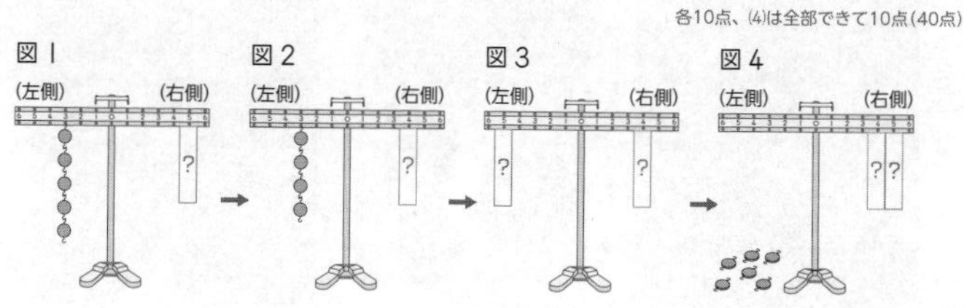

(1) 図1のように、左側の目盛り3のところにおもり5個をつり下げたとき、右側の目盛り5のところにおもりを何個つり下げれば、水平につりあいますか。 (3個)

(2) 図2のように、左側の目盛り3のところにおもりを4個つり下げました。このとき、右側の目盛り4のところにおもりを何個つり下げれば、水平につりあいますか。 (3個)

(3) 図3のように、右側の目盛り4のところにつり下げているおもりは図2のままで、左側の目盛り5のところにおもりを(1)で答えた数だけつり下げました。このとき、棒は右・左のどちら側にかたむきますか。(左)3×5=15、(右)4×3=12 (左側)

(4) 図4のように、図3で左側の目盛り5のところにつり下げていたおもりを全て右側の目盛り5のところに移しました。このとき、左側のどこにおもりを何個つり下げれば、水平につりあいますか。(　)にあてはまる数字をかきましょう。

左側の目盛り(① 3)のところにおもり(② 9)個をつり下げれば、水平につりあう。

ふりかえり
2の問題がわからないときは、42ページの1にもどって確認しましょう。
4の問題がわからないときは、42ページの1にもどって確認しましょう。

46~47ページ　てびき

1 (1)力点を支点から遠ざけると、力点の手ごたえは小さくなります。
(2)図で、㋓の位置を左に動かしていくと、作用点は支点に近づき、力点は支点から遠ざかります。

2 (2)(3)棒をかたむけるはたらきの大きさは、(おもりの重さ)×(支点からのきょり)で表され、これが左右で等しいときに棒は水平につりあいます。
(4)棒の左右で、(おもりの数)×(目盛りの数字)が等しくなるようにします。

3 (1)(2)洋ばさみは、作用点、支点、力点の順に並んだてこになっています。このようなつくりのてこを使うと、小さい力でものにはたらく力を大きくすることができます。

4 (4)右側には、目盛り4、5のところにおもりが3個ずつつり下がっているので、棒をかたむけるはたらきは
3×4＋3×5＝27

おうちのかたへ
4(4)のように、実験用てこの片方のうでの2か所におもりをつり下げた場合、棒を傾けるはたらきの大きさは、それぞれの位置のおもりによるはたらきの和になります。

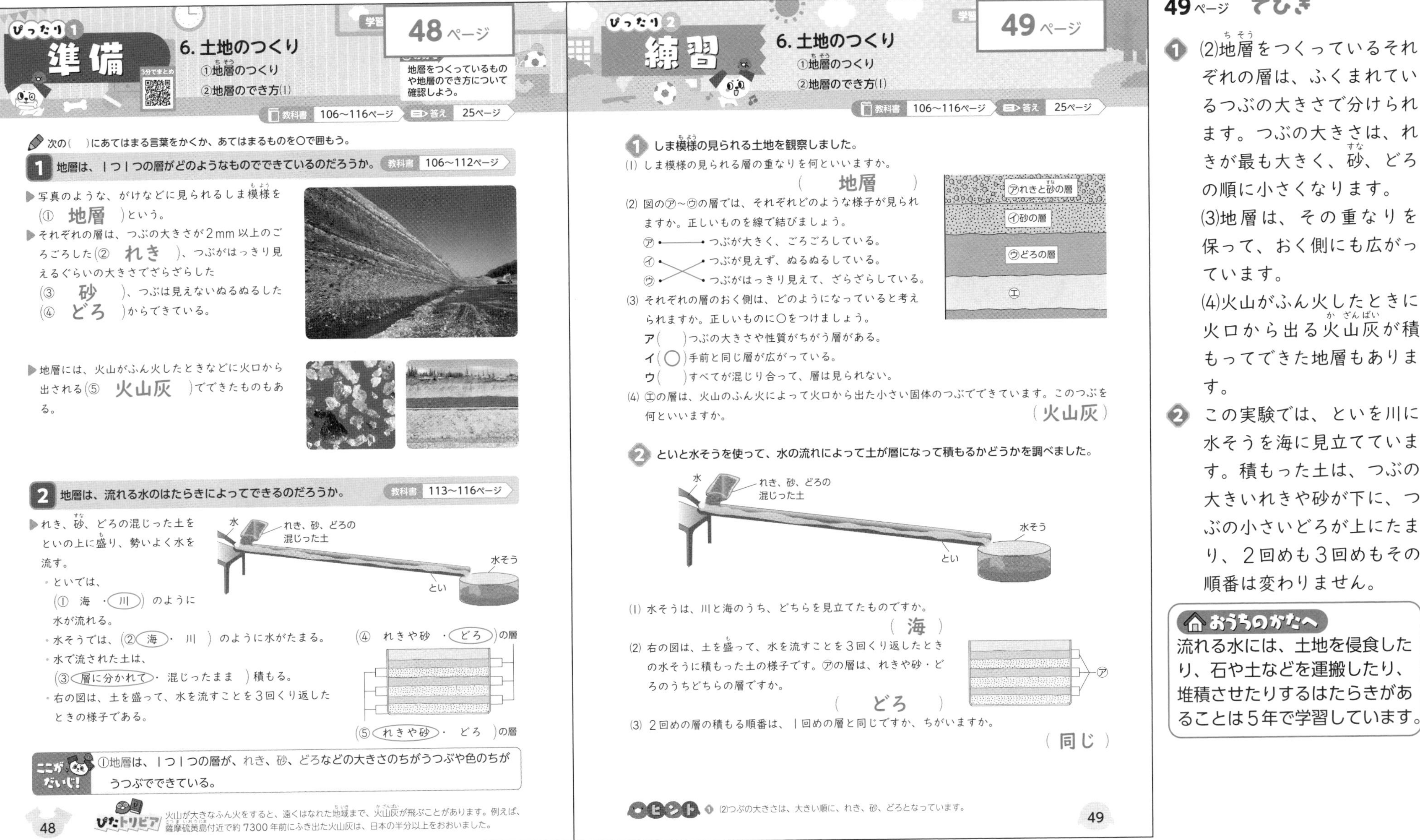

ぴったり1 準備

6. 土地のつくり

①地層のつくり
②地層のでき方(1)

48ページ

地層をつくっているものや地層のでき方について確認しよう。

教科書 106〜116ページ　答え 25ページ

次の(　)にあてはまる言葉をかくか、あてはまるものを○で囲もう。

1 地層は、1つ1つの層がどのようなものでできているのだろうか。 教科書 106〜112ページ

▶写真のような、がけなどに見られるしま模様を(① 地層)という。

▶それぞれの層は、つぶの大きさが2mm以上のごろごろした(② れき)、つぶがはっきり見えるぐらいの大きさでざらざらした(③ 砂)、つぶは見えないぬるぬるした(④ どろ)からできている。

▶地層には、火山がふん火したときなどに火口から出される(⑤ 火山灰)でできたものもある。

2 地層は、流れる水のはたらきによってできるのだろうか。 教科書 113〜116ページ

▶れき、砂、どろの混じった土をといの上に盛り、勢いよく水を流す。

- といでは、(① 海 ・(川))のように水が流れる。
- 水そうでは、((② 海)・ 川)のように水がたまる。
- 水で流された土は、((③ 層に分かれて)・ 混じったまま)積もる。
- 右の図は、土を盛って、水を流すことを3回くり返したときの様子である。

(④ れきや砂 ・(どろ))の層

((⑤ れきや砂)・ どろ)の層

水　れき、砂、どろの混じった土　とい　水そう

ここがだいじ！ ①地層は、1つ1つの層が、れき、砂、どろなどの大きさのちがうつぶや色のちがうつぶでできている。

ぴたトリビア 火山が大きなふん火をすると、遠くはなれた地域まで、火山灰が飛ぶことがあります。例えば、薩摩硫黄島付近で約7300年前にふき出た火山灰は、日本の半分以上をおおいました。

48

ぴったり2 練習

6. 土地のつくり

①地層のつくり
②地層のでき方(1)

49ページ

教科書 106〜116ページ　答え 25ページ

1 しま模様の見られる土地を観察しました。

(1) しま模様の見られる層の重なりを何といいますか。
(地層)

(2) 図の㋐〜㋒の層では、それぞれどのような様子が見られますか。正しいものを線で結びましょう。

㋐・ ・つぶが大きく、ごろごろしている。
㋑・ ・つぶが見えず、ぬるぬるしている。
㋒・ ・つぶがはっきり見えて、ざらざらしている。

(3) それぞれの層のおく側は、どのようになっていると考えられますか。正しいものに○をつけましょう。

ア(　)つぶの大きさや性質がちがう層がある。
イ(○)手前と同じ層が広がっている。
ウ(　)すべてが混じり合って、層は見られない。

(4) ㋓の層は、火山のふん火によって火口から出た小さい固体のつぶでできています。このつぶを何といいますか。
(火山灰)

㋐れきと砂の層　㋑砂の層　㋒どろの層　㋓

2 といと水そうを使って、水の流れによって土が層になって積もるかどうかを調べました。

水　れき、砂、どろの混じった土　とい　水そう

(1) 水そうは、川と海のうち、どちらを見立てたものですか。
(海)

(2) 右の図は、土を盛って、水を流すことを3回くり返したときの水そうに積もった土の様子です。㋐の層は、れきや砂・どろのうちどちらの層ですか。
(どろ)

(3) 2回めの層の積もる順番は、1回めの層と同じですか、ちがいますか。
(同じ)

ヒント 1 (2)つぶの大きさは、大きい順に、れき、砂、どろとなっています。

49

49ページ てびき

1 (2)地層をつくっているそれぞれの層は、ふくまれているつぶの大きさで分けられます。つぶの大きさは、れきが最も大きく、砂、どろの順に小さくなります。

(3)地層は、その重なりを保って、おく側にも広がっています。

(4)火山がふん火したときに火口から出る火山灰が積もってできた地層もあります。

2 この実験では、といを川に、水そうを海に見立てています。積もった土は、つぶの大きいれきや砂が下に、つぶの小さいどろが上にたまり、2回めも3回めもその順番は変わりません。

おうちのかたへ
流れる水には、土地を侵食したり、石や土などを運搬したり、堆積させたりするはたらきがあることは5年で学習しています。

おうちのかたへ　6. 土地のつくり
土地のつくりと変化について学習します。地層の構成物や地層のでき方、火山や地震によって土地が変化することを理解しているか、などがポイントです。

次の(　)にあてはまる言葉をかこう。

1 地層は、流れる水のはたらきによってできるのだろうか。

教科書 113~117ページ

▶地層は、流れる(① 水)のはたらきにより、海などの底にくり返し積み重なってできる。

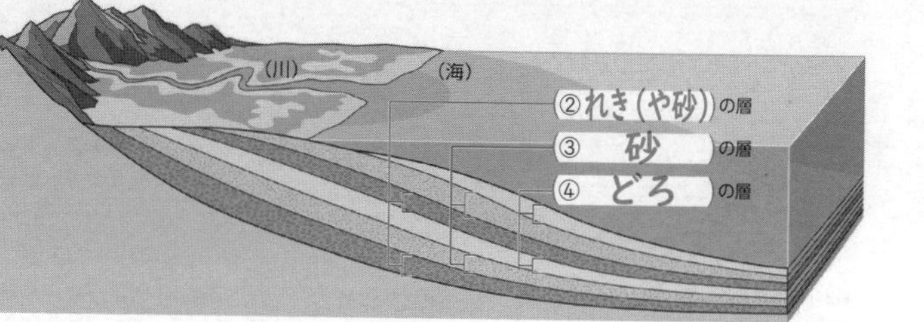

▶地層には、れきや砂、どろなどの層が固まった岩石でできているものがある。こうしてできた岩石を(⑤ たい積岩)という。

(⑥ れき岩) …れきなどが固まってできた岩石	(⑦ 砂岩) …砂が固まってできた岩石	(⑧ でい岩) …どろが固まってできた岩石

ここがだいじ!
①地層は、流れる水のはたらきによって、土が運ぱんされ、れき、砂、どろに分かれてたい積してできる。
②れきや砂、どろなどの層が固まってできたたい積岩には、れき岩、砂岩、でい岩などがある。

ぴたトリビア 足あとやふんなど生物が活動したこんせきが地層に残ったものを、「生こん化石」とよびます。

1 図は、地層ができる様子を表したものです。

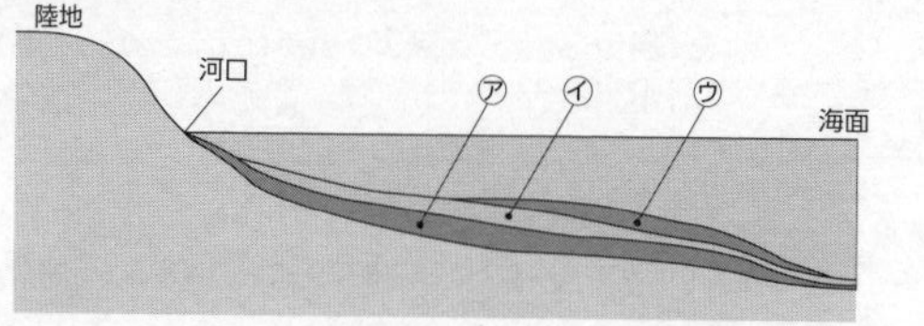

(1) ㋐~㋒の層にふくまれているものは何ですか。正しいものを線で結びましょう。

㋐ — 砂
㋑ — れきと砂
㋒ — どろ

(2) 土が層に分かれて積み重なるのは、何のはたらきのためですか。正しいものに○をつけましょう。

ア(　)日光　イ(　)塩分　ウ(○)流れる水　エ(　)海の生物

(3) ㋐~㋒の層にふくまれているもののつぶは、大きさがそれぞれちがっています。つぶの大きい順に記号を並べましょう。

(㋐ → ㋑ → ㋒)

(4) ㋐~㋒のような層が長い年月をかけて固まり、岩石になることがあります。これらの岩石をまとめて何といいますか。

(たい積岩)

2 たい積したれきや砂、どろなどの層は、長い年月をかけて固まり、岩石になることがあります。(1)~(3)にあてはまるものはどの岩石ですか。①~③から選びましょう。

(1) 同じような大きさの砂が固まってできている。 (②)
(2) れきなどが固まってできている。 (③)
(3) 細かいどろが固まってできている。 (①)

①でい岩　②砂岩　③れき岩

51ページ てびき

1 (1)(3)つぶが大きい順に下から積もっていきます。
(2)土が運ばれたり、つぶの大きさごとで層に分かれて積み重なったりするのは、どちらも流れる水のはたらきによるものです。

川　河口　海
れきと砂
砂
どろ

川　河口　海面

2 たい積したれき、砂、どろが固まって岩石になったものが、れき岩、砂岩、でい岩です。

おうちのかたへ
川から海へ流れてきた土砂は海の底に堆積します。小さい粒ほど河口から遠くに運ばれて堆積します。詳しくは、中学校理科で学習します。

6. 土地のつくり

②地層のでき方(3)

52ページ

化石が陸上で見られる理由や火山灰の層について確認しよう。

教科書 118～119ページ　答え 27ページ

次の(　)にあてはまる言葉をかこう。

1 陸上で見られる地層や化石から何がわかるだろうか。

教科書 118ページ

▶山脈などになった地上の高いところでも、地層を見ることができる。

▶地層の中に残された、動物や植物の死がいやそれらの生活のあとを(① 化石)という。

▶写真は、約1億年前に、海にすんでいた(② アンモナイト)の化石である。

▶地層や、海にすんでいた生き物の化石が陸上で見られることから、それらは長い年月をかけて、(③ 海)や湖の底からおし上げられたものであることがわかる。

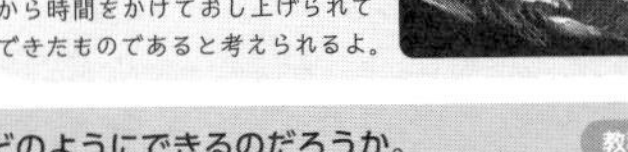

高さ8000mをこえる山がたくさんあるヒマラヤ山脈の地層からも、写真の生き物の化石が見つかっているよ。このことから、ヒマラヤ山脈も、海の底にあった大昔から時間をかけておし上げられてできたものであると考えられるよ。

2 地層は火山のふん火でどのようにできるのだろうか。

教科書 119ページ

▶火山灰でできた地層について調べる。

ここがだいじ！

①地層の中に残された、動物や植物の死がいや生活のあとを化石という。

②海や湖の底でできた地層や化石が、長い年月をかけておし上げられると、陸上で見られるようになる。

③火山がふん火すると、火山灰が降り積もり、地層ができることもある。

ぴたトリビア 化石には、例えば花粉の化石のように、けんび鏡で見ないとわからない小さな化石もあります。

ぴったり2 練習

6. 土地のつくり

②地層のでき方(3)

53ページ

教科書 118～119ページ　答え 27ページ

1 写真は、高い山の地層から見つかった化石である。

(1) 何という生き物の化石ですか。

(アンモナイト)

(2) 次の文は、写真の化石が、山の地層で見つかった理由を説明したものです。(　)にあてはまる言葉をかきましょう。

化石が見つかったこの地層ができた当時は、この場所は(①海(の底))であったと考えられる。しかし、長い年月の間に(② おし上げられた)ため、現在陸上でこの地層が見られるようになったと考えられる。

(3) 化石はどのような順で高い山の地層から見つかったと考えられますか。次の㋐～㋓を正しく並べましょう。

(㋑ → ㋐ → ㋓ → ㋒)

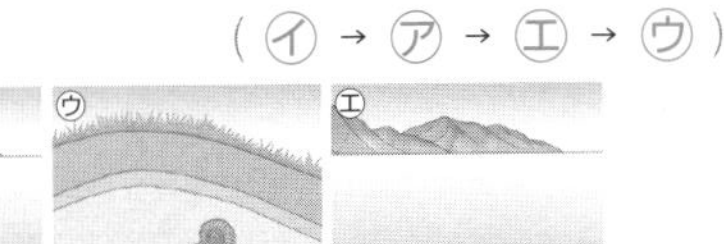

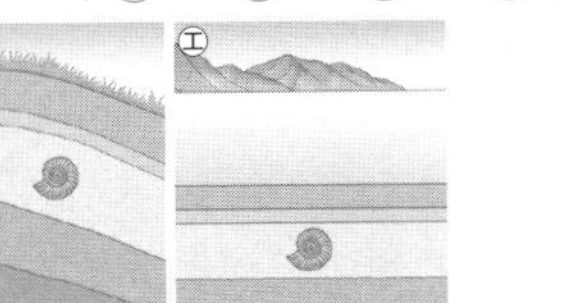

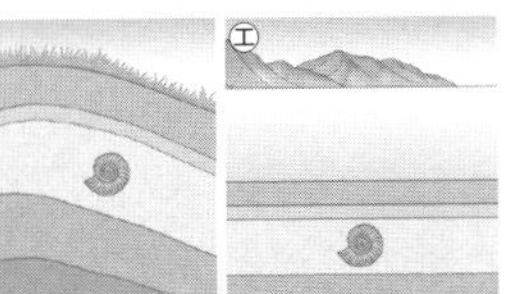

2 図は、火山のふん火の様子を表したものである。

(1) 地中深くにあり、どろどろにとけた、図の㋐を何といいますか。

(マグマ)

(2) 火山がふん火したとき、火口から㋑のような小さなつぶが出ました。これを何といいますか。

(火山灰)

(3) (2)で答えたものが地上に降り積もると、地層をつくることがありますか。ある場合には○、ない場合には×をかきましょう。

(○)

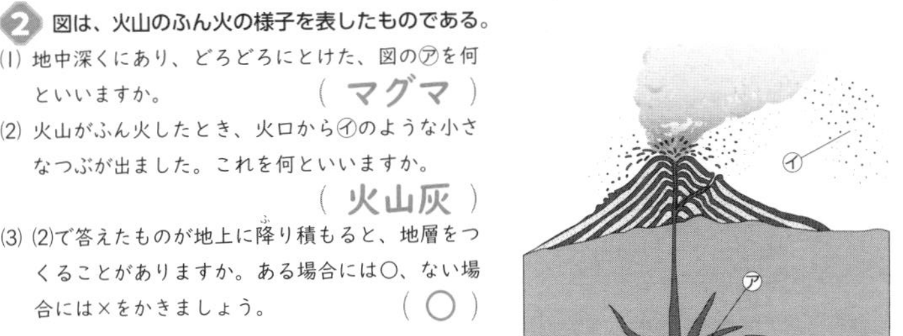

ヒント 1 (3)昔の生き物の死がいなどが砂やどろの層にうもれて化石となります。

53ページ　てびき

1 (1)アンモナイトは、きょうりゅうなどが生きていた大昔の時代に海にすんでいた生き物です。

(2)(3)地層や、海にすんでいた生き物の化石は、海の底でできたあと、長い年月をかけておし上げられ、陸上で見られるようになります。

2 (1)マグマなどが火口からふき出すことを、ふん火といいます。

(3)火山灰などが降り積もって地層ができることもあり、この層ができた時代に火山のふん火があったことがわかります。

おうちのかたへ

アンモナイトの化石や火山灰の層から、堆積した当時の環境や出来事を推定することができます。詳しくは、中学校理科で学習します。

6. 土地のつくり

③火山や地震と土地の変化(1)

★ 地震や火山と災害

火山の活動によって、土地はどのように変化するかを確認しよう。

教科書 122~125、134~135ページ　答え 28ページ

次の(　)にあてはまる言葉をかこう。

1 火山の活動によって、土地は、どのように変化するのだろうか。　教科書 122~125、134~135ページ

▶火山の活動で、土地の様子が大きく変化することもある。

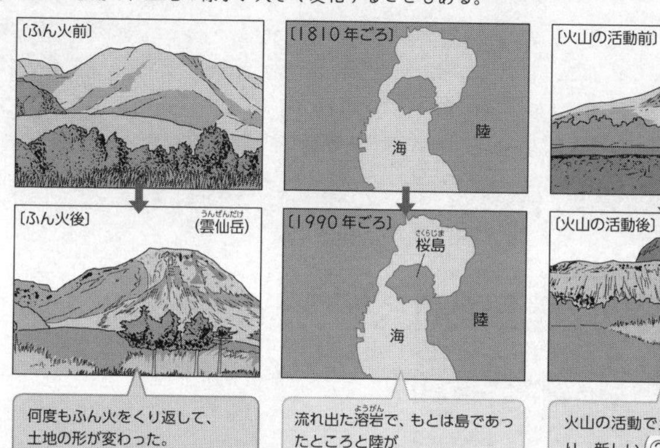

何度もふん火をくり返して、土地の形が変わった。

流れ出た溶岩で、もとは島であったところと陸が(①地続き(陸続き))になった。

火山の活動で土地が盛り上がり、新しい(② 山)ができた。

▶火山がふん火すると、周辺の地域は(③ 溶岩)や(④ 火山灰)におおわれ、大きなひ害が生じることもある。火山のふん火によるひ害を防ぐために、(⑤火山ハザードマップ)で危険性を知らせて、日ごろの準備をよびかけている。

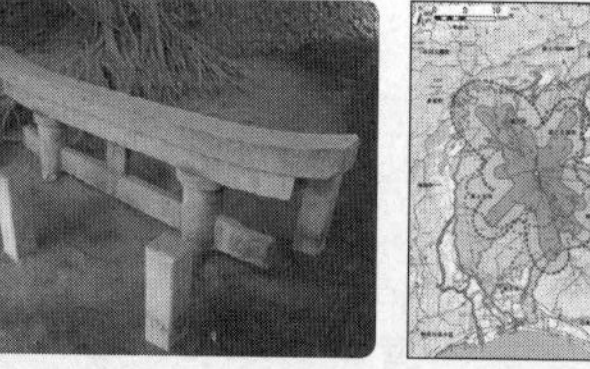

[三原山の(③)]　[桜島の(④)でうもれた鳥居]　[(⑤)]

ここがだいじ! ①火山の活動によって、土地は、流れ出た溶岩で地面がおおわれたり、地面に火山灰が降り積もったりして、様子が大きく変化することがある。

ぴたトリビア 火山のふん火で「カルデラ」とよばれる広くて大きなくぼ地ができることがあり、そのくぼ地に水がたまって湖になったものは、「カルデラ湖」とよびます。

6. 土地のつくり

③火山や地震と土地の変化(1)

★ 地震や火山と災害

教科書 122~125、134~135ページ　答え 28ページ

1 図は、火山の活動で土地が変化した様子を表しています。

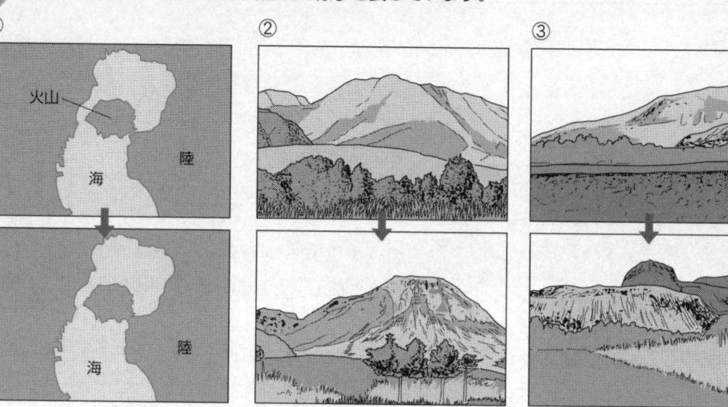

(1) ①~③で表される火山の名前は何ですか。正しいものを線で結びましょう。

① ・　・昭和新山
② ・　・桜島
③ ・　・雲仙岳

(2) 次の文は、(1)の①~③の火山の活動で土地がどのように変化したかを説明したものです。(　)にあてはまる言葉をかきましょう。

①…流れ出た(① 溶岩)で島と陸が地続きになった。
②…何度も(② ふん火)をくり返して、土地の形が変わった。
③…土地が(③ 盛り上がった)ことで、新しい山ができた。

2 火山がふん火すると、周辺の地域に大きなひ害が生じることもあります。

(1) 1914年の桜島のふん火でうもれた鳥居です。このときに降り積もったものを何といいますか。

(火山灰)

(2) 火山がふん火すると、(1)のもの以外にも火山から出るものがあります。次の文はこのものについて説明した文です。(　)にあてはまる言葉をかきましょう。

火山から流れ出た(溶岩)は、火山のまわりの土地をおおうことがある。

55ページ　てびき

1 (1)(2)①の桜島(鹿児島県)は島でしたが、1914年の火山のふん火のとき、流れ出た溶岩で陸と地続きになりました。②の雲仙岳(長崎県)は、1990年から1995年にかけて何度もふん火をくり返した結果、山とその周辺の様子が大きく変化しました。③の昭和新山(北海道)は、1943年から始まった火山の活動により、土地が大きく盛り上がってできた山です。

2 (1)火山がふん火すると、火口から溶岩や火山灰が出ます。溶岩が固まったり、火山灰が降り積もったりすると、土地の様子が変化することもあります。

(2)溶岩は、火山のまわりの土地をおおったり、川をせき止めたりすることがあります。

おうちのかたへ
火山の活動による土地の変化、火山の活動で生じる被害やそれを防ぐための工夫について理解できているかがポイントです。

ぴったり1 準備

6. 土地のつくり

③火山や地震と土地の変化(2)

★ 地震や火山と災害

地震によって、土地はどのように変化するかを確認しよう。

教科書 126~129、132~133ページ　答え 29ページ

次の(　)にあてはまる言葉をかこう。

1 地震によって、土地は、どのように変化するのだろうか。 教科書 126~129、132~133ページ

▶地震で、土地に大きい力が加わり、土地の様子が大きく変化することもある。

- 土地のずれを(① **断層**)という。
- がけなどでは、土地がずれている様子を見ることもできる。
- 以前は海だったところも、土地が(② **高く**)なり、陸地になることがある。

▶大きな地震が起こると、建物や道路などがこわれる、地面に(③ **地割れ**)ができる、山で(④ **山くずれ**)が発生するなど、大きく様子が変化することもある。また、海沿いでは(⑤ **津波**)が発生し、大きなひ害が生じることがある。

▶山で(④)が起きて、くずれた土で(⑥ **川**)がせきとめられたりすることもある。

[(③)]　[(④)]

▶地震や(⑤)によるひ害を防ぐために、大きな地震が起こると、強いゆれが発生する時こくを予想し、テレビ・インターネット・ラジオなどで(⑦ **緊急地震速報**)を流して注意をよびかけている。

ここがだいじ! ①地震によって、土地は、地割れができたり、山くずれが発生したりして、様子が大きく変化することもある。

ぴたトリビア 火山活動や地震は、ひ害だけでなく、温泉やわき水、美しい景観などをもたらし、生活を豊かにすることもあります。

ぴったり2 練習

6. 土地のつくり

③火山や地震と土地の変化(2)

★ 地震や火山と災害

教科書 126~129、132~133ページ　答え 29ページ

1 図は、地震でできた土地の変化の様子を表しています。

(1) 土地に大きな力がはたらくことでできる、土地のずれを何といいますか。

(**断層**)

(2) 次の文は図の㋐について説明したものです。(　)にあてはまる言葉をかきましょう。

がけなどでは(**地層**)がずれている様子が見られる。

㋐　㋑

(3) 次の文は土地のずれについて説明したものです。正しいもの2つに○をつけましょう。

ア(○)㋑のような土地のずれが何十年も残ることがある。
イ(○)海だったところが、土地が高くなって陸になることもある。
ウ(　)土地のずれは地表に現れることはない。

2 図1、図2は、大きな地震が起きた地域で生じた土地の変化の様子を表しています。

(1) 図1のように、地震などで地面にひびが入ったようになることを何といいますか。(**地割れ**)

(2) 図2のように、地震などで山から土砂がなだれこむことを何といいますか。(**山くずれ**)

(3) 大きな地震が起こると、図1、図2のように大きく土地の様子が変化します。次の①~④で、地震のえいきょうで実際に起こることには○、起こらないことには×をつけましょう。

①(○)(1)が起こり、道が通れなくなった。
②(×)(1)が起こり、陸と陸がくっついた。
③(○)(2)が起こり、川がせき止められた。
④(×)(2)が起こり、道がつながった。

図1　図2

57ページ てびき

1 (1)断層が見られるところでは、以前に地震があったということがわかります。
(2)㋐では地層がななめにずれているのが見られます。
(3)断層は㋐、㋑のように地表に現れることもあります。

2 (1)(2)大きな地震が起こると、地割れができたり、山くずれが発生したりすることもあります。
(3)大きな地震が起こって、地割れができると道が通れなくなることがあります。
また、山くずれなどで、川がせき止められることがあります。

おうちのかたへ
地震による土地の変化、地震で生じる被害やそれを防いだり、減らしたりするための工夫について理解できているかがポイントです。

6. 土地のつくり
★ 地震や火山と災害

58ページ

/100 合格70点

教科書 106〜137ページ　答え 30ページ

よく出る

1 図は、あるがけの様子を調べたときのスケッチです。　各5点(20点)

(1) ㋐と㋒の層を比べたとき、どのようなことがいえますか。正しいもの1つに○をつけましょう。

ア(　)層ができた場所がちがう。

イ(○)層ができた時代がちがう。

ウ(　)2つの層にちがいはない。

(2) ㋐〜㋔の層の表面を調べると、手ざわりがぬるぬるしていて、つぶが見えないものがありました。それは、どの層ですか。　(㋑)

(3) ㋓の層ができたとき、どのようなことが起こったと考えられますか。

((火山の)ふん火)

(4) ㋔の層ができたとき、この場所はどのようなところであったと考えられますか。

(海(や湖の底))

㋐ うす茶色の砂岩の層
㋑ 灰色のでい岩の層
㋒ うす茶色の砂岩の層
㋓ 白色の火山灰の層
㋔ うす茶色の砂岩の層
貝の化石

よく出る

2 図のような装置で、れき、砂、どろの混じった土を水で流して、水そうの中に土が積もる様子を観察しました。　技能　各5点(25点)

(1) 作図 1回めに土を流したとき、水そうの中はどのようになりましたか。下の図に、土が積もった様子をかきましょう。ただし、どろの部分は▨、れきと砂の部分は⁙で表すこととします。

(2) 作図 2回めに土を流したとき、水そうの中はどのようになりましたか。右の図に、土が積もった様子をかきましょう。

水　れき、砂、どろの混じった土　水そう　とい

例　(1)　(2)

(3) 次の文は、土地のしま模様ができる仕組みをまとめたものです。(　)にあてはまる言葉として、正しいほうに○をつけましょう。

実験では、といを流れる水が(① 海・(川))、水そうにたまった水が(②(海)・川)を表している。(1)、(2)から、土地のしま模様は、水のはたらきによって、流れこんだ土がつぶの(③(大きさ)・色)ごとに分かれてくり返し積もることでできることがわかる。

学習　59ページ

3 図1は桜島(鹿児島県)、図2は江の島(神奈川県)で、それぞれ土地が変化した様子を表しています。　各5点(30点)

(1) 図1で、土地の変化を生じた原因であり、火山から出されたものは何ですか。2つ答えましょう。

(溶岩)
(火山灰)

(2) 次の文は、図2で生じた土地の変化を説明したものです。(　)にあてはまる言葉をかきましょう。

図1

桜島
島と陸が地続きになった。

図2

(① 地震)が起こり、土地がずれて高くなったため、以前は海底だったところが(② 陸地)になったり、砂はまが現れたりしている。

(3) 次の文は、地震や火山による災害を防ぐための対策について説明したものです。(　)にあてはまる言葉をかきましょう。

大きな地震が起こると、各地で強いゆれが発生する時こくを予想し、テレビやラジオ、インターネットなどで(① 緊急地震速報)を流し、注意をよびかけています。(② 火山ハザードマップ)は、火山がふん火したときに周辺の地域でどのような危険があるかを知らせるために作られたものです。

できたらスゴイ！

4 図は、校庭のボーリング試料を、深いところから順に積み重ねていったものを表しています。　思考・表現　各5点(25点)

(1) ㋐の地点をほり取ったとき、どのような層が出てきますか。上から順に3つかきましょう。

1番め(砂の層)
2番め(れきの層)
3番め(どろの層)

(2) ㋑の地点で、6mの深さのところは、何の層ですか。

(どろの層)

(3) ㋑の地点のボーリング試料で、㋒の部分がわかりませんでした。㋒の部分は、どのような層であると考えられますか。

(砂の層)

校庭　㋐　㋑　100m
砂の層 1.8m　1.9m
れきの層 3.1m　3.0m
どろの層 2.9m　2.8m
れきと砂の層 2.0m　2.1m
砂の層 1.5m　㋒

ふりかえり　2の問題がわからないときは、48ページの2にもどって確認しましょう。4の問題がわからないときは、48ページの1にもどって確認しましょう。

58〜59ページ　てびき

1 (1)海や湖の底に運ばれた土が、長い年月をかけて、くり返し積み重なり、地層ができます。

(4)海や湖の生き物の化石が見つかったことから、その地層ができた当時は海や湖であったとわかります。

2 (1)(2)つぶが大きいものから下に積もります。2回めに流した土は、1回めに流した土でできた層の上に新しく層を作ります。

おうちのかたへ
粒が大きいものから順に沈むことは4年で学習しています。

3 (2)土地に大きい力が加わると、土地のずれ(断層)ができます。断層が地表に現れるほどの大きな地震が起こると、土地の様子は大きく変化します。

4 (2)れきの層の下(どろの層の上)までの深さは、1.9+3.0=4.9m、どろの層の下までの深さは、4.9+2.8=7.7mなので、6mの深さのところは、どろの層だとわかります。

(3)図から、㋒の部分には、㋐の地点の同じ深さにある砂の層があると考えられます。

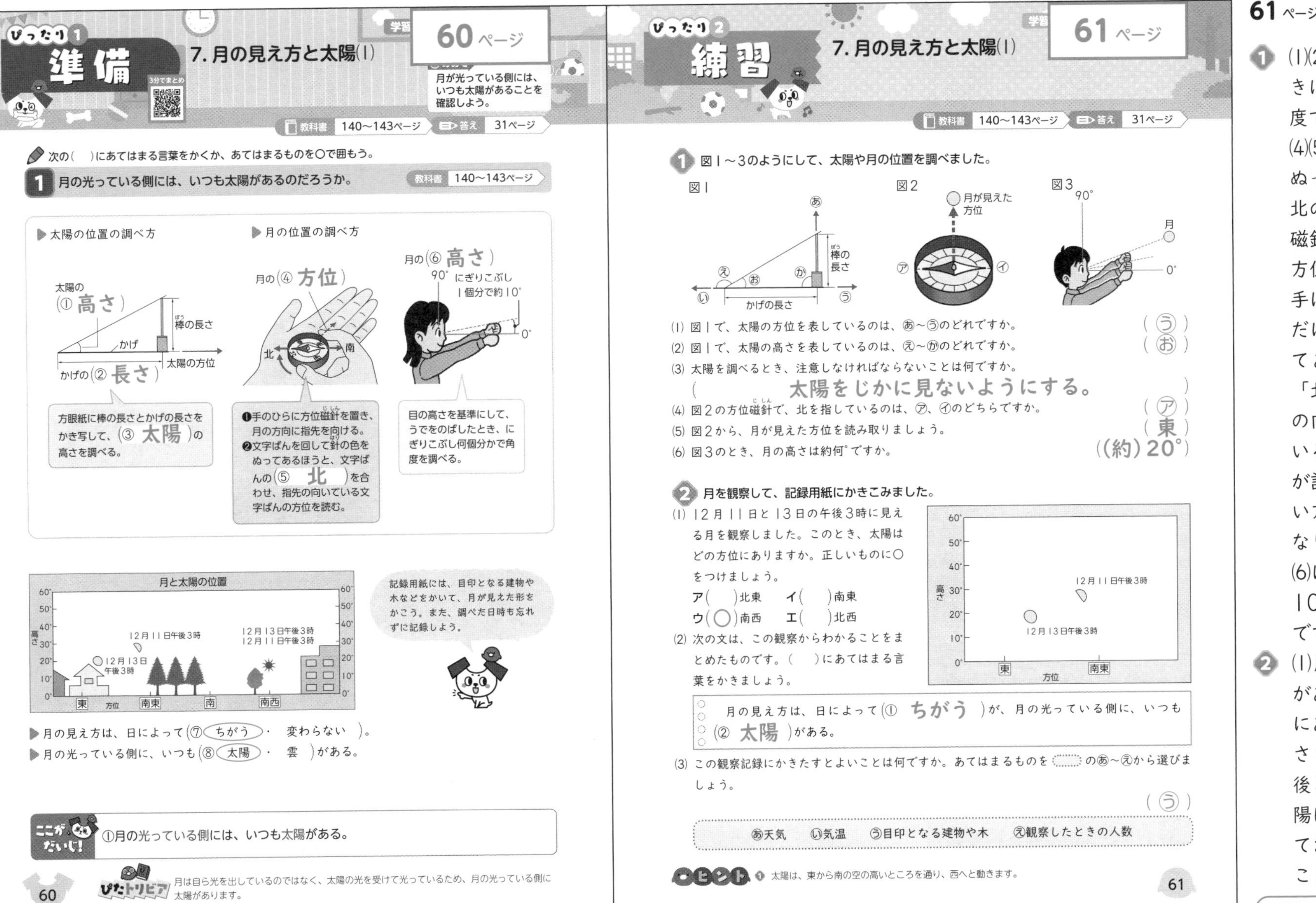

ぴったり1 準備

7. 月の見え方と太陽(1)

60ページ

月が光っている側には、いつも太陽があることを確認しよう。

教科書 140~143ページ　答え 31ページ

次の(　)にあてはまる言葉をかくか、あてはまるものを○で囲もう。

1 月の光っている側には、いつも太陽があるのだろうか。　教科書 140~143ページ

▶太陽の位置の調べ方

太陽の(① 高さ)

棒の長さ　かげ　太陽の方位

かげの(② 長さ)

方眼紙に棒の長さとかげの長さをかき写して、(③ 太陽)の高さを調べる。

▶月の位置の調べ方

月の(④ 方位)

北　南

❶手のひらに方位磁針を置き、月の方向に指先を向ける。
❷文字ばんを回して針の色をぬってあるほうと、文字ばんの(⑤ 北)を合わせ、指先の向いている文字ばんの方位を読む。

月の(⑥ 高さ)

90°　にぎりこぶし1個分で約10°　0°

目の高さを基準にして、うでをのばしたとき、にぎりこぶし何個分かで角度を調べる。

月と太陽の位置

高さ 0°~60°　12月11日午後3時　12月13日午後3時　12月13日午後3時　12月11日午後3時　東　方位　南東　南　南西

記録用紙には、目印となる建物や木などをかいて、月が見えた形をかこう。また、調べた日時も忘れずに記録しよう。

▶月の見え方は、日によって(⑦ ちがう ・ 変わらない)。
▶月の光っている側に、いつも(⑧ 太陽 ・ 雲)がある。

ここがだいじ! ①月の光っている側には、いつも太陽がある。

ぴたトリビア　月は自ら光を出しているのではなく、太陽の光を受けて光っているため、月の光っている側に太陽があります。

60

ぴったり2 練習

7. 月の見え方と太陽(1)

61ページ

教科書 140~143ページ　答え 31ページ

1 図1~3のようにして、太陽や月の位置を調べました。

図1　図2　図3

(1) 図1で、太陽の方位を表しているのは、あ~うのどれですか。(う)
(2) 図1で、太陽の高さを表しているのは、え~かのどれですか。(お)
(3) 太陽を調べるとき、注意しなければならないことは何ですか。
(太陽をじかに見ないようにする。)
(4) 図2の方位磁針で、北を指しているのは、ア、イのどちらですか。(ア)
(5) 図2から、月が見えた方位を読み取りましょう。(東)
(6) 図3のとき、月の高さは約何°ですか。((約)20°)

2 月を観察して、記録用紙にかきこみました。

(1) 12月11日と13日の午後3時に見える月を観察しました。このとき、太陽はどの方位にありますか。正しいものに○をつけましょう。
ア(　)北東　イ(　)南東
ウ(○)南西　エ(　)北西

(2) 次の文は、この観察からわかることをまとめたものです。(　)にあてはまる言葉をかきましょう。

月の見え方は、日によって(① ちがう)が、月の光っている側に、いつも(② 太陽)がある。

(3) この観察記録にかきたすとよいことは何ですか。あてはまるものをあ~えから選びましょう。(う)

あ天気　い気温　う目印となる建物や木　え観察したときの人数

高さ 0°~60°　12月11日午後3時　12月13日午後3時　東　方位　南東

ヒント ❶ 太陽は、東から南の空の高いところを通り、西へと動きます。

61

おうちのかたへ　7. 月の見え方と太陽
月の見え方について学習します。月と太陽の位置関係によって月の見え方がどうなるかを理解しているかがポイントです。

61ページ　てびき

1 (1)(2)太陽はかげと反対の向きにあり、太陽の高さは角度で表します。
(4)(5)方位磁針の針の色がぬってあるほう(N極)は、北の方位を指します。方位磁針を置いた手の指先を、方位を調べたいものに向け、手は動かさずに、文字ばんだけを回して針の色をぬってあるほうを文字ばんの「北」に合わせると、指先の向いている方位が調べたい方位になります。

(東)○月が見えた方位　(北)　(南)

(6)にぎりこぶし1個分は約10°なので、2個で約20°です。

2 (1)月の光っている側に太陽があるので、南東より南側にあることがわかります。さらに、観察した時刻が午後3時であることから、太陽は南より西側にかたむいており、太陽は南西にあることがわかります。

おうちのかたへ
太陽は東の方からのぼり、南を通って、西へとしずむことは、3年で学習しています。

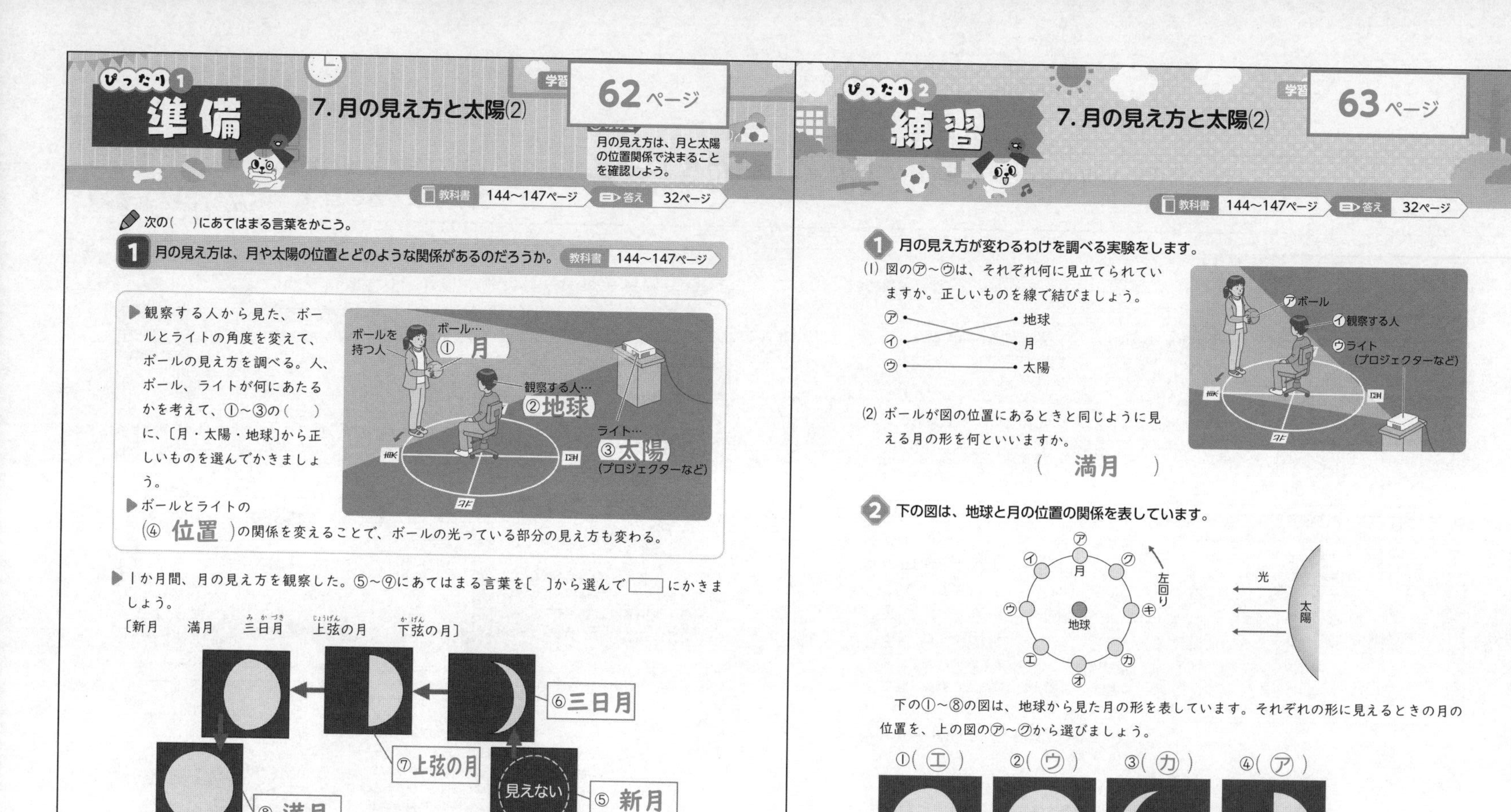

ぴったり1 準備

7. 月の見え方と太陽(2)

学習 62ページ

月の見え方は、月と太陽の位置関係で決まることを確認しよう。

教科書 144~147ページ　答え 32ページ

次の(　)にあてはまる言葉をかこう。

1 月の見え方は、月や太陽の位置とどのような関係があるのだろうか。 教科書 144~147ページ

▶観察する人から見た、ボールとライトの角度を変えて、ボールの見え方を調べる。人、ボール、ライトが何にあたるかを考えて、①~③の(　)に、〔月・太陽・地球〕から正しいものを選んでかきましょう。

▶ボールとライトの(④ 位置)の関係を変えることで、ボールの光っている部分の見え方も変わる。

▶1か月間、月の見え方を観察した。⑤~⑨にあてはまる言葉を〔　〕から選んで□にかきましょう。

〔新月　満月　三日月　上弦の月　下弦の月〕

ここがだいじ! ①月の見え方は、観察する人から見た月と太陽の位置の関係によって決まり、月と太陽の角度が大きいほど、月の形は丸く見える。

ぴたトリビア 地球は太陽の周りを回っていて、「わく星」といいます。そのわく星の周りを回っている月のような天体を「衛星」といいます。

62

ぴったり2 練習

7. 月の見え方と太陽(2)

学習 63ページ

教科書 144~147ページ　答え 32ページ

1 月の見え方が変わるわけを調べる実験をします。

(1) 図の㋐~㋒は、それぞれ何に見立てられていますか。正しいものを線で結びましょう。

㋐・　・地球
㋑・　・月
㋒・　・太陽

(2) ボールが図の位置にあるときと同じように見える月の形を何といいますか。

(満月)

2 下の図は、地球と月の位置の関係を表しています。

下の①~⑧の図は、地球から見た月の形を表しています。それぞれの形に見えるときの月の位置を、上の図の㋐~㋗から選びましょう。

①(㋓)　②(㋒)　③(㋕)　④(㋐)

⑤(㋗)　⑥(㋑)　⑦(㋔)　⑧(㋖)

(月は見えない。)

63

63ページ てびき

1 (1)この実験では、地球に見立てた人からは、ボールの光っている部分がどのように見えるのかということに注意しましょう。

(2)図のような位置では、ボール、観察する人、ライトが、この順に一直線の位置にあるので、観察する人にはボールの光っている部分がすべて見えます。このように、月の光っている部分がすべて見えるときの状態の月を、満月といいます。

2 月はいつも太陽の光が当たっているところが光っていますが、月は地球の周りを回っているので、地球から見ると、月と太陽の位置の関係が変わって、月の見える形は日によって変わります。

おうちのかたへ

日によって月の見える形がちがうことは、4年で学習しています。また、中学校理科でも学習します。

7. 月の見え方と太陽

64ページ

/100 合格 70 点

教科書 138〜149ページ　答え 33ページ

よく出る

1 月と太陽の位置と、月の形の変化について調べました。

(1)は全部できて10点、(2)は各10点(40点)

(1) ボールとライトを使って、月の見え方と形の変化について調べるとき、どのようにすればよいですか。次の文の(　)にあてはまる言葉をかきましょう。 技能

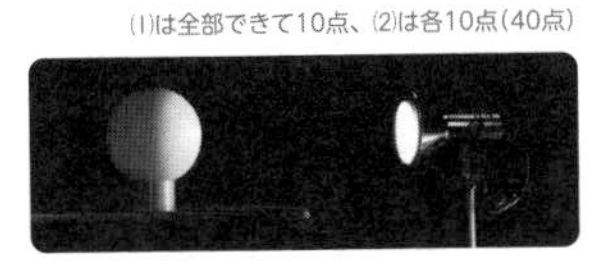

月は、(① 球)の形をしていて、(② 太陽)の光が当たっている部分だけが明るく光って見える。
そこで、暗くした部屋で(③ 月)に見立てたボールに、太陽に見立てたライトの光を当てて、観察する人からボールがどのように見えるのかを調べる。

(2) 作図 月の形と太陽の位置の関係を調べると、図のようになりました。イ、ウ、カのとき、観察する人から見て月はどのような形に見えますか。月の見えない部分を、えんぴつでぬりましょう。

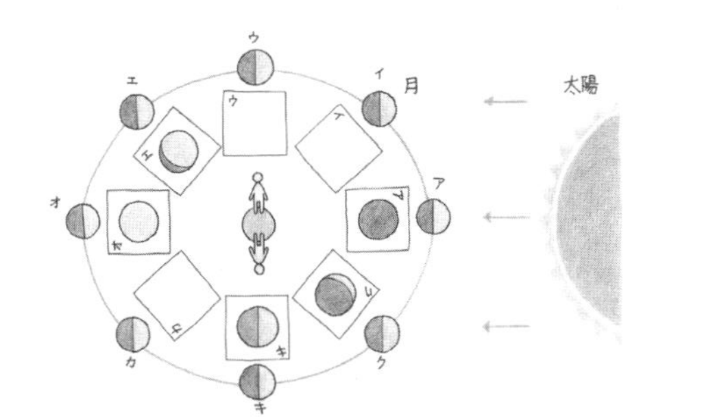

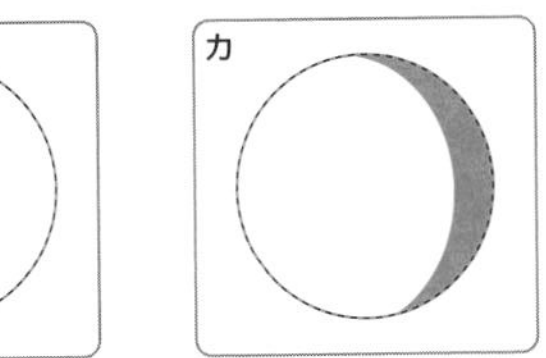

学習 65ページ

2 月の形や見え方について調べました。

(1)、(3)は各5点、(2)は10点(30点)

(1) ①は半月(上弦の月)です。②〜④の月の名前をかきましょう。

①半月(上弦の月)　②(三日月)　③(満月)　④(新月)

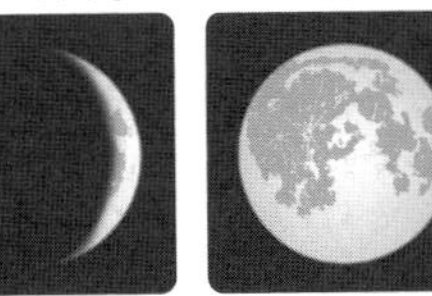
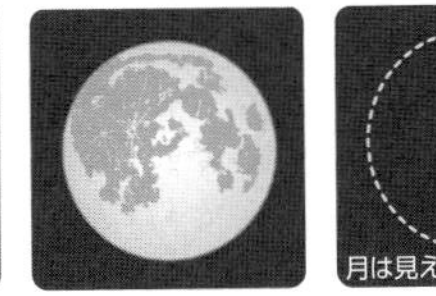

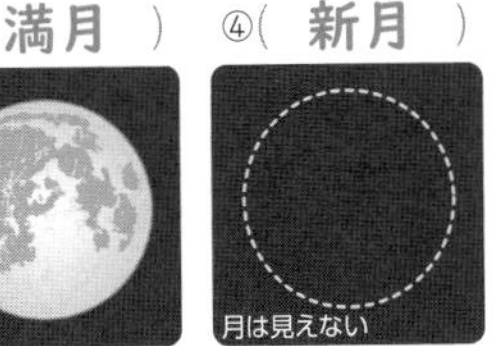

(2) 10月9日と10月12日の午後5時に、見える月の形と月の位置を観察して記録しました。太陽は東、西、南、北のどちらのほうにありましたか。

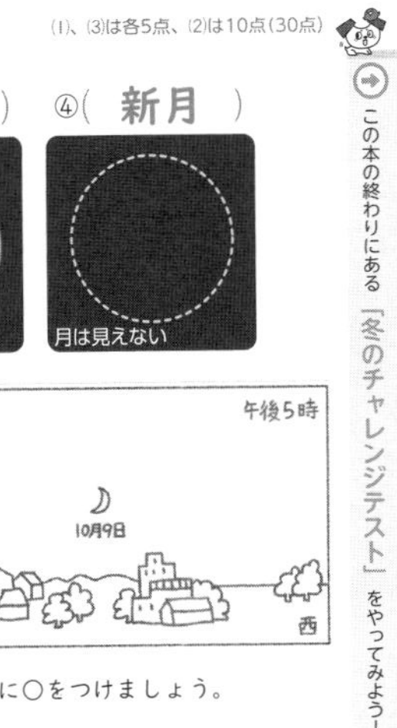

(西)

(3) 月と太陽の位置関係はどのようになっていますか。正しいものに○をつけましょう。

①(　)太陽は、月の暗い側にある。
②(○)太陽は、月の光っている側にある。
③(　)月の形と太陽の位置の関係に、きまりはない。

できたらスゴイ!

3 図のように、半月(下弦の月)が南の空に出ていました。

思考・表現 各10点(30点)

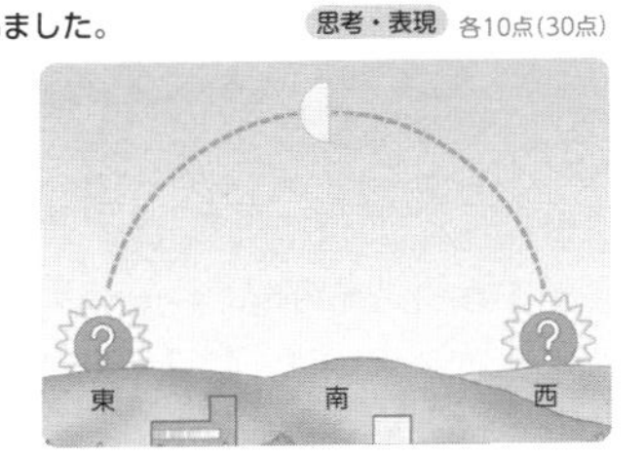

(1) このとき、太陽は東のほうか、西のほうか、どちらにありますか。

(東)

(2) 図のようになるのは、明け方、昼ごろ、夕方、夜中のいつですか。

(明け方)

(3) この月が西にしずむのは、明け方、昼ごろ、夕方、夜中のいつですか。

(昼ごろ)

この本の終わりにある「冬のチャレンジテスト」をやってみよう!

ふりかえり 1の問題がわからないときは、62ページの1にもどって確認しましょう。
3の問題がわからないときは、60ページの1にもどって確認しましょう。

64〜65ページ てびき

1 (1)月は球の形をしています。太陽をライト、月をボールとすると、ボールの明るく照らされた部分が、月の明るく光っている部分になります。
(2)観察する人から見ると、イの月は、右側のせまいはんいが光っているように見えます。ウの月は、右半分が光っているように見えます。カの月は、イの月と逆で、左側の広いはんいが光っているように見えます。

2 (2)(3)太陽は、月の光っている側にあります。10月9日も10月12日も西側が光っているので、太陽は西のほうにあったことがわかります。

3 月の東側が光っているので、太陽は東のほうにあったことになります。太陽が東にあるのは、明け方です。明け方に東にあった太陽は昼ごろには南の空に動くので、そのころ月は西にしずむことになります。

おうちのかたへ
月は地球の周りを公転しているので、太陽の光の当たり方によって地球から見える形が変わります。

ぴったり1 準備 8. 水溶液（すいようえき）

①水溶液の性質(1)

いろいろな視点から、5つの水溶液の性質のちがいについて確認しよう。

教科書 150〜158ページ　答え 34ページ

次の(　)にあてはまる言葉をかこう。

1 5種類の水溶液には、どのような性質のちがいがあるのだろうか。 教科書 150〜158ページ

▶水溶液の性質

	塩酸	炭酸水	食塩水	石灰水（せっかいすい）	アンモニア水
見た様子	色がなく とうめい	(① あわ) が出ている	色がなく とうめい	(② 色がなく とうめい)	色がなく とうめい
におい	(③ ある (少しにおう))	(④ ない)	ない	ない	(⑤ ある (つんとにおう))
水を蒸発（じょうはつ）させたときの様子	何も出てこない	何も出てこない	(⑥白い固体) が出る	(⑦白い固体) が出る	(⑧ 何も出て こない)
二酸化炭素をふれさせたときの変化	変化しない	変化しない	変化しない	(⑨ 白く にごる)	変化しない

▶リトマス紙の変化と水溶液の性質

水溶液の性質	(⑩ 酸)性	(⑪ 中)性	(⑫アルカリ)性
リトマス紙の色の変化	赤色 → 赤色	赤色 → 赤色	赤色 → 青色
	青色 → 赤色	青色 → 青色	青色 → 青色

水溶液		塩酸	炭酸水	食塩水	石灰水	アンモニア水
リトマス紙の色の変化	赤色	→赤色	→赤色	→赤色	→(⑬ 青)色	→(⑭ 青)色
	青色	→(⑮ 赤)色	→(⑯ 赤)色	→(⑰ 青)色	→青色	→青色
性質		→(⑱ 酸)性	→(⑲ 酸)性	→(⑳ 中)性	→(㉑アルカリ)性	→(㉒アルカリ)性

ここがだいじ！ ①水溶液はリトマス紙の色の変化によって、酸性・中性・アルカリ性の3つに分けることができる。

ぴたトリビア リトマス紙の「リトマス」の名前は、リトマスゴケというコケに由来しています。

ぴったり2 練習 8. 水溶液（すいようえき）

①水溶液の性質(1)

教科書 150〜158ページ　答え 34ページ

1 塩酸、炭酸水、石灰水（せっかいすい）、アンモニア水、食塩水の5種類の水溶液の見た様子やにおい、水を蒸発（じょうはつ）させたときの様子を調べました。

(1) 水溶液の見た様子とにおいを調べる方法として、正しいものを2つ選び、○をつけましょう。

ア(○)白い紙にかざして色を見る。
イ(　)黒い紙にかざして色を見る。
ウ(　)鼻を近づけて、直接においをかぐ。
エ(○)手で手前にあおぐようにして、においをかぐ。

(2) 5種類の水溶液のうち、あわが出ているものが1つありました。どれですか。

(炭酸水)

(3) 5種類の水溶液のうち、においのするものが2つありました。どれとどれですか。

(塩酸)と(アンモニア水)

(4) 水溶液をスライドガラスに1てきずつとって水を蒸発させると、2つのスライドガラスに白い固体が出て、あとのスライドガラスには何も出ませんでした。白い固体が出た水溶液は、どれとどれですか。

(石灰水)と(食塩水)

2 塩酸とアンモニア水をリトマス紙につけて、色の変化を調べました。

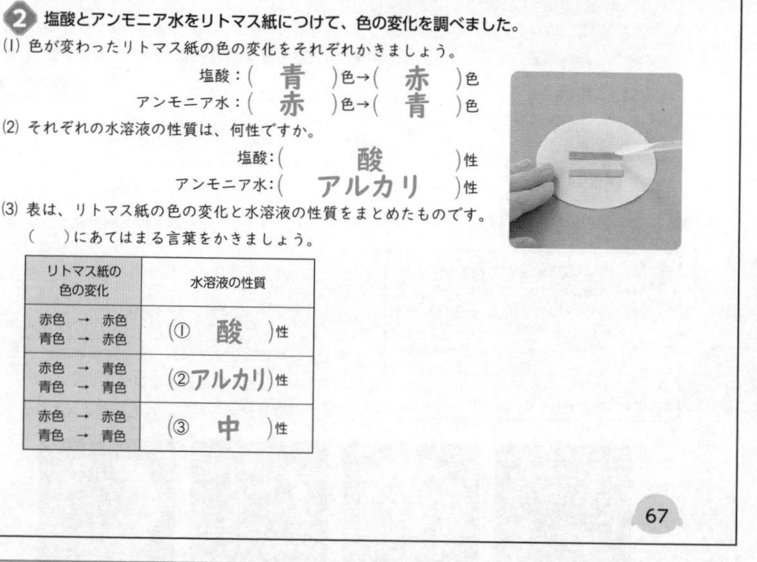

(1) 色が変わったリトマス紙の色の変化をそれぞれかきましょう。

塩酸：(青)色→(赤)色
アンモニア水：(赤)色→(青)色

(2) それぞれの水溶液の性質は、何性ですか。

塩酸：(酸)性
アンモニア水：(アルカリ)性

(3) 表は、リトマス紙の色の変化と水溶液の性質をまとめたものです。(　)にあてはまる言葉をかきましょう。

リトマス紙の色の変化	水溶液の性質
赤色 → 赤色 青色 → 赤色	(① 酸)性
赤色 → 青色 青色 → 青色	(②アルカリ)性
赤色 → 赤色 青色 → 青色	(③ 中)性

67ページ てびき

1 (1)イの黒い紙は、水溶液（すいようえき）のにごり具合を見るのに使います。ウのように、直接においをかぐのは危険（きけん）なので、手で手前にあおぐようにして、においをかぎます。
(2)炭酸水からはあわが出ています。
(3)塩酸には少しにおいがあり、アンモニア水にはつんとしたにおいがあります。
(4)水を蒸発（じょうはつ）させると、石灰（せっかい）水（すい）と食塩水からは白い固体が出てきます。

2 青色のリトマス紙が赤く変わる性質を酸性、赤色のリトマス紙が青く変わる性質をアルカリ性といいます。どちらのリトマス紙も色が変わらない性質を中性といいます。

おうちのかたへ
リトマス紙の色の変化で、水溶液の酸性・中性・アルカリ性の区別をします。酸(性)やアルカリ(性)について、詳しくは中学校理科で学習します。

おうちのかたへ　8. 水溶液
水溶液の性質やはたらきについて学習します。リトマス紙を使って水溶液の性質を分類できるか、気体が溶けている水溶液があること、金属を変化させる水溶液があることを理解しているか、などがポイントです。

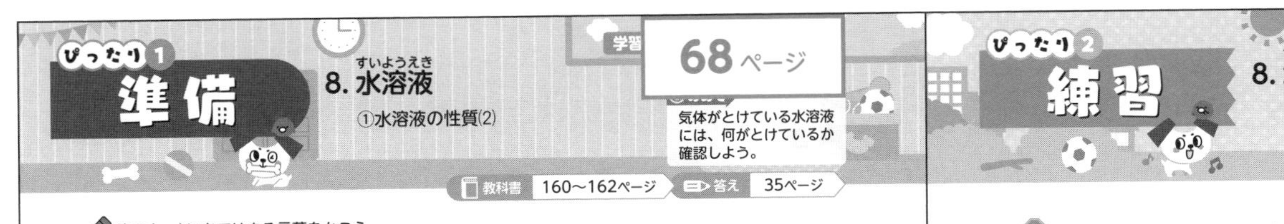

ぴったり1 準備

8. 水溶液（すいようえき）

①水溶液の性質(2)

68ページ

気体がとけている水溶液には、何がとけているか確認しよう。

教科書 160〜162ページ　答え 35ページ

次の（　）にあてはまる言葉をかこう。

1 水溶液には、気体がとけているものがあるのだろうか。

教科書 160〜162ページ

［実験］

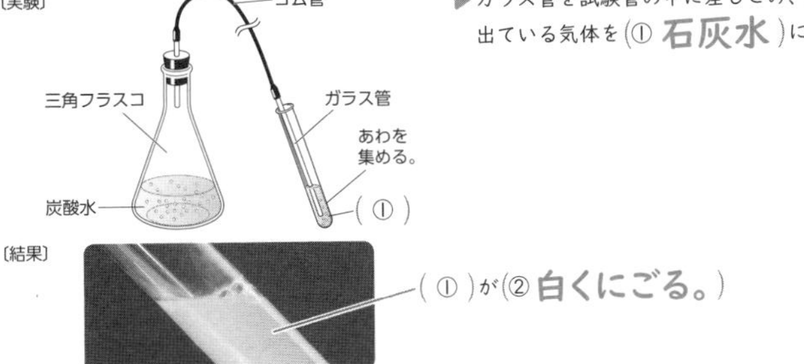

▶ガラス管を試験管の中に差しこみ、炭酸水から出ている気体を（① 石灰水）にふれさせる。

［結果］

（①）が（② 白くにごる。）

▶実験の結果から、炭酸水から出ている気体は（③　二酸化炭素　）であることがわかる。

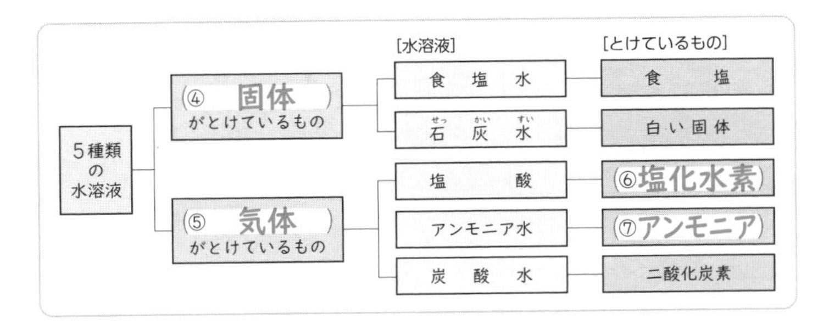

5種類の水溶液		［水溶液］	［とけているもの］
（④　固体　）がとけているもの		食塩水	食塩
		石灰水	白い固体
（⑤　気体　）がとけているもの		塩酸	（⑥塩化水素）
		アンモニア水	（⑦アンモニア）
		炭酸水	二酸化炭素

▶水を蒸発（じょうはつ）させたとき、何も出てこなかった水溶液には、（⑧　気体　）がとけている。

固体がとけているものと気体がとけているもので、仲間分けできるかな。

ここがだいじ！
①水溶液には、気体がとけているものがある。
②塩酸には塩化水素(気体)、アンモニア水にはアンモニア(気体)、炭酸水には二酸化炭素(気体)がとけている。

ぴたトリビア　固体で水にとけやすいものととけにくいものがあるように、気体にも水にとけやすいものととけにくいものがあります。

ぴったり2 練習

8. 水溶液（すいようえき）

①水溶液の性質(2)

69ページ

教科書 160〜162ページ　答え 35ページ

1 図のように、3種類の水溶液をスライドガラスに1てきずつとり、水を蒸発（じょうはつ）させました。

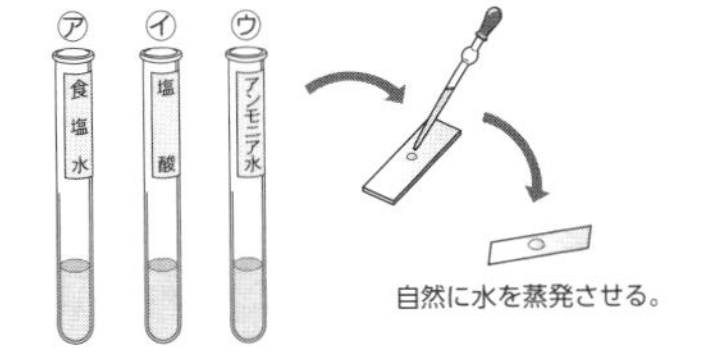

(1) ㋐〜㋒のうち、水を蒸発させたあとに白い固体が残ったものはどれですか。（　㋐　）

(2) ㋐〜㋒のうち、水を蒸発させたあとに何も残らなかったものはどれですか。すべて選びましょう。（　㋑　㋒　）

(3) (2)の何も残らなかった水溶液に、とけていたものは何ですか。正しいものに○をつけましょう。
ア（　）固体　　イ（　）液体　　ウ（○）気体

2 炭酸水から出ているあわの正体を調べる実験をしました。

(1) 炭酸水から出ている気体を、試験管の中の石灰水（せっかいすい）にふれさせました。そのときの石灰水の様子を表しているものはア、イのどちらですか。（　イ　）

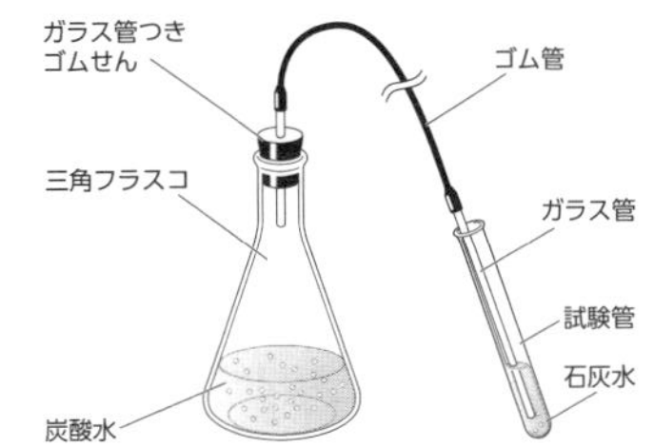

(2) この実験から、炭酸水から出ている気体は何とわかりますか。（　二酸化炭素　）

(3) 塩酸やアンモニア水も、それぞれある気体がとけています。それぞれ何がとけていますか。
塩酸（　塩化水素　）
アンモニア水（　アンモニア　）

69ページ　てびき

1 (1)食塩水には、食塩(固体)がとけています。
(2)(3)塩酸には塩化水素(気体)が、アンモニア水にはアンモニア(気体)が、それぞれとけています。塩酸やアンモニア水を蒸発（じょうはつ）させても、スライドガラスには何も残りません。

2 炭酸水から出ている気体を石灰水（せっかいすい）にふれさせると、石灰水は白くにごります。このことから、炭酸水から出ている気体は二酸化炭素であるとわかります。

おうちのかたへ
ものが水にとけて、液が透明になったものを「水溶液」ということは5年で学習しています。

教科書 163〜166ページ　答え 36ページ

次の(　)にあてはまる言葉をかこう。

1 塩酸にとけたアルミニウムは、どうなるのだろうか。　教科書 163〜166ページ

▶アルミニウムにうすい塩酸を注ぐ実験

アルミニウム　(①気体(あわ))が発生する。　アルミニウムは(②　とけて　)しまう。

▶塩酸にとけたアルミニウムがどうなったのかを調べる。

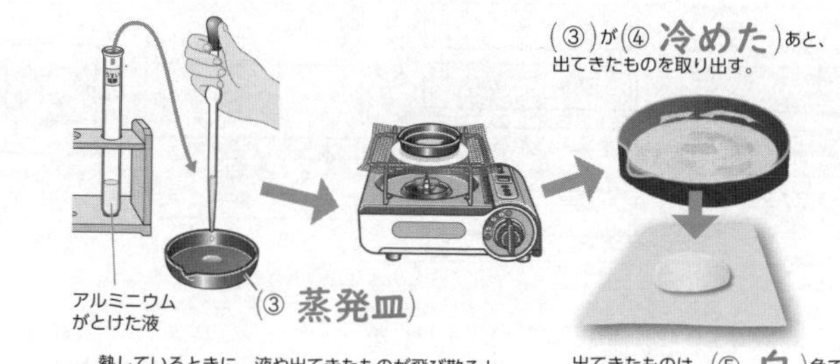

熱しているときに、液や出てきたものが飛び散ると危ないので、保護眼鏡をかけて顔を近づけない。

出てきたものは、(⑤ 白)色で、アルミニウムのようなつやはない。

▶アルミニウムがとけた液から(⑥　水　)を蒸発させると、とけていたものが出てくる。
▶アルミニウムが塩酸にとけたとき、あわといっしょに出ていったのではなく、(⑦液(塩酸))の中に残っていたと考えられる。

ここが、だいじ!
①アルミニウムに塩酸を注ぐと、気体が発生して、とける。
②アルミニウムがとけたあとの液から水を蒸発させると、白色の固体が出てくる。

ぴたトリビア　水溶液は、ふれたものを変化させることがあるので、保管する容器に何を使うかには注意が必要です。

ぴったり2 練習　8. 水溶液　②水溶液のはたらき(1)

71ページ

教科書 163〜166ページ　答え 36ページ

1 試験管にアルミニウムを入れ、うすい塩酸を注ぎました。

アルミニウム　㋐　試験管　うすい塩酸

(1) 実験で、うすい塩酸をとるのに用いた㋐の器具を何といいますか。
(こまごめピペット)

(2) アルミニウムにうすい塩酸を注ぐと、どのようになりましたか。正しいものに○をつけましょう。
ア(　)あわが出てきたが、アルミニウムに変化はなかった。
イ(○)アルミニウムから、あわが出てきて、とけていった。
ウ(　)何の変化も見られなかった。

(3) 塩酸には、アルミニウムをとかすはたらきがあるといえますか、いえませんか。
(いえる。)

2 うすい塩酸にアルミニウムがとけた液から、水を蒸発させました。

①器具㋐に、アルミニウムがとけた液を移す。　②器具㋐を弱火で熱して、水を蒸発させる。

アルミニウムがとけた液　㋐

(1) 器具㋐を何といいますか。
(蒸発皿)

(2) この実験中は、どのようなことに注意しなければなりませんか。正しいものに○をつけましょう。
ア(　)室温が上がりすぎないようにする。
イ(　)直接日光が当たらないようにする。
ウ(○)部屋のかん気を十分に行い、発生した気体を吸いこまないようにする。

(3) ②のあと、器具㋐に残っていた固体は何色ですか。
(白)色

71ページ　てびき

❶ アルミニウムに塩酸を注ぐと、あわが勢いよく出て、アルミニウムはとけてしまいます。このとき、発生する気体は火の気があると危険です。火の気のないところで、実験しましょう。

気体が勢いよく発生する。
アルミニウムはとける。

❷ (2)気体が発生する実験では、部屋のかん気を十分に行い、安全に実験を行うことができるようにします。
(3)アルミニウムは銀色で、金属特有のつやがありますが、蒸発皿に残っていた固体は白色で、つやがありません。

おうちのかたへ
アルミニウムに塩酸を注ぐと発生する気体は「水素」です。金属と塩酸の反応については、中学校理科でも学習します。

8. 水溶液（すいようえき）

②水溶液のはたらき(2)

水溶液には金属をとかし、性質を変えるものもあることを確認しよう。

教科書 167～168ページ　答え 37ページ

次の（　）にあてはまるものを○で囲もう。

1 アルミニウムがとけた液から出てきた白い固体と、アルミニウムは、同じものだろうか。 教科書 167～168ページ

▶アルミニウムをうすい塩酸にとかし、アルミニウムがとけた液から出てきた白い固体と、アルミニウムに、それぞれうすい塩酸を注ぐ。

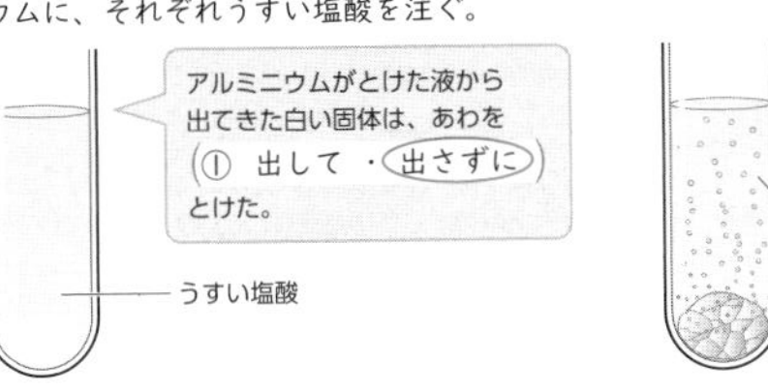

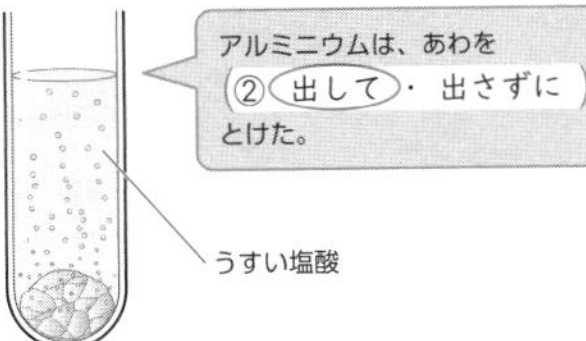

・塩酸へのとけ方がちがうことから、アルミニウムがとけた液から出てきた白い固体とアルミニウムは、（③　同じ　・(別の)）ものであるといえる。

▶アルミニウムをうすい塩酸にとかし、アルミニウムがとけた液から出てきた白い固体と、アルミニウムに、それぞれ水を注ぐ。

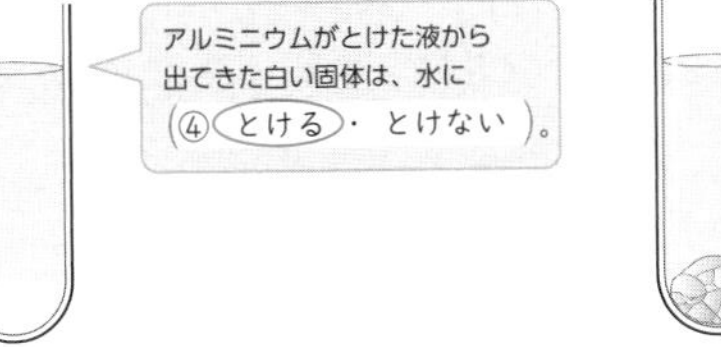

・水へのとけ方がちがうことから、アルミニウムがとけた液から出てきた白い固体とアルミニウムは、（⑥　同じ　・(別の)）ものであるといえる。

▶水溶液には、金属を別のものに変化させるはたらきをもつものが（⑦ (ある) ・ ない　）。

①塩酸にとけたアルミニウムは、元のアルミニウムとは性質のちがう別のものに変化する。
②水溶液には、金属をとかすものがある。水溶液にとけた金属は、性質のちがう別のものに変化する。

ムラサキキャベツのしぼりじるも水溶液の性質によって色が変わるので、酸性・中性・アルカリ性を見分けることができます。

8. 水溶液（すいようえき）

②水溶液のはたらき(2)

教科書 167～168ページ　答え 37ページ

1 アルミニウムをうすい塩酸にとかし、アルミニウムがとけた液から出てきた白い固体の性質を調べるために、出てきた白い固体とアルミニウムをそれぞれ試験管に入れて、うすい塩酸を注ぎました。

(1) このとき、出てきた白い固体の様子を表しているのは、図の㋐、㋑のどちらですか。

（㋐）

(2) この実験から、出てきた白い固体が、元のアルミニウムと同じものか別のものかについて考えます。正しいものに○をつけましょう。

ア（　）アルミニウムも出てきた白い固体もうすい塩酸にとけたので、出てきた白い固体は元のアルミニウムと同じものである。

イ（　）アルミニウムをうすい塩酸にとかしたとき、あわとなって液からにげてしまうので、出てきた白い固体は元のアルミニウムと別のものである。

ウ（○）出てきた白い固体にうすい塩酸を注いでもあわが出なかったので、元のアルミニウムと別のものである。

2 アルミニウムをうすい塩酸にとかし、アルミニウムがとけた液から出てきた白い固体の性質を調べるために、出てきた白い固体とアルミニウムをそれぞれ試験管に入れて、水を注ぎました。

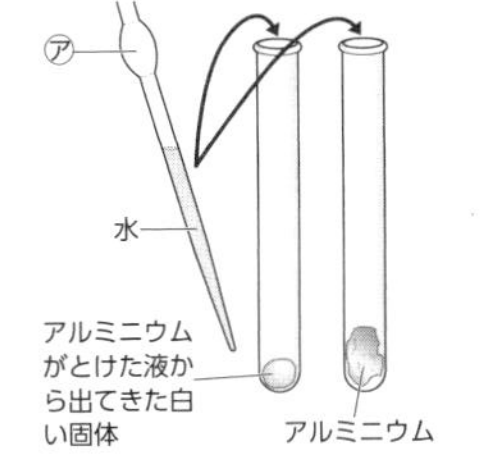

(1) 水を注ぐのに使った、図の㋐の器具を何といいますか。

（こまごめピペット）

(2) 水にとけたのは、出てきた白い固体かアルミニウムのどちらですか。

（白い固体）

(3) この実験の結果から、アルミニウムがとけた液から出てきた白い固体とアルミニウムは、同じものといえますか、いえませんか。

（いえない。）

(4) 水溶液には、金属を性質のちがう別のものに変化させるものがあるといえますか、いえませんか。

（いえる。）

73ページ　てびき

1 アルミニウムに塩酸を注ぐと、勢いよく気体が発生して、とけてしまいます。この液を熱して水を蒸発（じょうはつ）させたときに出てくる白い固体に塩酸を注いでも、気体は発生しません。このことから、白い固体は、アルミニウムとは別のものであることがわかります。

2 (2)～(4)アルミニウムは水にとけませんが、アルミニウムがとけた液から出てきた白い固体は水にとけます。このことから、アルミニウムと、出てきた白い固体は同じものとはいえず、水溶液（すいようえき）には、金属を性質のちがう別のものに変化させるはたらきがあるといえます。

おうちのかたへ

アルミニウムは塩酸にとけましたが、全ての金属が塩酸にとけるわけではありません（銅はとけません）。また、酸性でなくアルカリ性の水溶液でも金属をとかすものがあります。

ぴったり3 確かめのテスト。

8. 水溶液

74ページ　／100　合格70点

教科書 150〜171ページ　答え 38ページ

よく出る

1 ガラス棒で塩酸をリトマス紙につけて、色の変化を調べました。 各10点、(3)は全部できて10点(30点)

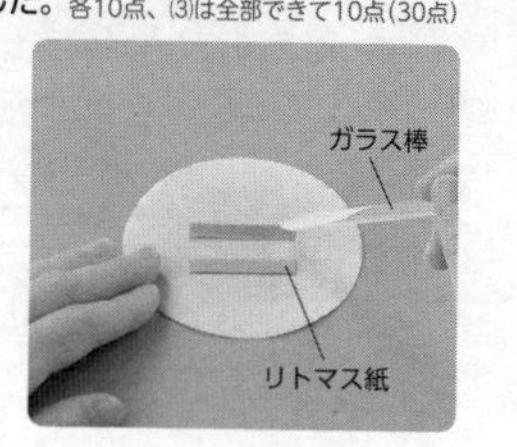

(1) 塩酸によって、リトマス紙の色は、どのように変化しましたか。正しいものに○をつけましょう。

ア(　)青色→青色、赤色→青色
イ(○)青色→赤色、赤色→赤色
ウ(　)青色→赤色、赤色→青色
エ(　)青色→青色、赤色→赤色

(2) リトマス紙の変化から、塩酸は何性の水溶液であることがわかりますか。

(　酸性　)

(3) リトマス紙の色の変化が塩酸とちがう水溶液はどれですか。2つ選びましょう。

ア(　)炭酸水
イ(○)食塩水
ウ(○)アンモニア水

2 アルミニウムに塩酸を注いで、その変化を調べます。 技能 各6点(30点)

塩酸　アルミニウム

(1) 記述 アルミニウムに塩酸を注ぐと、アルミニウムはとけます。そのとき、どのような様子が見られますか。

(（勢いよく）気体（あわ）が発生する。)

(2) アルミニウムがとけた液から、とけたものを取り出すには、どのようにすればよいですか。正しいものに○をつけましょう。

ア(○)水を蒸発させる。
イ(　)塩酸をさらに注ぐ。
ウ(　)液をよくふる。

(3) 記述 (2)のようにして取り出したものが、元のアルミニウムと同じものかどうかを調べる方法を2つかきましょう。

・(　塩酸へのとけ方を調べる。　)
・(　水へのとけ方を調べる。　)

(4) (3)のようにして調べた結果から、取り出したものは、元のアルミニウムと同じものですか、別のものですか。

(　別のもの　)

75ページ

てきたらスゴイ!

3 3種類の水溶液①〜③について調べました。 技能 各8点、(3)、(4)は全部できて8点(40点)

・どの水溶液も、色・においがなく、とうめいである。
・①は、青色のリトマス紙を赤色に変えた。
・②は、赤色のリトマス紙を青色に変えた。
・③は、青色のリトマス紙も赤色のリトマス紙も色を変えなかった。
・①〜③は、食塩水、石灰水、炭酸水のいずれかである。

(1) 水溶液のにおいをかぐときは、どのようにすればよいですか。正しいものに○をつけましょう。 技能

ア(　)直接、鼻を近づけてかぐ。
イ(　)水溶液をつけたガラス棒に、鼻を近づけてかぐ。
ウ(○)手で手前にあおぐようにしてかぐ。

(2) 水溶液①〜③の性質は、それぞれ何性ですか。次の㋐〜㋓から正しい組み合わせのものを選びましょう。

(　㋓　)

	水溶液①	水溶液②	水溶液③
㋐	中　性	アルカリ性	酸　性
㋑	酸　性	中　性	アルカリ性
㋒	アルカリ性	酸　性	中　性
㋓	酸　性	アルカリ性	中　性

(3) 水溶液①〜③は、それぞれ何ですか。

水溶液①(　炭酸水　)
水溶液②(　石灰水　)
水溶液③(　食塩水　)

(4) 水溶液①〜③を、それぞれ1てきずつスライドガラスにとり、そのままにして、水を蒸発させたとき、スライドガラスに白いつぶが残るものはどれですか。また、水溶液①〜③のうち、気体がとけているものはどれですか。あてはまるものをそれぞれすべて選び、番号をかきましょう。

白いつぶが残るもの(　②　③　)
気体がとけているもの(　①　)

(5) 水溶液①〜③以外の水溶液についても、リトマス紙を使って性質を調べました。その結果として、正しいものに○をつけましょう。

ア(　)水では、水溶液①と同じように、リトマス紙の色が変化する。
イ(○)アンモニア水では、水溶液②と同じように、リトマス紙の色が変化する。
ウ(　)塩酸では、水溶液②と同じように、リトマス紙の色が変化する。

ふりかえり
1の問題がわからないときは、66ページの1にもどって確認しましょう。
3の問題がわからないときは、66ページの1にもどって確認しましょう。

74〜75ページ　てびき

1 (1)(2)塩酸は酸性の水溶液です。酸性の水溶液は、青色のリトマス紙を赤色に変化させ、赤色のリトマス紙の色は変化させません。
(3)食塩水は中性、アンモニア水はアルカリ性です。

2 (1)塩酸は、アルミニウムなどの金属をとかし、気体(あわ)が発生します。
(2)少量をとって、そのままにしておくか、実験用ガスコンロなどで熱して水を蒸発させます。
(3)アルミニウムは、塩酸にとけて、気体を発生しますが、取り出したものは、塩酸を注いでも気体は発生しません。また、アルミニウムは水にとけませんが、取り出したものはとけます。

3 (5)水は中性なので、リトマス紙の色は変化しません。アンモニア水はアルカリ性、塩酸は酸性です。

おうちのかたへ
3は、リトマス紙の色の変化から、水溶液を特定する問題です。リトマス紙の色の変化の違いのほか、見た目の様子やにおいなどの違いも水溶液を特定する手がかりになります。

ぴったり1 準備

9. 電気の利用
①電気をつくる

76ページ

手回し発電機や光電池で電気をつくるしくみについて確認しよう。

教科書 172～177ページ　答え 39ページ

次の(　)にあてはまる言葉をかくか、あてはまるものを○で囲もう。

1 発電機を回したり、光電池に光を当てたりすると、電気をつくることができるのだろうか。　教科書 173～177ページ

▶発光ダイオードは、電流が
(①（十極から一極に）・一極から十極に)
流れたときだけ光る。

▶発光ダイオードにつなぐ導線の十極側と一極側を入れかえると、発光ダイオードは
(②　光る　・（光らない）)。

発光ダイオード
短いほうのあし…(③ ＋・（－）)極側の導線につなぐ。
長いほうのあし…(④（＋）・ －)極側の導線につなぐ。

▶手回し発電機をつないでハンドルを回すと、豆電球は光る。
・ハンドルを回す速さを変えると、つくられる電気の量が(⑤（変わる）・ 変わらない)。
・ハンドルを回す向きを逆にすると、回路に流れる電流の向きが(⑥　逆　)になる。

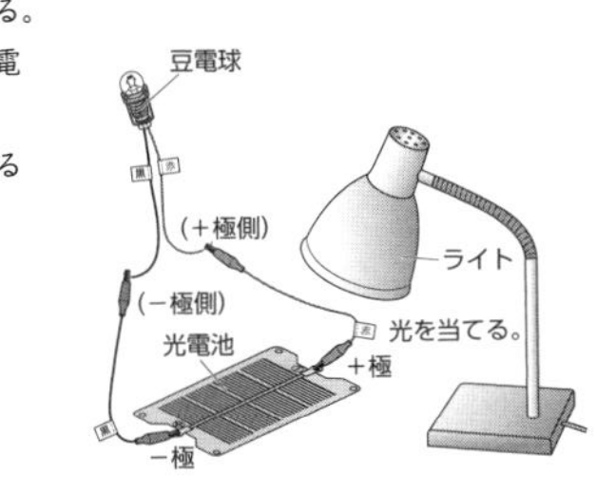

▶光電池に(⑦　光　)を当てると、電気がつくられる。
▶豆電球を光電池につないで、(⑦)を当てると、豆電球は(⑧（光る）・ 光らない)。
▶光電池に当てる(⑦)の強さを変えると、つくられる電気の量が(⑨（変わる）・ 変わらない)。

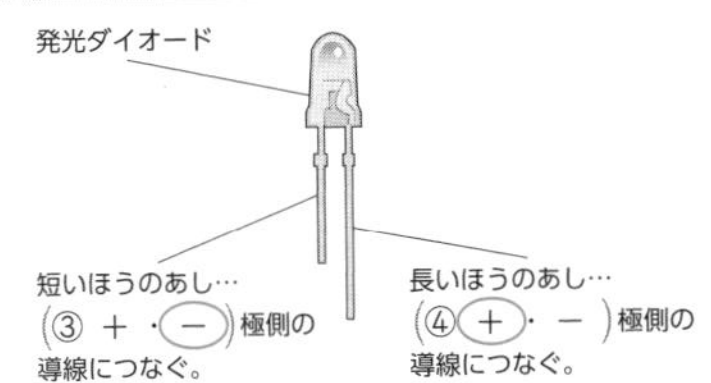

ここがだいじ！ ①手回し発電機を回したり、光電池に光を当てたりすると、電気をつくることができる。

ぴたトリビア　火力発電は、燃料を燃やして水を水蒸気に変えて、その水蒸気で発電機を回転させて発電するしくみです。

ぴったり2 練習

9. 電気の利用
①電気をつくる

77ページ

教科書 172～177ページ　答え 39ページ

1 手回し発電機を発光ダイオードや豆電球につないで、光るかどうかを調べました。

ア　イ　ウ　（＋極側／－極側）

(1) 発光ダイオードのつくりを表している図として、正しいものに○をつけましょう。
ア(　)　イ(○)　ウ(　)

(2) 手回し発電機のハンドルをある向きに回すと、発光ダイオードが光りました。ハンドルを回す向きを逆にすると、発光ダイオードはどのようになりますか。正しいほうに○をつけましょう。
ア(　)光る。　イ(○)光らない。

(3) 発光ダイオードにつなぐ導線の十極側と一極側を入れかえて、ハンドルを(2)で初めに光ったときと同じ向きに回すと、発光ダイオードはどのようになりますか。正しいほうに○をつけましょう。
ア(　)光る。　イ(○)光らない。

(4) 発光ダイオードのかわりに豆電球をつないで、ハンドルを(2)で初めに光ったときと同じ向きに回すと、豆電球はどのようになりますか。正しいほうに○をつけましょう。
ア(○)光る。　イ(　)光らない。

(5) この実験から、手回し発電機を回すと、電気がつくられるといえますか、いえませんか。正しいほうに○をつけましょう。
ア(○)いえる。　イ(　)いえない。

2 図のように、あを発光ダイオードにつないで、光を当てると、発光ダイオードが光りました。

(1) 図のあの器具を何といいますか。
（光電池）

(2) あの極を入れかえると、発光ダイオードはどのようになりますか。正しいほうに○をつけましょう。
ア(　)光る。　イ(○)光らない。

(3) あに当てる光の強さを強くすると、発光ダイオードは、光を強くする前と比べてどのようになりますか。正しいものに○をつけましょう。
ア(○)明るくなる。　イ(　)変わらない。
ウ(　)暗くなる。

(4) (3)から、あに当てる光の強さが変わると、電流の大きさはどうなりますか。正しいほうに○をつけましょう。
ア(○)電流の大きさも変わる。　イ(　)電流の大きさは変わらない。

(発光ダイオード／(＋極側)／(－極側)／あ／ライト／光を当てる。／＋極／－極)

77ページ てびき

1 (1)発光ダイオードには、長さのちがう2本のあしがあり、長いほうを十極側の導線に、短いほうを一極側の導線につなぎます。発光ダイオードにつなぐ導線の極を逆にすると、電流は流れません。
(2)(3)手回し発電機のハンドルを回す向きを変えたり、導線の極を入れかえたりすると、電流の向きが変わるので、発光ダイオードは光らなくなります。
(4)豆電球は、電流の向きが変わっても光ります。

2 (2)～(4)光電池をつなぐ向きを逆にすると、電流の向きも逆になるので、発光ダイオードは光りません。また、光電池は、当たる光の強さによって、電流の大きさが変わります。光が強くなると、発光ダイオードは明るくなります。

おうちのかたへ
教科書などでは、「光電池」と書かれていますが、これは一般に使われている「太陽電池」と同じものです。

おうちのかたへ　**9. 電気の利用**
発電や蓄電、電気の変換について学習します。電気を発電したり蓄えたりすることができること、電気を光や音、熱、運動などに変換することができることを理解しているか、電気の性質やはたらきを利用した道具、またコンピュータのプログラムによって電気を効率よく利用している工夫を見つけることができるか、などがポイントです。

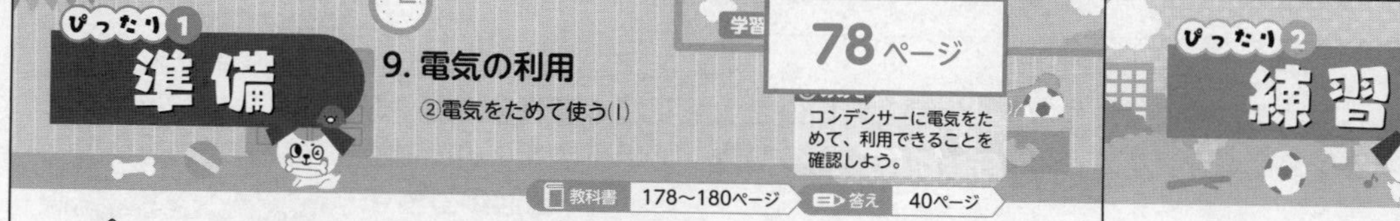

78ページ

9. 電気の利用
②電気をためて使う(1)

コンデンサーに電気をためて、利用できることを確認しよう。

教科書 178〜180ページ　答え 40ページ

次の(　)にあてはまる言葉をかくか、あてはまるものを○で囲もう。

1 ためた電気は、どのようなものに変えて使えるのだろうか。 教科書 178〜180ページ

▶コンデンサーに手回し発電機をつないで、ハンドルを回す。手ごたえが軽くなったら、手回し発電機からコンデンサーを取り外す。

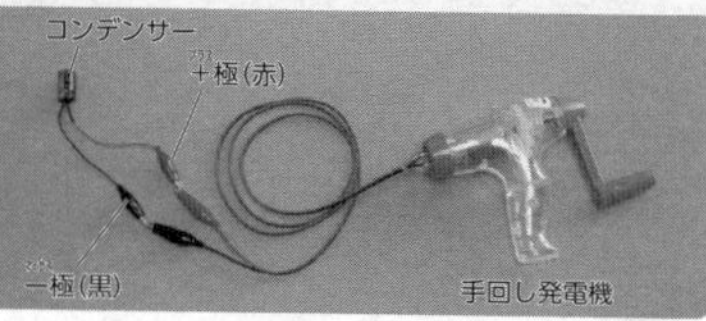

・手回し発電機につないでいたコンデンサーを、発光ダイオードにつなぐと、発光ダイオードは(①(光る)・光らない)。

・電気は、コンデンサーにためることが(②(できる)・できない)。

▶コンデンサーにためた電気を、いろいろなものにつないで使った。

	豆電球や発光ダイオード		電子オルゴール	モーター
コンデンサーにつないだもの	豆電球	発光ダイオード		
結果	光った。		(③ 音)が鳴った。	回った。
電気が変えられたもの	(④ 光)		音	回転する動き

・導線の＋極側と－極側を入れかえてつなぐと、豆電球は表の結果と同じになるが、(⑤ 発光ダイオード)はつかず、モーターは(⑥ 逆)向きに回り、電子オルゴールは音が鳴らなかった。

・ほかにも電気は、(⑦ 熱)や磁石の力にも変えて使うことができる。

ここがだいじ! ①コンデンサーにためた電気は、光、音、回転する動き、熱、磁石の力に変えて使える。

ぴたトリビア 電気は、光や熱、音、運動などに変えやすく、導線(電線)で送りやすいので、主なエネルギーとして利用されています。

79ページ

9. 電気の利用
②電気をためて使う(1)

教科書 178〜180ページ　答え 40ページ

1 写真の器具について調べました。

(1) 写真の器具を何といいますか。　(コンデンサー)

(2) ㋐、㋑に手回し発電機の導線をつないで、ハンドルを同じ向きに回しました。

①ハンドルを回すのをやめるのは、どのようになったときですか。正しいほうに○をつけましょう。

ア(　)手ごたえが重くなったとき。

イ(○)手ごたえが軽くなったとき。

②発光ダイオードにコンデンサーをつなぐと、発光ダイオードが光りました。発光ダイオードの＋極側につないだのは、㋐、㋑のどちらですか。　(㋑)

③②で、発光ダイオードのそれぞれのあしに㋐と㋑を入れかえてつなぐと、発光ダイオードは光りますか、光りませんか。　(光らない。)

2 電気をためたコンデンサーを、いろいろなものにつなぎました。

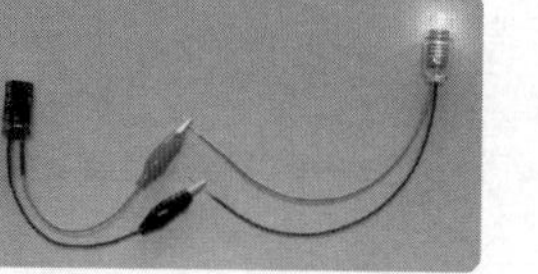

(1) ①豆電球、②発光ダイオード、③モーター、④電子オルゴールを、コンデンサーに正しくつないだときの様子は、それぞれどのようになりますか。□の㋐〜㋕からそれぞれ1つずつ選びましょう。

㋐少し回った。　㋑回らなかった。
㋒しばらく音が鳴った。　㋓音が鳴らなかった。
㋔しばらく光り続けた。　㋕少し光ったが、すぐに消えた。

①(㋕)　②(㋔)　③(㋐)　④(㋒)

(2) 導線の＋極側と－極側を入れかえてつなぐと、(1)の①〜③はどのようになりますか。初めと様子が変わらないものに○をつけましょう。

①(○)　②(　)　③(　)

(3) この実験では、電気が何に変えられましたか。あてはまるものすべてに○をつけましょう。

ア(○)光　イ(○)回転する動き　ウ(○)音
エ(　)熱　オ(　)磁石の力

79ページ てびき

1 コンデンサーは電気をためるはたらきをします。また、㋐と㋑のように、＋極と－極の区別があることに注意しましょう。

2 (1)発光ダイオードと豆電球では、豆電球のほうが大きい電流が流れるので、すぐに消えてしまいます。発光ダイオードは、電流の大きさが小さいので、長く光り続けます。

(2)発光ダイオードや電子オルゴールは、＋極と－極の区別があり、極を入れかえると正しく動きません。また、モーターは、極を入れかえると、回る向きが逆になります。

(3)発光ダイオードと豆電球では電気が光に、モーターでは電気が回転する動きに、電子オルゴールでは電気が音に、それぞれ変えられます。

おうちのかたへ
電気から他のエネルギーへの変換だけでなく、様々なエネルギーの相互の変換について詳しくは、中学校理科で学習します。

ぴったり1 準備

9. 電気の利用

②電気をためて使う(2)

ものによって、使う電気の量にちがいがあることを確認しよう。

教科書 181～183、214ページ　答え 41ページ

次の(　)にあてはまる言葉をかくか、あてはまるものを○で囲もう。

1 電気をためたコンデンサーにつなぐものによって使える時間がちがうのは、どうしてだろうか。 教科書 181～183、214ページ

▶電流計の使い方

- 電流計を使うと、(① 電流)の大きさをくわしく調べることができる。
- 電流計の針がさす目盛りによって、次のようにーたんしをつなぎかえる。

❶電流計の＋たんしに、電源(コンデンサーなど)の＋極側の導線をつなぐ。

❷(② 5)Aのーたんしに、電源のー極側の導線をつなぐ。

❸回路に電流を流して、電流計の針がさす目盛りを読み取る。

❹電流計の針がさす目盛りが0.5Aより小さいときは、(③500)mAのーたんしにつなぎかえて、電流計の針がさす目盛りを読み取る。

豆電球　つなぐ　クリップつきコンデンサー

▶手回し発電機をコンデンサーにつないで、電気をためる。

▶電気をためたコンデンサーに、豆電球と発光ダイオードをそれぞれつないだとき、(⑤ 発光ダイオード)のほうが、小さい電流で光り続けた。

▶コンデンサーにつなぐものによって使える時間がちがうのは、回路に流れる(⑥ 電流)の大きさがちがうからである。

▶回路に流れる電流が小さいほど、使える時間は(⑦ 長く)なる。

▶ふだんの生活で電気をためて使うときは、(⑧じゅう電式電池(バッテリー))が使われることもある。

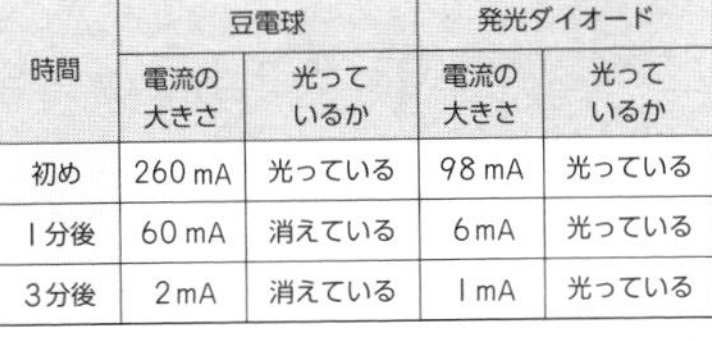

時間	豆電球		発光ダイオード	
	電流の大きさ	光っているか	電流の大きさ	光っているか
初め	260 mA	光っている	98 mA	光っている
1分後	60 mA	消えている	6 mA	光っている
3分後	2 mA	消えている	1 mA	光っている

ここがだいじ! ①電気をためたコンデンサーにつなぐものによって使える時間がちがうのは、ものによって使う電気の量がちがうからである。

ぴたトリビア 電灯に明かりをつけるとあたたかくなるように、電灯は電気を光だけでなく熱にも変えています。

ぴったり2 練習

9. 電気の利用

②電気をためて使う(2)

教科書 181～183、214ページ　答え 41ページ

1 電流計で電流の大きさをはかると、針が図のようにふれました。

(1) 図のㇵ⃝のたんしは、＋、ーのどちらですか。 (＋)

(2) 図の電流計のーたんしには、初めにつなぐ大きさのたんしに導線をつないであります。そのたんしはどれですか。正しいものに○をつけましょう。

ア(○)5Aのーたんし
イ(　)500 mAのーたんし
ウ(　)50 mAのーたんし

(3) 図の針のふれは、0.5Aより大きいですか、小さいですか。 (小さい。)

(4) 針のふれが(3)のとき、導線をつなぐーたんしをかえます。どのたんしにつなぎかえますか。正しいものに○をつけましょう。

ア(　)5Aのーたんし　イ(○)500 mAのーたんし
ウ(　)50 mAのーたんし　エ(　)＋たんし

2 豆電球と発光ダイオードの明かりがついている時間と、回路に流れる電流の関係について調べました。

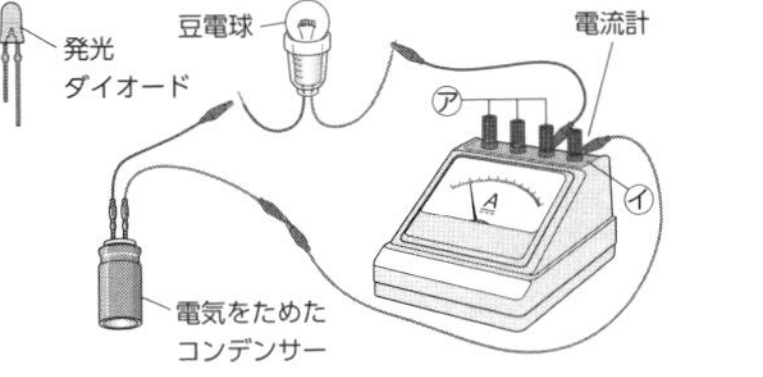

(1) 発光ダイオードの長いほうのあしは、電流計のア、イのどちらのたんしとつながるように、導線でつなぎますか。 (イ)

(2) 次の①、②は、それぞれ豆電球と発光ダイオードのどちらの結果を表していますか。

①光っている時間が長いほう (発光ダイオード)
②回路に流れる電流が大きいほう (豆電球)

(3) (2)から、どのようなことがいえますか。正しいほうに○をつけましょう。

ア(　)回路に流れる電流が小さいほど、光っている時間が短い。
イ(○)回路に流れる電流が小さいほど、光っている時間が長い。

81ページ　てびき

1 (2)電流計がこわれないように、初めはいちばん大きい電流がはかれるーたんしにつなぎます。

(3)5Aのーたんしにつながれているので、1目盛りは1Aを示します。0から1の間に10目盛りあり、針は4目盛りめをさしているので0.4Aです。

(4)針のふれが0.5A(500mA)より小さいときは500mAのーたんしにつなぎかえます。

2 (1)発光ダイオードの長いほうのあしはコンデンサーの＋極側につなぎます。

(2)光っている時間は発光ダイオードのほうが長く、回路に流れる電流は豆電球のほうが大きくなっています。

(3)回路に流れる電流が小さいほど、光っている時間は長くなります。

おうちのかたへ
発光ダイオードは豆電球に比べて消費電力が小さいので、同じ電気の量をためたコンデンサーを使った場合、光っている時間が長くなります。

ぴったり1 準備　9. 電気の利用

③身のまわりの電気

学習 82ページ

電気の利用のしかたや効率的な利用の工夫について確認しよう。

教科書 184～189ページ　答え 42ページ

次の(　)にあてはまる言葉をかこう。

1 私たちは、電気の性質やはたらきをどのように利用しているのだろうか。 教科書 184～186ページ

- 電気をつくったり、ためたり、電気を光や音、熱などに変えて利用したり、電気を目的に合わせてコントロールしながら利用したりしている。
- アイロンは、電気を(① 熱)に変えて服のしわをのばすことができる。
- ノートパソコンやけいたい電話は、バッテリーに電気を(② ためて)、持ち運びができるようになっている。
- 電気→(③ 光)
  - LED（エルイーディー）電球などの明かり
  - 信号機 など
- 電気→(④ 音)
  - 拡声器（かくせいき） など
- 電気→(⑤ 熱)
  - アイロン
  - オーブントースター など
- 電気→(⑥ 回転する動き)
  - せん風機
  - 洗（せん）たく機 など
- テレビの電気の利用
  - 電気→(⑦ 音)
  - 電気→(⑧ 光)

2 私たちは、どのように電気をコントロールし、効率的に利用しているのだろうか。 教科書 187～189ページ

- 電気をコントロールしながら効率的に利用するときには、センサーが感知して、(① コンピュータ)が命令を実行する。(①)は、人の命令に従（したが）って動く。この命令を組み合わせたものを(② プログラム)といい、(②)を作ることを(③ プログラミング)という。
- 「暗くなると自動的に明かりがつき、明るくなると自動的に明かりが消える」道路標識の(②)の流れ図は、右下の図のようになります。

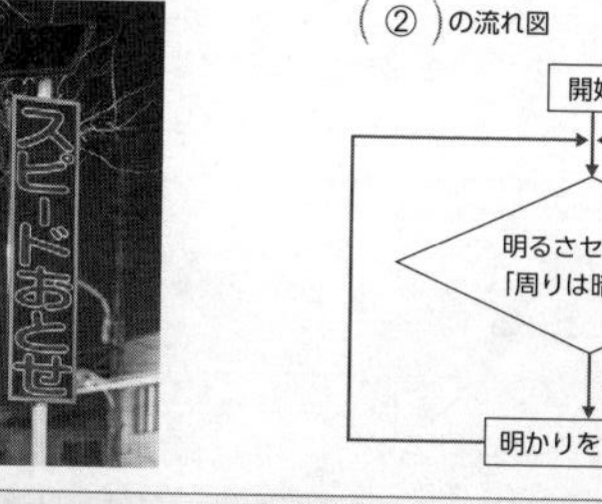

(②)の流れ図

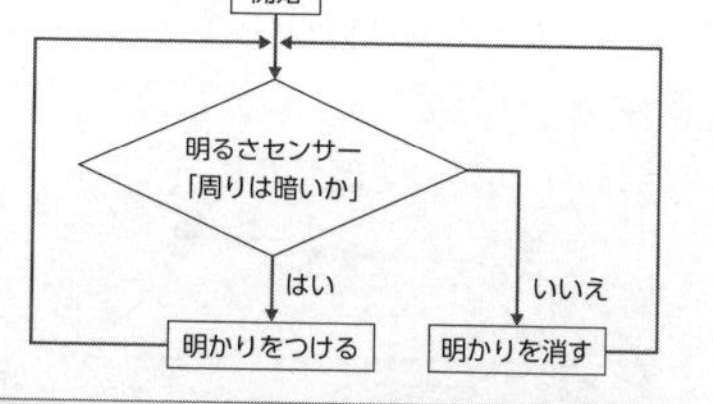

ここがだいじ！ ①私たちは、電気をつくって利用したり、ためて利用したり、電気を光や音、熱などに変えて利用したり、電気を目的に合わせてコントロールしながら利用したりしている。

ぴたトリビア　コンピュータに命令を実行させるための具体的な手順のことをアルゴリズムといいます。

ぴったり2 練習　9. 電気の利用

③身のまわりの電気

学習 83ページ

教科書 184～189ページ　答え 42ページ

1 アイロンやノートパソコンが電気を利用するしくみについて考えます。

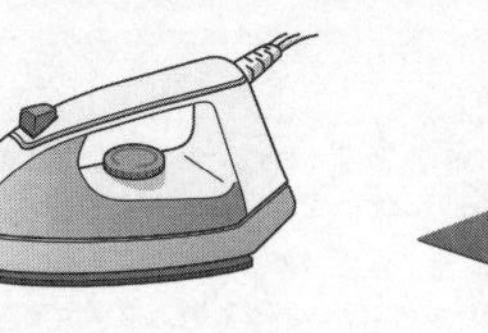

(1) アイロンは、電気を何に変えていますか。

(熱)

(2) ノートパソコンの中には、バッテリーというものが入っています。これは、どのようなはたらきをしていますか。正しいものに○をつけましょう。

ア(　)電気をつくる。　イ(○)電気をためる。　ウ(　)電気を使う。

2 電気をコントロールしながら効率的に利用するためのくふうとして、周りの明るさによって自動的に明かりをつけたり消したりする道路標識があります。これは、コンピュータに、あらかじめ人が決めた条件に合うかどうかを判断させ、明かりをつけたり消したりする動作をさせています。

(1) コンピュータを自動的に動作させるために、あらかじめ人が決めた命令を組み合わせたものを、何といいますか。

(プログラム)

(2) (1)を作ることを何といいますか。

(プログラミング)

(3) 図は、周りが暗くなると明かりをつけ、明るくなると明かりを消す動作をコンピュータにさせるための命令を表したものです。㋐に入る文として正しいほうに○をつけましょう。

ア(　)周りは明るいか。
イ(○)周りは暗いか。

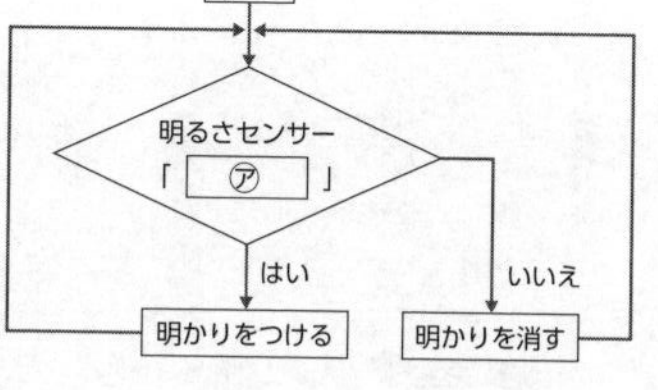

83ページ　てびき

1 (1)アイロンは、電気を利用して熱をつくります。

(2)ノートパソコンには、バッテリーが入っています。バッテリーもコンデンサーも、しくみはちがいますが、どちらも電気をためることができます。

2 (3)㋐の文に対して、答えが「はい」のとき明かりがつき、「いいえ」のとき明かりが消えます。周りが暗いときに明かりをつけたいので、㋐に入る文は「周りは暗いか。」です。

おうちのかたへ

プログラムによって電気を効率よく利用している例としては、ほかにも人感センサーを用いた照明器具や、温度センサーを用いたエアコンなどがあります。

9. 電気の利用

84ページ
/100
合格 70 点

教科書 172～193ページ　答え 43ページ

よく出る

1 手回し発電機をプロペラつきモーターにつないで、手回し発電機のハンドルをゆっくりと一定の速さで回すと、モーターは回りました。　各5点(25点)

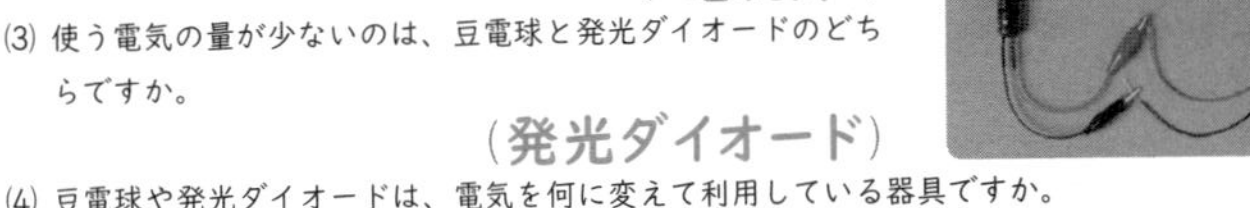

(1) 手回し発電機のハンドルを回すのをやめると、モーターはどうなりますか。
(止まる。(回らない。))

(2) 手回し発電機のハンドルを回すのを速くすると、モーターの回る速さと向きはどうなりますか。
速さ(速くなる。)
向き(同じ向きに回る。(変わらない。))

(3) 手回し発電機のハンドルを回す速さは変えず、回す向きを逆にすると、モーターの回る速さと向きはどうなりますか。
速さ(同じ速さで回る。(変わらない。))
向き(逆向きに回る。)

2 手回し発電機で発電した電気をコンデンサーにため、豆電球と発光ダイオードの明かりをつけました。　各5点(25点)

豆電球
発光ダイオード

(1) コンデンサーにためられている電気の量が同じとき、豆電球と発光ダイオードで長く明かりがついているのはどちらですか。
(発光ダイオード)

(2) 回路に流れる電流の大きさを調べるには、何を使えばよいですか。
(電流計)

(3) 使う電気の量が少ないのは、豆電球と発光ダイオードのどちらですか。
(発光ダイオード)

(4) 豆電球や発光ダイオードは、電気を何に変えて利用している器具ですか。
(光)

(5) 電気をためたコンデンサーを電子オルゴールにつなぐと、オルゴールが鳴りました。電子オルゴールは、電気を何に変えて利用している器具ですか。
(音)

学習 85ページ

3 ㋐～㋓の電気製品は、電気を光、音、熱、回転する動きのどれかに変えて利用しています。あてはまるものを、それぞれ1つずつ選びましょう。　各5点(20点)

㋐ ラジオ　㋑ 電気スタンド　㋒ 電気ポット　㋓ せん風機

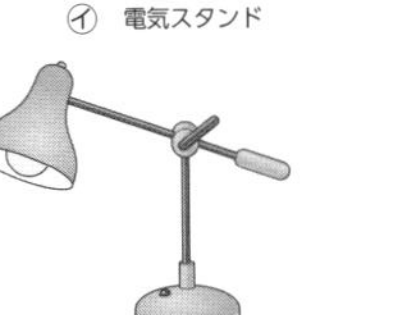
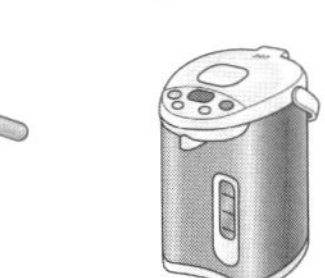

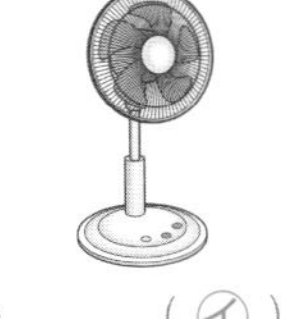

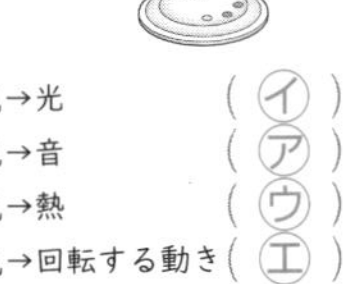

①電気→光 (㋑)
②電気→音 (㋐)
③電気→熱 (㋒)
④電気→回転する動き (㋓)

できたらスゴイ!

4 光電池とモーター、簡易検流計を導線でつないで回路をつくり、光電池に光を当てると、モーターが回り、電流が流れることが確認できました。　各6点(30点)

(1) 光電池をつなぐ向きを逆にすると、簡易検流計の針のふれる向きは逆になりました。電流の向きはどうなったと考えられますか。　技能
(逆になった。)

(2) (1)のことから、光電池をつなぐ向きを逆にすると、モーターの回る向きはどうなりますか。
(逆になる。)

(3) モーターが回っているとき、光電池の前に板を立てても、モーターは回っていました。板を立てる前と比べて、モーターの回る速さはどうなりますか。　思考・表現
(おそくなる。)
(ゆっくり回る。)

板

(4) 光電池に当たる光が強くなると、モーターが回る速さはどうなりますか。
(速くなる。)

(5) 光電池に当たる光が強くなると、電流の大きさはどうなりますか。
(大きくなる。)

ふりかえり
1の問題がわからないときは、76ページの**1**にもどって確認しましょう。
4の問題がわからないときは、76ページの**1**にもどって確認しましょう。

84～85ページ てびき

1 (1)手回し発電機のハンドルを回しているときだけ、電流が流れます。
(2)手回し発電機のハンドルを速く回すと、流れる電流が大きくなり、モーターも速く回ります。電流の向きは変わらないので、モーターの回る向きは変わりません。
(3)手回し発電機のハンドルを逆向きに回すと、電流の向きが変わり、モーターも逆向きに回ります。

2 (1)～(4)豆電球と発光ダイオードでは、発光ダイオードのほうが使う電気の量が少ないので、コンデンサーにためた電気の量が同じ場合は、光っている時間が長くなります。

3 電気器具のはたらき、利用の目的から考えます。

4 (3)～(5)光電池に当たる光を弱くすると電流は小さくなり、モーターの回る速さはおそくなります。当たる光を強くすると電流は大きくなります。

おうちのかたへ
手回し発電機は回転の運動を電気に変換する道具、光電池は光を電気に変換する道具といえます。

ぴったり1 準備　★人の生活と自然環境

学習 86ページ

人と環境の関わりや自然環境を守るくふうについて確認しよう。

教科書 194〜203ページ　答え 44ページ

次の(　)にあてはまる言葉をかこう。

1 人は、自分たちの暮らしをよくするために、どのようなことをしたのだろうか。　教科書 196ページ

▶周りとの調和を考えない開発を続けると、(① 空気)や(② 水)がよごれたり、他の動物や植物がすめなくなったりする。これによって、人にとっても暮らしにくい環境になってしまうこともある。

・原生林の(③ ばっ採)　・海の(④ うめ立て)

2 自然環境を守るために、どのようなくふうが行われているのだろうか。　教科書 197〜203ページ

▶人と他の生き物の関わり
- 木を切ったあとに、(① なえ木)を植えて育てる。(㋐)
- 卵から育てたサケの子を(② 川)に放流する。

▶人と水の関わり
- 降水量が少なく、大きな川がない地域では、(③ ため池)をつくって水を利用する。(㋑)
- よごれた水を(④ 下水処理場)できれいにして、川にもどす。(㋒)

▶人と空気の関わり
- はい出ガス中の有害なものを取り除いて、きれいにして空気中に出す。
- (⑤ 電気)自動車を使って、空気中に二酸化炭素を出さないようにする。(㋓)

▶2015年9月の国連サミットで、(⑥持続可能)な開発目標(SDGs)が採択され、目標の達成に向けて、世界中のさまざまな地域で、いろいろな取り組みがなされている。

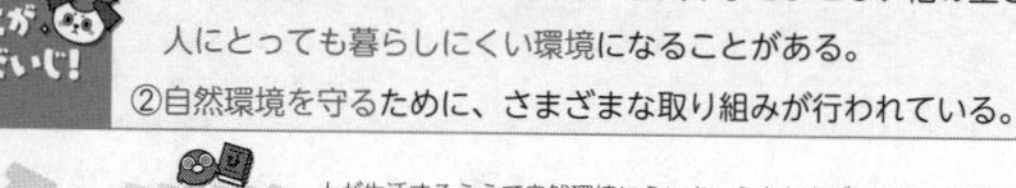

ここがだいじ！
①周りとの調和を考えない開発は、空気や水をよごし、他の生き物がすめなくなり、人にとっても暮らしにくい環境になることがある。
②自然環境を守るために、さまざまな取り組みが行われている。

ぴたトリビア　人が生活するうえで自然環境にえいきょうをおよぼします。自分の生活の中で環境に多くの負担をかける行動がないか、考えてみましょう。

ぴったり2 練習　★人の生活と自然環境

学習 87ページ

教科書 194〜203ページ　答え 44ページ

1 開発と環境について考えます。

(1) 人は、何のために開発を行ってきたのですか。正しいものに○をつけましょう。

ア(　)空気をよごすため。
イ(　)水をよごすため。
ウ(○)自分たちの暮らしをよくするため。

(2) 原生林のばっ採や海のうめ立てなどによって、空気や水、そこにすむ生き物にどのようなことが起こりますか。正しいものに○をつけましょう。

ア(　)空気や水に変化はないが、生き物がすめなくなってしまう。
イ(　)空気や水に変化はなく、生き物の種類や数が増える。
ウ(○)空気や水はよごれ、生き物がすめなくなってしまう。
エ(　)空気や水はよごれるが、生き物の種類や数が増える。

(3) (2)のようになると、人にとっては、どのような環境になるおそれがありますか。正しいほうに○をつけましょう。

ア(　)暮らしやすい環境
イ(○)暮らしにくい環境

2 自然環境を守るための取り組みについて考えます。

(1) 人が利用する他の生き物が減りすぎないように育てる取り組みとして正しいものに○をつけましょう。

ア(　)大きく育った木は、すぐに切って利用する。
イ(○)卵から育てたサケの子を川に放流する。
ウ(　)食品を買うときは、なるべく新しいものを買うようにする。

(2) 図1は、降水量が少なく、大きな川もない地域で、安心して水を利用できるようにするためにつくられた池です。このような池を何といいますか。　(ため池)

(3) 図2の自動車は、ガソリンなどの燃料を使わずに走ることができます。次の文の(　)にあてはまる言葉として、正しいほうに○をつけましょう。

この自動車は、バッテリーに(①(電気)・水)をためて、そのカでモーターを回して走る。ガソリンなどの燃料を燃やさないので、空気中に(② 酸素・(二酸化炭素))を出さないようにすることができる。

図1

図2

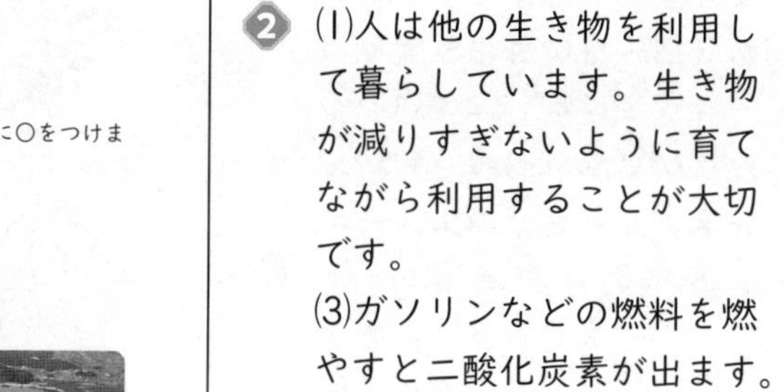

87ページ　てびき

1 人は自分たちの暮らしをよくするために、森を切り開いたり、海をうめ立てたりしてきました。しかし、そこにすむ生き物について何も考えずに開発を続けると、ただの自然破かいになり、空気や水のよごれが、人や他の動物、植物の生活をおびやかすことになります。開発には、周りの環境との調和を考えることが必要です。

2 (1)人は他の生き物を利用して暮らしています。生き物が減りすぎないように育てながら利用することが大切です。
(3)ガソリンなどの燃料を燃やすと二酸化炭素が出ます。電気自動車は、電気の力で走るので、二酸化炭素を出しません。

おうちのかたへ
人や他の動物、植物と空気・水との関わりについては、「4. 生き物と食べ物・空気・水」で学習しています。

おうちのかたへ　★人の生活と自然環境
人と環境の関わりについて学習します。これまで小学校で学習したことをふまえて、人はどのように環境と関わっているか、人が環境に及ぼす影響や環境が人の生活に及ぼす影響を考えることができるかがポイントです。

88ページ

ぴったり3 確かめのテスト。

★人の生活と自然環境

/40　合格28点

教科書 194～203ページ　答え 45ページ

1 地球の温暖化を防止する取り組みについて考えます。　思考・表現 各4点(28点)

(1) 次の文の(　)にあてはまる言葉をかきましょう。

> 二酸化炭素には、地球の気温を(① 上げる)効果があると考えられている。近年、地球の空気にふくまれる二酸化炭素の割合が増えていて、地球の気温が少しずつ(② 上がって)いる。

(2) 空気中の二酸化炭素の割合が増える原因と考えられることに○をつけましょう。

ア(　)はい出ガスから有害なものを取り除いて、きれいにして空気中に出す。
イ(○)ガソリンなどの化石燃料を燃やす。
ウ(　)自動車ではなく電車で移動する。

(3) 次の文は、二酸化炭素を増やさないための取り組みを説明したものです。(　)にあてはまる言葉として、正しいほうに○をつけましょう。

> 森林の木を切ると、植物が二酸化炭素を吸収する量が(① 増えて ・ (減って))しまい、結果として、二酸化炭素が(② (増える) ・ 減る)ことになる。そこで、植林などにより植物を(③ (増やす) ・ 減らす)ことによって、植物が二酸化炭素を吸収する量を(④ (増やし) ・ 減らし)、はい出量から吸収量を差し引いて、合計を実質的にゼロにしようとする取り組みが進められている。

この本の終わりにある「春のチャレンジテスト」をやってみよう！

2 自然環境を守る取り組みについて考えます。　思考・表現 各6点、(1)は全部できて6点(12点)

(1) 空気や水をよごさない取り組みや、他の生き物を保護する取り組みが、さまざまなところで行われています。わたしたちがふだんからできるこのような取り組みとして、正しいもの2つに○をつけましょう。

ア(○)牛乳パックや段ボールなどをリサイクルする。
イ(　)こわれた電気製品を山に捨てる。
ウ(　)家庭の生ごみにペットボトルを混ぜておく。
エ(○)電気のスイッチをこまめに切ったり、コンセントをぬいたりする。

(2) 記述 使ったあとの食器を洗う前に、紙などでふくことは、環境にとってどのようによいといえますか。「食べ物のよごれ」「洗ざい」「水」という言葉を使って説明しましょう。

(食べ物のよごれや洗ざいをあまり流さないようにして、水をきれいに保つことができる。)

この本の終わりにある「学力診断テスト」をやってみよう！

88ページ　てびき

1 二酸化炭素には地球の気温を上げる効果があると考えられています。ガソリンなどの化石燃料を燃やすと、二酸化炭素が出ます。二酸化炭素を増やさないために、できることを考えてみましょう。

2 (1)イは、金属やプラスチックなど、自然には分解されないものが山に残り、環境をよごします。ウは、ペットボトルを燃やすと有害なガスが発生します。空気や水をよごさない取り組みとして、ふだんの生活から、わたしたちにできることを考えてみましょう。
(2)食べ物のよごれだけでなく、大量の洗ざいも水をよごす原因となるため、それらをあまり下水に流さないようにします。

おうちのかたへ
二酸化炭素は温室効果ガスの一つです。温室効果ガスの排出量を実質ゼロにする取り組みは「カーボンニュートラル」と言われています。

夏のチャレンジテスト

教科書 8〜69ページ　　月　日　名前　時間40分　知識・技能 /60　思考・判断・表現 /40　合格80点 /100

答え46〜47ページ

知識・技能

1 集気びんの中でろうそくを燃やしました。　1つ4点(12点)

(1) ㋐は、空気中の体積の割合が約21％の気体です。何という気体ですか。
（酸素）

空気中にふくまれる気体の体積の割合

(2) 空気と、集気びんの中で火が消えるまでろうそくを燃やしたあとの空気のちがいを、石灰水で調べました。

①石灰水が白くにごるのは、㋐、㋑のどちらですか。
（㋑）

②①の結果から、㋑のびんの中では何の気体が増えたことがわかりますか。
（二酸化炭素）

2 人が息を吸ったりはいたりするしくみについて調べました。　1つ4点(12点)

(1) ㋐、㋑は、何という体のつくりですか。
㋐（肺）
㋑（気管）

(2) 体の中に酸素を取り入れて、外に二酸化炭素を出すことを何といいますか。
（呼吸）

3 同じぐらいに育ったジャガイモをほり出し、㋐、㋑のように根を染色液にひたして、ポリエチレンのふくろをかぶせて日なたに置きました。　1つ4点(24点)

(1) ふくろの内側に、たくさんの水てきがついたのは、㋐、㋑のどちらですか。
（㋐）

(2) (1)の結果から、どのようなことがいえますか。正しいものに○をつけましょう。
ア（　）水は主に根から出ていく。
イ（　）水は主にくきから出ていく。
ウ（○）水は主に葉から出ていく。

(3) 葉の表面を、けんび鏡で観察しました。

①植物が取り入れた水は、あのような小さな穴から何になって出ていきますか。
（水蒸気）

②①のような現象を何といいますか。
（蒸散）

(4) ㋐の根・くき・葉を、カッターナイフで縦や横に切って、切り口の様子を観察しました。

①切り口を見て、色がついているのはどの部分ですか。あてはまるものに○をつけましょう。
ア（　）根
イ（　）根とくき
ウ（○）根、くき、葉

②植物は、どこから水を取り入れていますか。
（根）

☞うらにも問題があります。

夏のチャレンジテスト　おもて　てびき

1 (1)空気は、ちっ素、酸素、二酸化炭素などが混じりあったもので、空気全体の体積の約78％がちっ素、約21％が酸素です。二酸化炭素の割合は約0.04％です。
(2)石灰水は、二酸化炭素にふれると白くにごる性質があります。ろうそくや植物からつくられた木や紙、布などを燃やすと、酸素が使われ、二酸化炭素ができます。そのため、これらのものを燃やしたあとの空気は、酸素が減り、二酸化炭素が増えています。㋐の空気には、二酸化炭素はごくわずかしかふくまれていないので、石灰水に変化は見られません。しかし、ろうそくを燃やしたあとの㋑の空気では、二酸化炭素が増えているため、石灰水は白くにごります。

2 鼻や口から入った空気は、のどを通って㋑の気管に送られ、胸の左右に１つずつある㋐の肺に入ります。肺には血管が通っていて、肺に入った空気のうち、酸素の一部が血液中に取り入れられます。血液中からは不要な二酸化炭素が肺に出されます。このように、酸素を取り入れ、二酸化炭素を出すことを呼吸といいます。はく息には、二酸化炭素のほかに、水蒸気も多くふくまれています。

3 (1)〜(3)㋐と㋑のちがいは、葉がついているか、ついていないかです。植物が根から取り入れ、葉に運ばれた水は、主に葉にあるたくさんの小さな穴から水蒸気となって出ていきます。この現象を蒸散といいます。
(4)植物が根から取り入れた水は、植物の体中にある細い管を通って、根からくき、くきから葉へと運ばれます。このため、根を染色液にひたしておくと、根、くき、葉のどこを切っても、切り口に色がつきます。

4 日光を当てた葉と当てなかった葉で、でんぷんのでき方のちがいを調べました。 1つ4点(12点)

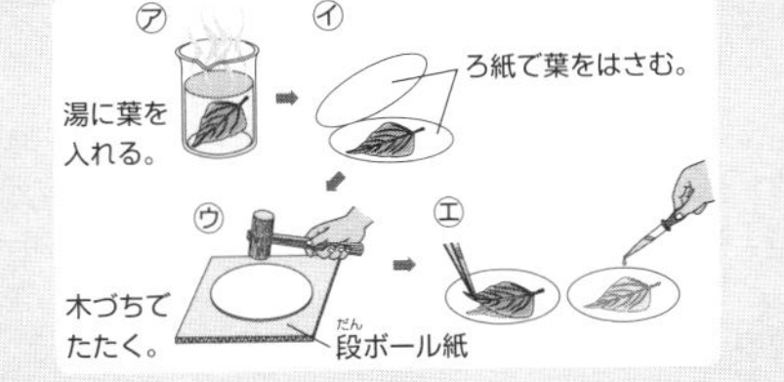

(1) ㋓で、葉にでんぷんがあるかどうかを調べるために使う薬品は何ですか。
(ヨウ素液)

(2) でんぷんに(1)の薬品をつけるとどうなりますか。
((こい青むらさき色に)色が変わる。)

(3) 葉にでんぷんができているのは、日光を当てた葉ですか、当てなかった葉ですか。
((日光を)当てた葉)

思考・判断・表現

5 キャンプへ出かけ、火をおこすために木を組みました。 (1)、(2)は4点、(3)は1つ3点(14点)

(1) よく燃える木の組み方について話し合いました。㋐、㋑のうち、正しいものに○をつけましょう。

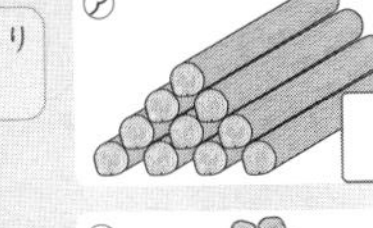

木と木の間にすきまをつくるように組んだほうがいいよ。
㋑ ○

(2) 記述 (1)で、○をつけた意見が正しいと思ったのはなぜですか。理由をかきましょう。
(木の間にすきまがあるため、空気が入れかわって新しい空気にふれることができるから。)

(3) 空気は、ちっ素、酸素、二酸化炭素などの気体が混ざっています。

空気の成分
ちっ素	酸素

二酸化炭素など

①ものが燃えるためには、どの気体が必要ですか。
(酸素)

②ものが燃えても変化がないのは、ちっ素、酸素、二酸化炭素のうちのどれですか。
(ちっ素)

6 うすいでんぷんの液をつくり、その中にだ液を入れ、変化を調べました。 (2)は4点、ほかは1つ3点(13点)

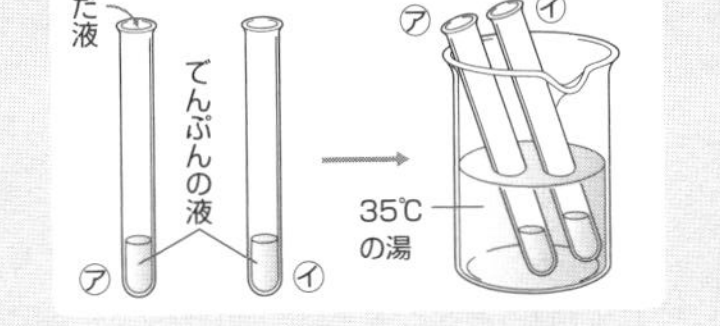

(1) 数分後、㋐、㋑にヨウ素液を加えたとき、一方は色が変化しました。それは㋐、㋑のどちらですか。
(㋑)

(2) 記述 この実験から、だ液にはどのようなはたらきがあることがわかりますか。
(でんぷんを別のものに変化させるはたらき)

(3) 食べ物を歯で細かくくだいたり、体に吸収されやすい養分に変えたりすることを何といいますか。
(消化)

(4) (3)に関わるだ液のような液体を何といいますか。
(消化液)

7 日光を当てた植物が行う気体のやりとりを調べました。 (1)、(3)は1つ3点、(2)は4点(13点)

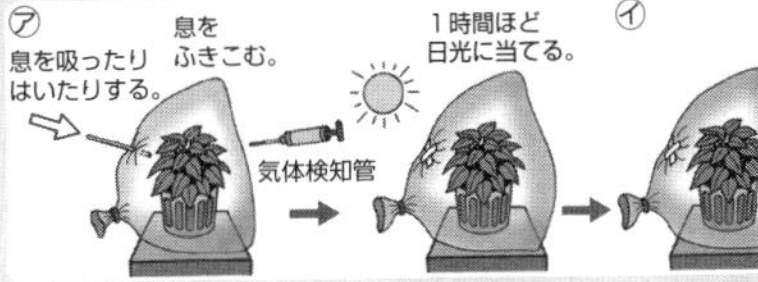

(1) ㋐から㋑で、ふくろの中の体積の割合が増えていた気体、減っていた気体はそれぞれ何ですか。
①増えていた気体(酸素)
②減っていた気体(二酸化炭素)

(2) 記述 この実験から、日光が当たっている植物は、どのような気体のやりとりをしているといえますか。
(二酸化炭素を取り入れて、酸素を出している。)

(3) 日光が当たっていないとき、植物が出している気体は何ですか。
(二酸化炭素)

夏のチャレンジテスト うら てびき

4 (1)(2)でんぷんにヨウ素液をつけると、色が変わります。ヨウ素液を使うと、葉にでんぷんがあるかどうかを調べることができます。
(3)葉のでんぷんは、日光が当たっているときにつくられます。植物は、日光が当たると、自らでんぷんをつくり出します。

5 (1)(2)ものは燃え続けるためには、空気が入れかわって新しい空気にふれることが必要です。木をすきまなくきっちり組む(㋐)より、木と木の間にすきまをつくるように組む(㋑)のほうが空気の通り道ができるので、よく燃えます。
(3)酸素には、ものを燃やすはたらきがあります。ものが燃えるときは、酸素が減って、二酸化炭素が増えますが、ちっ素は変化しません。

6 (1)(2)㋑はでんぷんの液なので、ヨウ素液を加えると、色が変化します。㋐のでんぷんの液は、だ液のはたらきによって、でんぷんが別のものに変化しているため、ヨウ素液を加えても、色は変化しません。
(3)(4)食べ物を歯で細かくくだいたり、体に吸収(きゅうしゅう)されやすい養分に変えたりすることを消化といいます。口から取り入れた食べ物は、食道→胃(い)→小腸(しょうちょう)→大腸→こう門の順に通ります。食べ物は、口では歯で細かくくだかれ、だ液によって消化されます。胃では胃液によってさらに消化されます。小腸では、いくつかの消化液によってさらに消化され、吸収されやすい養分になり、水とともに吸収されます。吸収されずに残ったものは、大腸で水分を吸収されたあと、こう門から便として出されます。

7 植物は、葉に日光が当たっているときには、空気中の二酸化炭素を取り入れ、酸素を出します。植物も呼吸(こきゅう)をしていて、酸素を取り入れて二酸化炭素を出しますが、日光が当たっているときは、植物がつくり出す酸素のほうが、呼吸で取り入れる酸素より多いので、全体としては酸素を出していることになります。

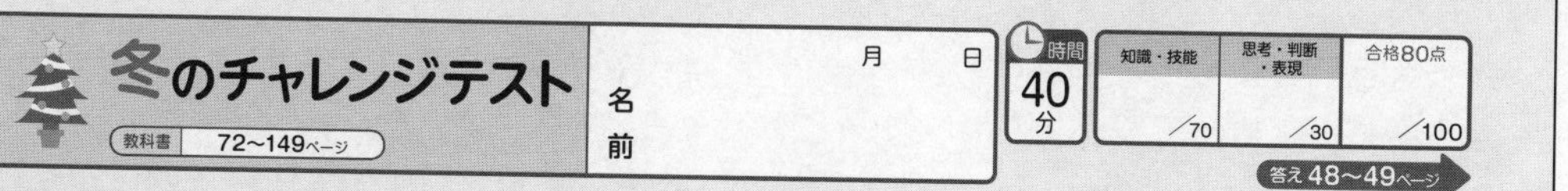

冬のチャレンジテスト

教科書 72〜149ページ

月　日

名前

時間 40分

知識・技能	思考・判断・表現	合格80点
/70	/30	/100

答え48〜49ページ

知識・技能

1 生き物どうしのつながりについて調べました。

1つ4点(12点)

(1) ㋐〜㋒の生き物を、食べられる生き物から食べる生き物の順に並べ、記号でかきましょう。

（㋒→㋑→㋐）

(2) 自分で養分をつくることのできる生き物は、㋐〜㋒のどれですか。

（㋒）

(3) 生き物どうしの「食べる・食べられる」という関係のひとつながりを何といいますか。

（食物連鎖）

2 てこのはたらきについて調べました。

1つ2点(14点)

(1) 棒をてことして使ったとき、①〜③にあてはまるのは、㋐〜㋒のどの点ですか。

①棒を支えるところ（い）
②棒に力を加えるところ（う）
③棒からものに力をはたらかせるところ（あ）

(2) 棒をてことして使ったとき、㋐〜㋒の点をそれぞれ何といいますか。

あ（作用点）
い（支点）
う（力点）

(3) 図の砂ぶくろを持ち上げるとき、㋒の手ごたえがいちばん小さいのは、㋐〜㋒のどの位置に手があるときですか。

（㋒）

3 てこのつりあいについて調べました。

(1)は全部できて3点、(2)は3点(6点)

(1) てこをかたむけるはたらきの大きさは、何×何で表されますか。

（おもりの重さ）×（支点からのきょり）

(2) 図のてこを水平にするには、右側の目盛り3のところに、1個10gのおもりを何個つり下げればよいですか。

（4個）

4 岩石について調べました。

1つ3点(12点)

(1) ㋐〜㋒はそれぞれ、何という岩石ですか。名前をかきましょう。

㋐（でい岩）
㋑（砂岩）
㋒（れき岩）

(2) ㋐〜㋒の岩石は、何のはたらきでできた岩石ですか。正しいほうに○をつけましょう。

①（　）火山のふん火のはたらき
②（○）流れる水のはたらき

冬のチャレンジテスト(表)

うらにも問題があります。

冬のチャレンジテスト　おもて　てびき

1 (1)(2)食べ物のもとをたどると、自ら養分をつくる植物に行きつきます。

(3)生き物どうしは、植物が動物に食べられ、その動物もほかの動物に食べられるような「食べる・食べられる」という関係でつながっています。この関係のひとつながりを食物連鎖といいます。

2 (1)(2)棒を1点で支え、力を加えて動かすようにしたものをてこといい、棒を支えるところを支点、力を加えるところを力点、ものに力をはたらかせるところを作用点といいます。

(3)支点から力点までのきょりが長いほど、力点の手ごたえは小さくなるので、小さい力でものを持ち上げることができます。

3 (2)てこをかたむけるはたらきの大きさが、棒の左右で等しいとき、棒は水平につりあいます。図では、左側の目盛り4のところに30gのおもりがつり下げられているので、てこを左側にかたむけるはたらきは、30×4＝120です。

右側の目盛り3のところにつり下げるおもりの重さを□とすると、てこを右側にかたむけるはたらきは、□×3です。

□×3＝120とすると、□＝40となります。

右側の目盛り3のところに10gのおもりを4個つり下げればよいです。

4 流れる水のはたらきによって運ぱんされたれき・砂・どろは、つぶの大きさで層に分かれてたい積します。たい積したれき・砂・どろは、長い年月をかけて固まり、岩石になることがあります。こうしてできた岩石をたい積岩といいます。たい積岩には、れき岩・砂岩・でい岩などがあります。

5 地層の様子を調べました。

(2)、(4)は3点、ほかは1つ2点(10点)

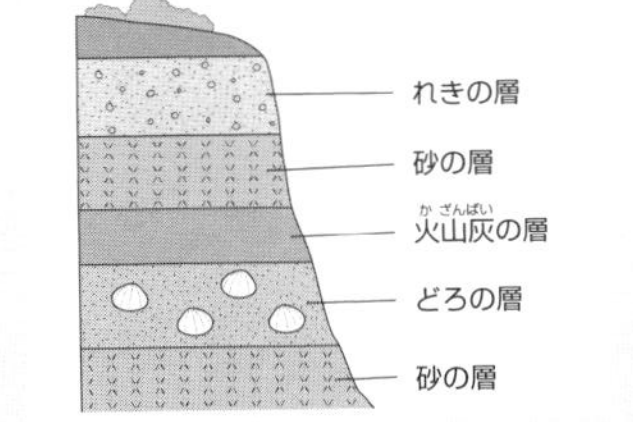

(1) どろの層から、昔の貝が出てきました。このような地層の中に残された生き物の死がいや生活のあとのことを、何といいますか。 (化石)

(2) 火山灰の層ができたころ、近くでどんなことが起こったと考えられますか。
(火山のふん火が起こった(と考えられる)。)

(3) 火山灰のつぶには、どんな特ちょうがありますか。正しいほうに○をつけましょう。
①( )丸みがあるものが多い。
②(○)角ばったものが多い。

(4) れき、砂、どろを、つぶの大きさが大きいものから順にならべましょう。 (れき→ 砂 →どろ)

6 月の形と見え方を調べました。

(1)は4点、ほかは1つ3点(16点)

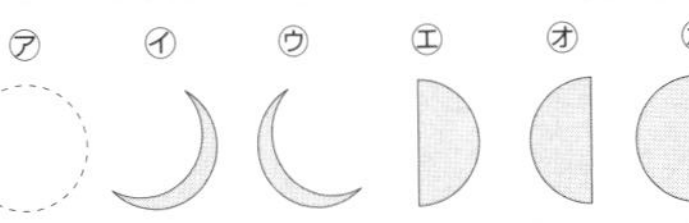

(1) 月の見え方は、毎日少しずつ変わっていきます。㋐の月から、月の形の変化を、正しい順にならべましょう。ただし、㋐の月は見えません。
(㋐→㋑→㋓→㋕→㋔→㋒)

(2) ㋑、㋓の形の月を、それぞれ何といいますか。
㋑(三日月) ㋓(上弦の月(半月))

(3) 月の形は、どのぐらいでもとの形にもどりますか。正しいものに○をつけましょう。
①( )およそ1週間
②( )およそ10日間
③(○)およそ1か月間

(4) 月の明るく光っている側にいつもあるのは何ですか。 (太陽)

思考・判断・表現

7 れき、砂、どろを混ぜた土を、水の入った容器に入れ、よくふり混ぜた後、静かに置いておきました。

(1)は全部できて6点、(2)は4点(10点)

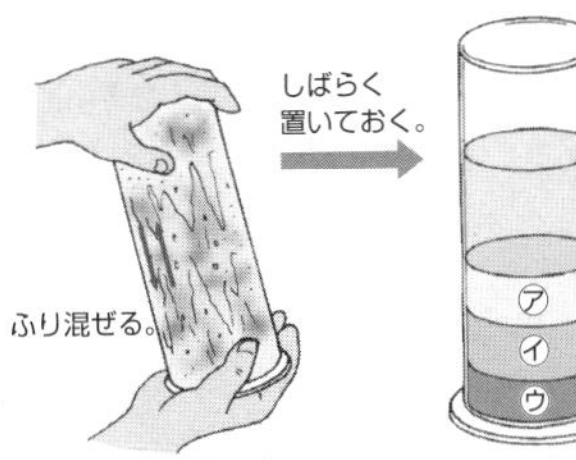

(1) ㋐〜㋒には、それぞれ何が積もっていますか。
㋐(どろ)
㋑(砂)
㋒(れき)

(2) (1)から、積もり方にはどんなきまりがあることがわかりますか。次の説明のうち、正しいほうに○をつけましょう。

①( )

②(○)

8 月の見え方を、ボールを使って調べました。

(1)は全部できて6点、(4)は6点、ほかは1つ4点(20点)

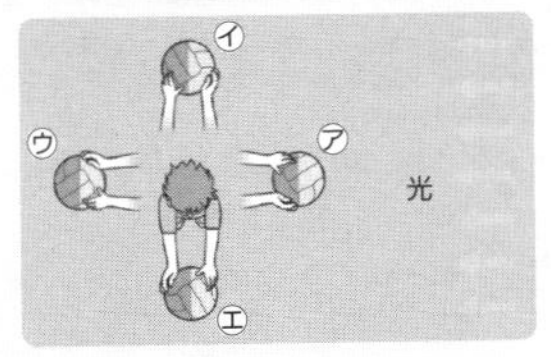

(1) この実験で、人とボールは、地球と月のどちらに見立てられていますか。
人(地球) ボール(月)

(2) ボールの光っている部分が満月のように見える位置は、㋐〜㋓のどれですか。 (㋒)

(3) ㋐の位置では、光っている部分が見えませんでした。このような月を何といいますか。 (新月)

(4) 記述 この実験から、日によって月の見え方がちがって見えるのは、どのような理由からだといえますか。
(月と太陽の位置の関係が変わるから。)

冬のチャレンジテスト　うら　てびき

5 (1)地層には生き物の死がいや生活のあとなどがふくまれることがあり、これを化石といいます。地層の中の化石は、昔の生き物の死がいなどが砂やどろの層の中にうもれて、長い年月をかけてできたもので、海や湖の底からおし上げられて、陸上で見られるようになったものです。
(2)地層は、流れる水のはたらきでたい積した、れき・砂・どろ以外にも、火山のふん火で出た火山灰などが降り積もってできたものもあります。
(3)れきや砂のつぶは丸みがあるものが多いですが、火山灰のつぶは、角ばったものが多いです。

6 (1)(2)㋐は新月、㋑は右側が光っている三日月です。次に来るのは、右側が光っている半月(上弦の月)の㋓です。そのあと満月の㋕、左側が光っている半月(下弦の月)の㋔、左側が光っている㋒の順に変化していきます。
(3)新月からおよそ15日で満月になり、およそ1か月で新月にもどります。

7 つぶの大きいれきが先にしずむので下のほうに積もり、そのあとが砂で、つぶがいちばん小さいどろが上のほうに積もります。

8 (1)人を地球、ボールを月に見立てています。また、光が来るほうに太陽があると考えます。
(2)(3)㋑と㋓は半月のように見えます。㋑は右半分が光っている上弦の月、㋓は左半分が光っている下弦の月です。
(4)月は太陽の光を受けてかがやきますが、月と太陽の位置の関係が変わるため、日によって月の見え方が変わります。

春のチャレンジテスト

教科書 150〜203ページ

名前　　　　月　　日

時間 40分

知識・技能	思考・判断・表現	合格80点
/60	/40	/100

答え50〜51ページ

知識・技能

1 食塩水、うすい塩酸、うすいアンモニア水をリトマス紙につけて、性質を調べました。　1つ2点(14点)

水溶液㋐　水溶液㋑　水溶液㋒

リトマス紙

青色のリトマス紙を赤く変える。　どちらのリトマス紙の色も変えない。　赤色のリトマス紙を青く変える。

(1) リトマス紙の色の変化から、㋐〜㋒の水溶液はそれぞれ、酸性、中性、アルカリ性のどれですか。

㋐(酸性)
㋑(中性)
㋒(アルカリ性)

(2) ㋐〜㋒の水溶液は、それぞれ何ですか。名前をかきましょう。

㋐(うすい塩酸)
㋑(食塩水)
㋒(うすいアンモニア水)

(3) ㋐〜㋒で、気体がとけている水溶液をすべて答えましょう。

(㋐、㋒)

2 アルミニウムにうすい塩酸を注いで、変化を調べました。　1つ3点(12点)

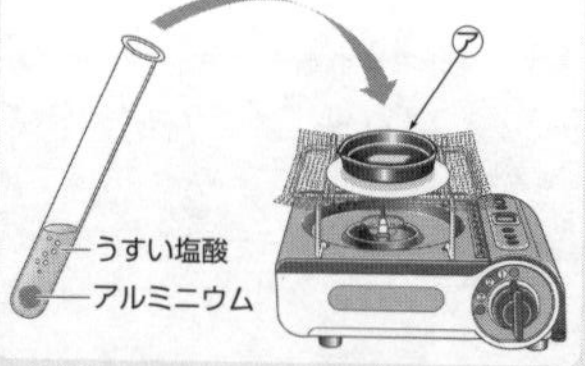

(1) ㋐の器具の名前を答えましょう。　(蒸発皿)

(2) うすい塩酸にアルミニウムがとけた液を熱すると、固体が出てきました。この固体は何色ですか。

(白色)

(3) (2)の固体にうすい塩酸を加えると、どうなりますか。正しいものに○をつけましょう。

ア(　)あわを出してとける。　イ(　)とけない。
ウ(○)あわを出さないでとける。

(4) (3)の結果から、(2)の固体は元のアルミニウムと同じといえますか、いえませんか。　(いえない。)

3 手回し発電機のハンドルを回して、発電しました。　1つ3点(15点)

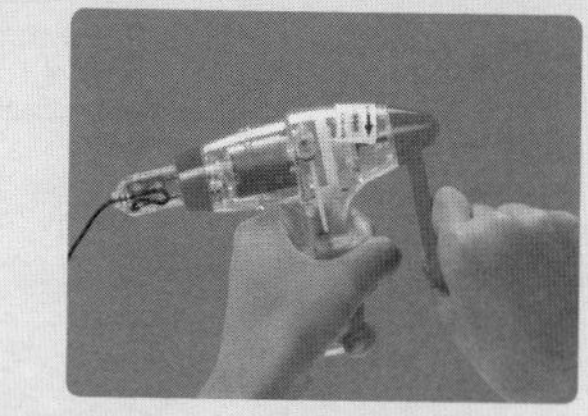

(1) 手回し発電機のハンドルを回す向きを逆にすると、電流の向きはどうなりますか。

(逆になる。)

(2) 手回し発電機をモーターにつなぎました。ハンドルを回す速さを速くすると、モーターはどうなりますか。

(より速く回る。)

(3) ①〜③の道具はそれぞれ、電気を何に変えていますか。

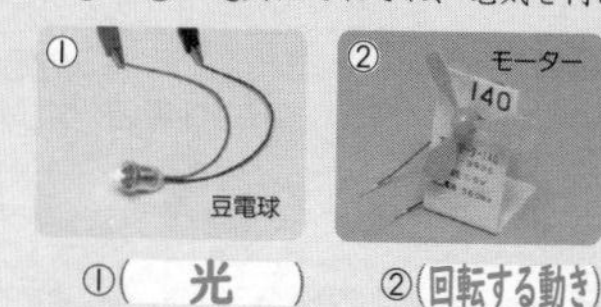

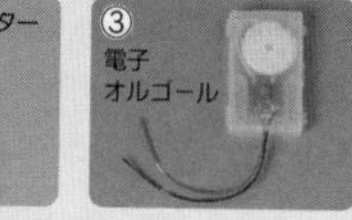

①(光)　②(回転する動き)　③(音)

4 ㋐に光を当てると、電気がつくられて、モーターが回りました。　1つ3点(9点)

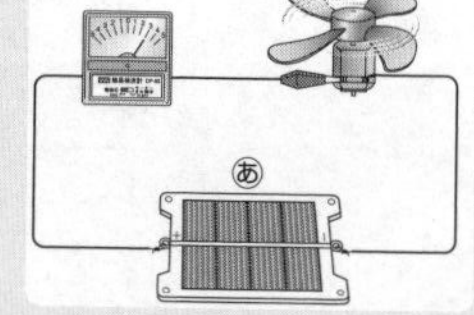

(1) ㋐の器具を何といいますか。

(光電池(太陽電池))

(2) ㋐をつなぐ向きを逆にすると、モーターの回る向きはどうなりますか。

(逆になる。)

(3) ㋐に当てる光の強さを変えると、つくられる電気の量は変わりますか、変わりませんか。

(変わる。)

うらにも問題があります。

春のチャレンジテスト　おもて　てびき

1 (1)(2)青色のリトマス紙を赤く変えた㋐は酸性なので、うすい塩酸です。どちらのリトマス紙の色も変えない㋑は中性なので、食塩水です。赤色のリトマス紙を青く変えた㋒はアルカリ性なので、うすいアンモニア水です。

(3)塩酸には塩化水素という気体が、アンモニア水にはアンモニアという気体がとけています。

2 (1)(2)うすい塩酸にアルミニウムがとけた液を蒸発皿(じょうはつざら)に入れて熱し、水を蒸発させると、白い固体が残ります。

(3)(4)アルミニウムにうすい塩酸を加えると、アルミニウムはあわを出しながらとけますが、(2)の固体にうすい塩酸を加えると、あわを出さずにとけます。とけ方のちがいから、(2)の固体は、元のアルミニウムとは性質のちがう別のものであることがわかります。

3 (1)(2)手回し発電機のハンドルを回す向きを逆にすると、電流の向きは逆になります。また、ハンドルを回す速さを変えると、つくられる電気の量も変わります。

(3)①豆電球を回路につないで電流を流すと、明かりがつきます。電気を光に変えています。

②モーターを回路につないで電流を流すと、モーターが回転します。電気を回転する動きに変えています。

③電子オルゴールを回路につないで電流を流すと、音が鳴ります。電気を音に変えています。

ほかにも、電気を熱や磁石(じしゃく)の力などに変えて利用することもできます。

4 (1)光電池に光を当てると電気がつくられます。

(2)(3)光電池をつなぐ向きを逆にすると、電流の向きが逆になるため、モーターの回る向きも逆になります。また、光電池に当たる光の強さで、つくられる電気の量が変わります。

5 図の電気自動車は、バッテリーに電気をためて、電気の力でモーターを回して動きます。

(1)、(2)は3点、(3)は4点(10点)

(1) ガソリンなどの燃料を燃やして動く自動車は、空気中に二酸化炭素を出しますか、出しませんか。

（ 出す。 ）

(2) 電気自動車は、空気中に二酸化炭素を出しますか、出しませんか。

（ 出さない。 ）

(3) 空気中の二酸化炭素を増やさない取り組みが行われているのは、二酸化炭素にどのような効果があると考えられているからですか。

（地球の気温を上げる効果）

思考・判断・表現

6 炭酸水から出る気体を集気びんに集めました。

1つ4点(12点)

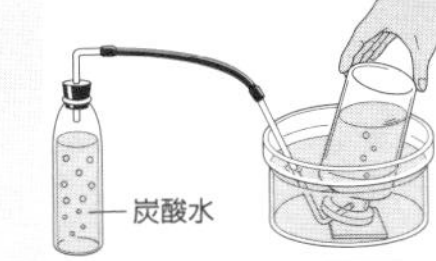

(1) 炭酸水から出る気体を集めた集気びんの中に、火のついた木を入れるとどうなりますか。

（ すぐに火が消える。 ）

(2) 炭酸水から出る気体を集めた集気びんの中に、石灰水を入れてふると、どうなりますか。

（ 白くにごる。 ）

(3) (1)、(2)の結果から、炭酸水から出る気体は何だとわかりますか。

（ 二酸化炭素 ）

7 コンデンサーをそれぞれ、豆電球と発光ダイオードにつなぎます。

1つ5点(10点)

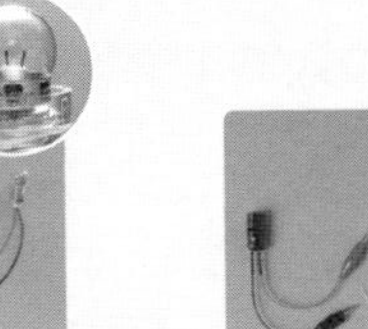

豆電球　発光ダイオード

(1) 同じ量の電気をためたコンデンサーをそれぞれ、豆電球と発光ダイオードにつなぐと、長く明かりがつくのはどちらですか。

（ 発光ダイオード ）

(2) 豆電球と発光ダイオードは、どちらが電気を効率よく光に変えているといえますか。

（ 発光ダイオード ）

8 環境を守るためにできることを考えます。

(1)は1つ4点、(2)は6点(18点)

(1) 次の(　)にあてはまる言葉をかきましょう。

わたしたちの生活に、電気は欠かせません。電気をつくるおもな燃料には、石油や石炭、天然ガスのような(① 化石燃料)があります。これらの燃料を燃やすと、(② 酸素)が使われて、二酸化炭素が出ます。そのため、電気やガスの使用量を減らすことは、環境へのえいきょうを少なくすることにつながります。

また、(③ 日光)のはたらきで発電する太陽光発電なら、発電するときに燃料を燃やすことがないので、二酸化炭素が出ません。

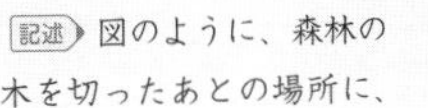

(2) 記述 図のように、森林の木を切ったあとの場所に、なえ木を植える活動が行われています。この活動は、環境を守るのに、どう役に立ちますか。

（ 植物が二酸化炭素を吸収する量を増やすことができる。 ）

春のチャレンジテスト　うら　てびき

5 (1)ガソリンなどの化石燃料を燃やすと、二酸化炭素が出ます。
(2)電気自動車は、電気を使って動くので、二酸化炭素を出しません。
(3)二酸化炭素には地球の気温を上げる効果があると考えられています。地球の気温が上がることで、環境に悪いえいきょうをあたえないために、二酸化炭素を増やさないようにする取り組みが行われています。

6 (1)炭酸水には二酸化炭素がとけています。二酸化炭素にはものを燃やすはたらきはありません。
(2)石灰水に二酸化炭素を入れると、白くにごります。

7 コンデンサーにためた電気を光に変えて使います。豆電球と発光ダイオードでは、発光ダイオードのほうが使う電気の量が少ないので、豆電球に比べて、長く明かりをつけることができます。

8 (1)石炭や石油、天然ガスのような化石燃料を燃やすと、二酸化炭素が発生します。
(2)植物は日光に当たると、二酸化炭素を吸収して酸素を出すはたらきがあります。森林の木を切ると、植物が二酸化炭素を吸収する量が減ってしまいます。そこで、木を切ったあとに、なえ木を植えて育てることで植物を増やすと、植物が二酸化炭素を吸収する量も増えます。

6年 理科のまとめ

学力診断テスト

月　日

名前

時間 40分

合格80点　／100

答え52~53ページ

1 上と下にすきまの開いた集気びんの中で、ろうそくを燃やしました。　各2点(12点)

㋐　㋑　㋒

底のない集気びん

すきま

(1) 集気びんの中の空気の流れを矢印で表すと、どうなりますか。正しいものを㋐~㋒から選んで、記号で答えましょう。
(㋒)

(2) 集気びんの上と下のすきまをふさぐと、ろうそくの火はどうなりますか。　((すぐに火が)消える。)

(3) (1)、(2)のことから、ものが燃え続けるためにはどのようなことが必要であると考えられますか。
(空気が入れかわ(って、新しい空気にふれ)ること。)

(4) ろうそくが燃える前とあとの空気の成分を比べて、①増える気体、②減る気体、③変わらない気体は、ちっ素、酸素、二酸化炭素のどれですか。それぞれ答えましょう。

①(二酸化炭素)
②(酸素)
③(ちっ素)

2 ヒトの体のつくりについて調べました。　各2点(8点)

(1) ㋐~㋔のうち、食べ物が通る部分をすべて選び、記号で答えましょう。
(㋐、㋑、㋒、㋓)

(2) 口から取り入れた食べ物は、(1)で答えた部分を通る間に、体に吸収されやすい養分に変化します。このはたらきを何といいますか。
(消化)

(3) ㋐~㋔のうち、吸収された養分の一部をたくわえる部分はどこですか。記号とその名前を答えましょう。

こう門

記号(㋔)　名前(肝臓)

3 水の入ったフラスコにヒメジョオンを入れ、ふくろをかぶせて、しばらく置きました。　各3点(12点)

綿をつめる。

モールでしばる。

(1) 15分後、ふくろの内側はどうなりますか。
(水てきがつく。)

(2) 次の文の(　)にあてはまる言葉をかきましょう。

(1)のようになったのは、おもに葉から、水が(①)となって出ていったからである。このようなはたらきを(②)という。

①(水蒸気)　②(蒸散)

(3) ふくろをはずし、そのまま1日置いておくと、フラスコの中の水の量はどうなりますか。
(減る。)
(少なくなる。)

4 太陽、地球、月の位置関係と、月の形の見え方について調べました。　各3点(12点)

太陽

地球

月

①　②　③　④　⑤　⑥　⑦　⑧

(1) 月が①、③、⑥の位置にあるとき、月は、地球から見てどのような形に見えますか。㋐~㋗からそれぞれ選び、記号で答えましょう。

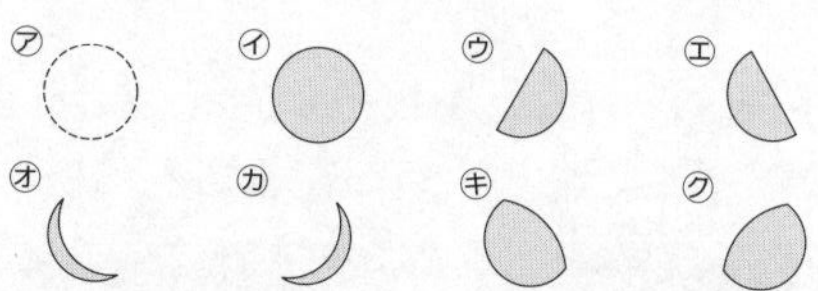

①(㋓)　③(㋑)　⑥(㋕)

(2) 月の光っている部分が丸く見えるのは、月と太陽の位置の関係がどのようなときですか。
(地球から見た月と太陽の角度が大きいとき。)

うらにも問題があります。

学力診断テスト　おもて　てびき

1 (1)~(3)上と下にすきまの開いた集気びんの中でろうそくを燃やすと、空気は下から入って、上から出ていきます。空気が入れかわることで、新しい空気にふれるので、ものは燃え続けます。
(4)ものが燃えると、空気の中の酸素の一部が使われて減り、二酸化炭素ができて増えます。ちっ素は変わりません。

2 (1)食べ物は、口→食道(㋐)→胃(㋑)→小腸(㋒)→大腸(㋓)→こう門と通ります。この食べ物の通り道を消化管といいます。
(3)消化管で消化された養分は、水とともに主に小腸で血液中に吸収されます。肝臓には、小腸で養分を取り入れた血液が流れこみ、血液中の養分の一部をたくわえて、必要なときに血液中に送り出しています。

3 (1)(2)根から取り入れられた水は、主に葉から水蒸気となって出ていきます。植物の体から水が水蒸気となって出ていく現象を蒸散といいます。
(3)植物は根から水を取り入れるので、フラスコの中の水の量は減ります。

4 (1)①は左側の半分が明るい半月に、③は満月になります。⑥は右側が少しだけ明るい月になります。
(2)月の光っている側に、いつも太陽があります。地球から見た月と太陽の位置の関係が変わると、月の見え方が変わります。地球から見た月と太陽の角度が大きいほど、月の形は丸く見えます。

5 地層の重なり方について調べました。

各2点(8点)

川　海　①の層　②の層　③の層

(1) ①〜③の層には、れき・砂・どろのいずれかが積もっています。それぞれ何が積もっていると考えられますか。

①(どろ)
②(砂)
③(れき)

(2) (1)のように積み重なるのは、つぶの何が関係していますか。

((つぶの)大きさ)

6 水溶液の性質を調べました。

各3点(12点)

(1) アンモニア水を、赤色、青色のリトマス紙につけると、リトマス紙の色はそれぞれどうなりますか。

①赤色のリトマス紙(青色に変化する。)
②青色のリトマス紙(変化しない。)

(2) リトマス紙の色が、(1)のようになる水溶液の性質を何といいますか。

(アルカリ性)

(3) 炭酸水を熱して水を蒸発させても、あとに何も残らないのはなぜですか。理由をかきましょう。

(気体である二酸化炭素がとけている水溶液だから。)

7 空気を通した生物のつながりについて考えました。

各3点(9点)

太陽　日光が当たると　㋐　呼吸　呼吸　㋑　植物　動物

(1) ㋐、㋑の気体は、それぞれ何ですか。気体の名前を答えましょう。

㋐(酸素)
㋑(二酸化炭素)

(2) 植物も動物も呼吸を行っていますが、地球上から酸素がなくならないのは、なぜですか。理由をかきましょう。

(植物は、葉に日光が当たっているとき、酸素を出しているから。)

活用力をみる

8 身のまわりのてこを利用した道具について考えました。

各3点(15点)

(1) はさみの支点・力点・作用点はそれぞれ、㋐〜㋒のどれにあたりますか。

①支点 (㋒)
②力点 (㋑)
③作用点(㋐)

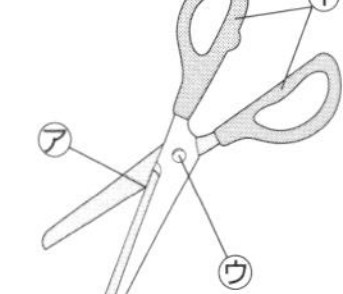

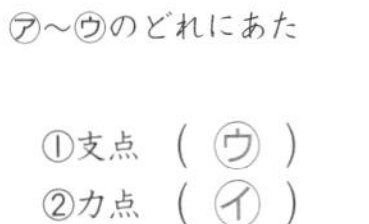

(2) はさみで厚紙を切るとき、「あはの先」「いはの根もと」のどちらに紙をはさむと、小さな力で切れますか。正しいほうに○をつけましょう。

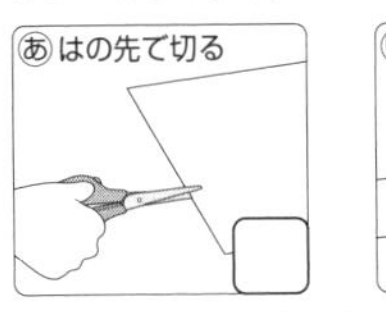

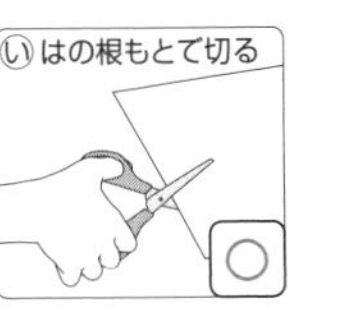

(3) (2)のように答えた理由をかきましょう。

(支点と作用点のきょりが短いほど、作用点ではたらく力が大きいから。)

9 電気を利用した車のおもちゃを作りました。

各4点(12点)

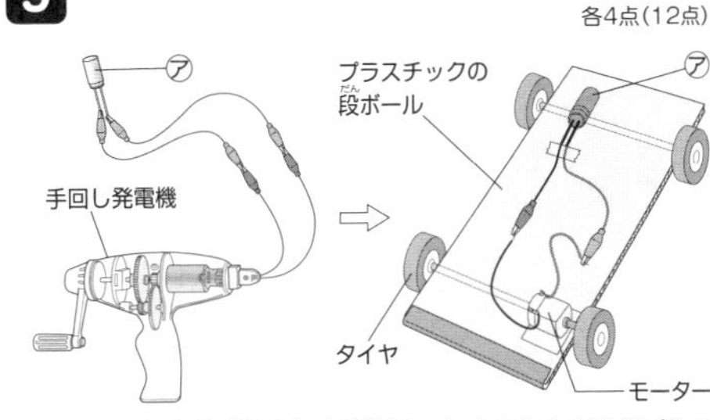

(1) 手回し発電機で発電した電気は、ためて使うことができます。電気をためることができる㋐の道具を何といいますか。

(コンデンサー)

(2) 電気をためた㋐をモーターにつないで、タイヤを回します。この車をより長い時間動かすには、どうすればよいですか。正しいほうに○をつけましょう。

①(○)手回し発電機のハンドルを回す回数を多くして、㋐にたくわえる電気を増やす。
②( )手回し発電機のハンドルを回す回数を少なくして、㋐にたくわえる電気を増やす。

(3) 車が動くとき、㋐にためた電気は、何に変えられますか。

(回転する動き)
(運動)

学力診断テスト　うら　てびき

5 水のはたらきで川から海へ運ぱんされたれき・砂・どろは、つぶの大きさで分かれて層になってたい積します。つぶがいちばん大きいれきが先に底にしずみ、次に砂で、最後につぶがちいばん小さいどろがしずみます。

6 (1)(2)アルカリ性では、赤色のリトマス紙だけが青く変わり、酸性では、青色のリトマス紙だけが赤く変わり、中性ではどちらの色のリトマス紙も変化しません。
(3)気体がとけている水溶液は、水を蒸発させても何も残りません。

7 (1)動物も植物も呼吸によって酸素(㋐)を取り入れ、二酸化炭素(㋑)を出しています。また、植物は日光に当たると、二酸化炭素(㋑)を取り入れ、酸素(㋐)を出します。
(2)植物は、日光が当たっているときは、つくり出す酸素の量が、呼吸で取り入れる酸素の量よりも多いので、全体としてみると、酸素を出していることになります。

8 (2)(3)はさみは、支点が力点と作用点の間にある道具です。いのように、作用点を支点に近づけて切ると、手ごたえが小さくなります。作用点と支点のきょりが短くなると、力点に加える力が小さくても、作用点にはたらく力が大きくなります。

9 (1)(2)手回し発電機を回す回数が多いほど、コンデンサーには多くの電気がためられます。ためた電気の量が多いほど、モーターが動く時間は長くなります。
(3)コンデンサーにためた電気がモーターを回転させる動きに変わります。